L'Univers dans une coquille de noix

Du même auteur

Une brève histoire du temps, Paris, Flammarion, 1989.
Trous noirs et Bébés univers, Paris, Éditions Odile Jacob, 1994.
Qui êtes-vous, mister Hawking ?, Paris, Éditions Odile Jacob, 1994.
La Nature de l'espace et du temps, Paris, Gallimard, 1997.

L'Univers dans une coquille de noix

Stephen Hawking

Traduit de l'anglais par Christian Cler

Odile Jacob

Texte original publié chez Bantam Books
sous le titre *The Universe in a Nutshell*

15, rue Soufflot, 75005 Paris

www.odilejacob.fr

ISBN : 978-2-7381-2360-2

SOMMAIRE

Stephen Hawking en 2001, © *Stewart Cohen.*

AVANT-PROPOS

JAMAIS JE N'AURAIS CRU que mon essai le plus célèbre remporterait un tel succès. *Une brève histoire du temps* a en effet figuré pendant plus de quatre ans sur les listes des meilleures ventes du *Sunday Times*, à Londres, notamment, bien qu'il s'agisse d'un ouvrage scientifique d'un abord plutôt ardu. Beaucoup de gens m'ont demandé si je comptais publier une suite. Je m'en suis tout d'abord abstenu. Je ne souhaitais pas rédiger *Une brève histoire 2* ou *Une plus longue histoire du temps*. Et surtout, j'étais très occupé par mes recherches... J'ai pourtant fini par m'apercevoir qu'il y aurait place pour un autre genre de livre, peut-être plus facile à comprendre. *Une brève histoire du temps* était organisé de façon linéaire, la plupart de ses chapitres se suivant et dépendant logiquement des précédents : si cette structure avait plu à certains lecteurs, d'autres n'étaient pas allés au-delà des premières pages – ils n'avaient pas pris connaissance des matériaux en fait plus excitants que j'avais présentés ensuite. Le présent livre ressemble davantage à un arbre : les chapitres 1 et 2 forment le tronc central à partir duquel les autres se ramifient.

Ces branches sont assez indépendantes les unes des autres pour pouvoir être abordées dans n'importe quel ordre après le tronc central ; correspondant aux diverses orientations de mon travail ou de ma réflexion depuis la publication d'*Une brève histoire du temps*, elles brossent un tableau fidèle de quelques-uns des champs de recherche les plus féconds de la physique et de l'astronomie contemporaines. À l'intérieur de chaque chapitre, j'ai fait aussi en sorte de ne pas suivre un fil trop linéaire : les illustrations et leurs légendes constituent pour ainsi dire des chemins de traverse qui font écho au texte principal ; les encadrés ou les notes marginales permettent d'approfondir les détails de certains sujets.

En cette année 1988 où *Une brève histoire du temps* est sorti des presses, la Théorie de Tout se profilait simplement à l'horizon. En quoi la situation a-t-elle changé ? Sommes-nous plus proches de notre but ? Comme on le verra dans ce livre, nous avons beaucoup progressé depuis cette date, mais l'exploration continuera et le bout du chemin n'est pas encore en vue : comme dit un vieil adage, les voyages les plus prometteurs sont ceux qui restent inachevés... Notre soif de découverte stimule notre créativité dans tous les domaines, pas seulement en science. Si notre quête prenait fin, l'esprit humain dépérirait et mourrait. Mais je ne pense pas que nous restions jamais en repos : je suis convaincu que nous gagnerons en complexité, sinon en profondeur, à mesure que l'horizon des possibilités humaines s'élargira.

Tout en tenant à ce que chacun sache à quel point je suis fasciné par les découvertes qui sont en train d'être faites et le tableau de la réalité qui en ressort, j'ai privilégié les domaines sur lesquels j'ai personnellement travaillé, motivé par un sentiment d'urgence chaque fois plus pressant que la fois précédente. Si techniques que soient les détails de ces travaux, je crois qu'il est possible d'exposer des idées générales sans trop faire appel aux mathématiques, et j'espère avoir réussi à mener cette tâche à bien.

J'ai reçu des aides très précieuses tout au long de la rédaction de ce texte. Thomas Hertog et Neel Shearer, en particulier, m'ont prêté assistance pour les chiffres, les légendes et les encadrés ; Ann Harris et Kitty Ferguson ont mis au point mon manuscrit (en fait, mes dossiers informatiques, puisque tout ce que j'écris est électronique) ; ainsi que Philip Dunn, du Book Laboratory et de Moonrunner Design, qui a créé les illustrations. Je tiens toutefois, surtout, à remercier tous ceux qui m'ont permis de continuer à mener une vie à peu près normale et de poursuivre mes recherches scientifiques : ce livre n'aurait pas vu le jour sans eux.

Stephen Hawking

Cambridge, le 2 mai 2001

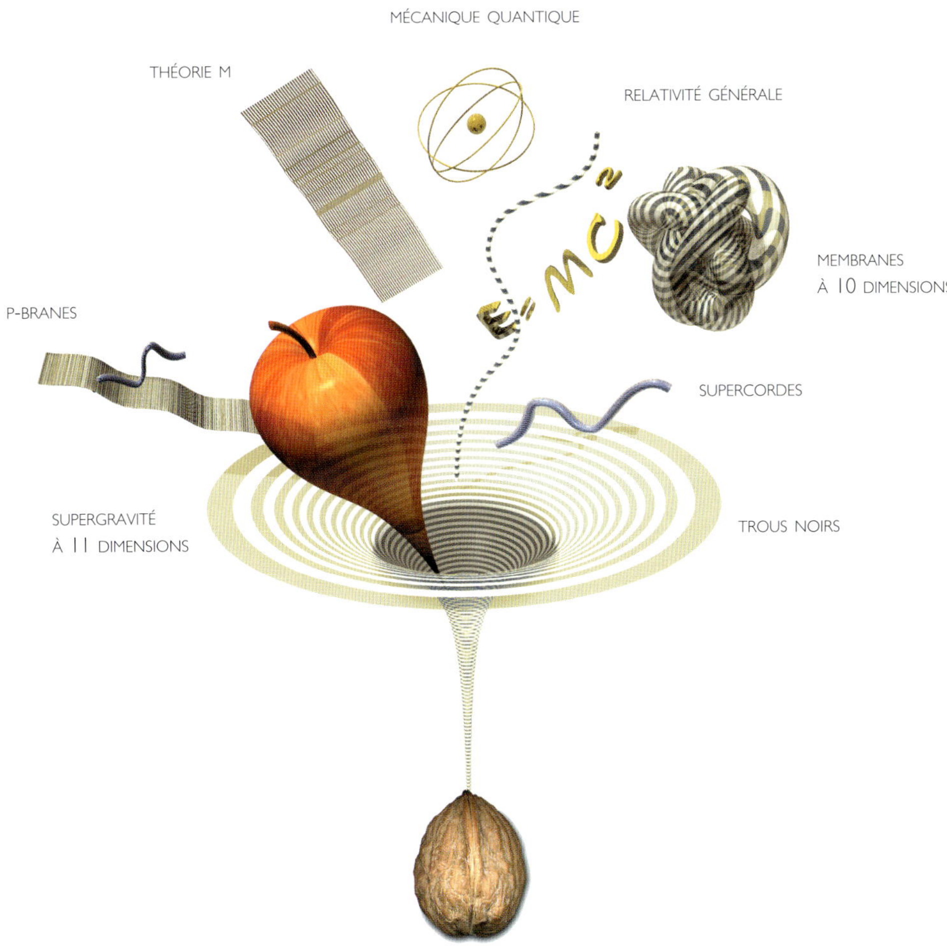
MÉCANIQUE QUANTIQUE
THÉORIE M
RELATIVITÉ GÉNÉRALE
E=MC²
MEMBRANES
À 10 DIMENSIONS
P-BRANES
SUPERCORDES
SUPERGRAVITÉ
À 11 DIMENSIONS
TROUS NOIRS

CHAPITRE 1

UNE BRÈVE HISTOIRE DE LA RELATIVITÉ

Comment Einstein a jeté les fondations des deux théories scientifiques les plus fondamentales du XXe siècle : la relativité générale et la théorie des quanta

Albert Einstein, le découvreur des théories de la relativité restreinte et générale, naquît en 1879 à Ulm, en Allemagne. Sa famille s'établit l'année suivante à Munich, où son père Hermann et son oncle Jacob fondèrent une petite entreprise d'électrochimie qui ne réussit pas très bien. Le jeune Albert n'était pas un enfant prodige, mais dire qu'il était mauvais élève serait très exagéré. En 1894, l'affaire de son père fit faillite et la famille alla s'installer à Milan : ses parents décidèrent de ne pas l'emmener et le placèrent dans une école où régnait un autoritarisme qui lui déplut fortement. Il les rejoignit donc quelques mois plus tard en Italie avant de poursuivre ses études à Zurich, où, en 1900, il obtint son diplôme de la prestigieuse École fédérale polytechnique. Son esprit critique déplaisant autant à ses professeurs que son rejet de l'autorité, aucun ne lui proposa de devenir son assistant, première étape de toute carrière universitaire. Deux ans plus tard, il réussit malgré tout à se faire embaucher par l'Office des brevets de Berne ; et il exerçait encore cet emploi subalterne lorsque, en 1905, il écrivit les trois articles qui le propulsèrent au zénith de la science mondiale, lui qui fut à l'origine de deux révolutions conceptuelles qui bouleversèrent notre compréhension du temps, de l'espace et même de la réalité.

Vers la fin du XIXe siècle, les scientifiques étaient persuadés que la description de l'Univers était presque achevée. Ils imaginaient que l'espace était rempli par un milieu continu auquel ils donnaient le nom d'« éther » : de même que les ondes de pression que constituent les sons voyagent dans l'air, les impulsions lumineuses et les signaux radios étaient censés se propager dans cet éther. Il ne restait donc plus qu'à mesurer avec précision les propriétés élastiques de l'éther pour qu'un point final pût être mis à cette théorie ; en prévision, on avait édifié le laboratoire Jefferson de l'Université Harvard sans le moindre clou de fer, afin que ces objets ne viennent pas interférer avec ces expériences magnétiques si délicates. Toutefois, les commanditaires avaient oublié que les briques rouge brun avec lesquelles ce laboratoire et la plupart des bâtiments de Harvard sont construits contiennent de grandes quantités de fer ! Cet édifice est encore utilisé de nos jours, même si l'on ne sait toujours pas très bien quel poids exact un étage de bibliothèque dépourvu de clous de fer est capable de supporter.

Albert Einstein en 1920.

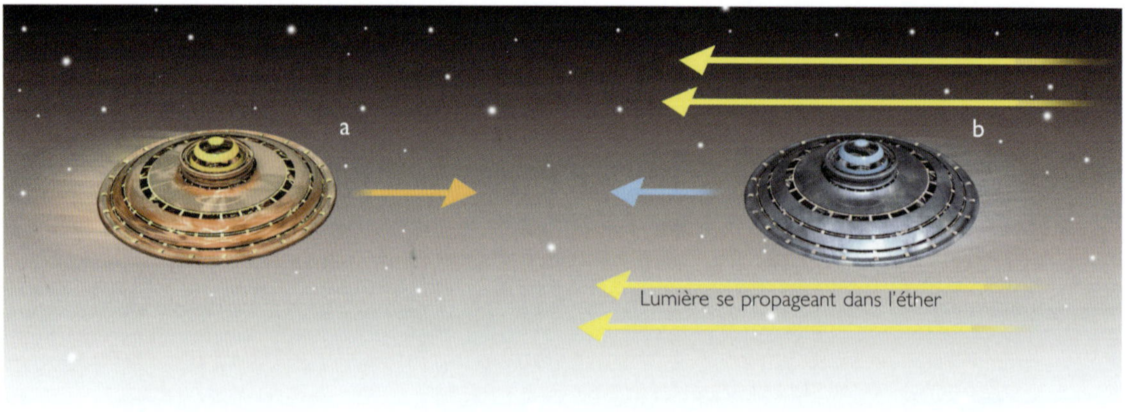

(Fig. 1.1, ci-dessus)
LA THÉORIE DE L'ÉTHER IMMOBILE

Si la lumière était une onde se propageant dans un matériau élastique appelé « éther », sa vitesse semblerait plus élevée au passager d'un vaisseau spatial **(a)** se déplaçant vers elle, et plus basse à bord d'un vaisseau spatial **(b)** voyageant dans la même direction que la lumière.

(Fig. 1.2, ci-contre)

On n'a constaté aucune différence entre les vitesses de propagation de rayons lumineux émis dans la direction de l'orbite terrestre et à angle droit de celle-ci.

Dès les dernières années de ce siècle, cependant, ce concept d'éther avait déjà commencé à être tenu pour contradictoire. D'une part, il était prévu que la vitesse de la lumière reste fixe par rapport à l'éther ; d'autre part, on s'attendait à ce que cette vitesse semble inférieure à quiconque parcourrait l'éther dans la même direction que la lumière et supérieure si le déplacement s'effectuait dans la direction opposée (Fig. 1.1).

Cette conception fut démentie par plusieurs expérimentateurs : en la matière, ce sont Albert Michelson et Edward Morley qui menèrent à bien l'expérience la plus minutieuse et la plus précise à la Case School of Applied Science de Cleveland, dans l'Ohio, en 1887. Ils comparèrent les vitesses de deux pinceaux lumineux se croisant à angle droit : la Terre tournant sur son axe tout en orbitant autour du Soleil, l'appareillage aurait dû se déplacer dans l'éther à des vitesses et dans des directions variables (Fig. 1.2). Michelson et Morley, au contraire, constatèrent que ces deux pinceaux lumineux ne se différenciaient ni journellement ni annuellement : tout se passait comme si la lumière se propageait toujours à la même vitesse relativement à l'endroit où l'on se trouve, si vite et dans quelque direction qu'on se déplace (Fig. 1.3, voir p. 8).

Pour expliquer les résultats de l'expérience de Michelson-Morley, le physicien irlandais George FitzGerald et le physicien hollandais Hendrik Lorentz suggérèrent que les corps en mouvement dans l'éther devaient se contracter en même temps que les horloges ralentissaient : c'était en raison de cette contraction spatiale et de ce ralentissement temporel que tous les observateurs mesuraient une vitesse de la lumière identique, indépendamment de la direction qu'ils suivaient par rapport à l'éther. (Pour FitzGerald et Lorentz, l'éther constituait toujours une substance réelle.) Or, dans un article de juin 1905,

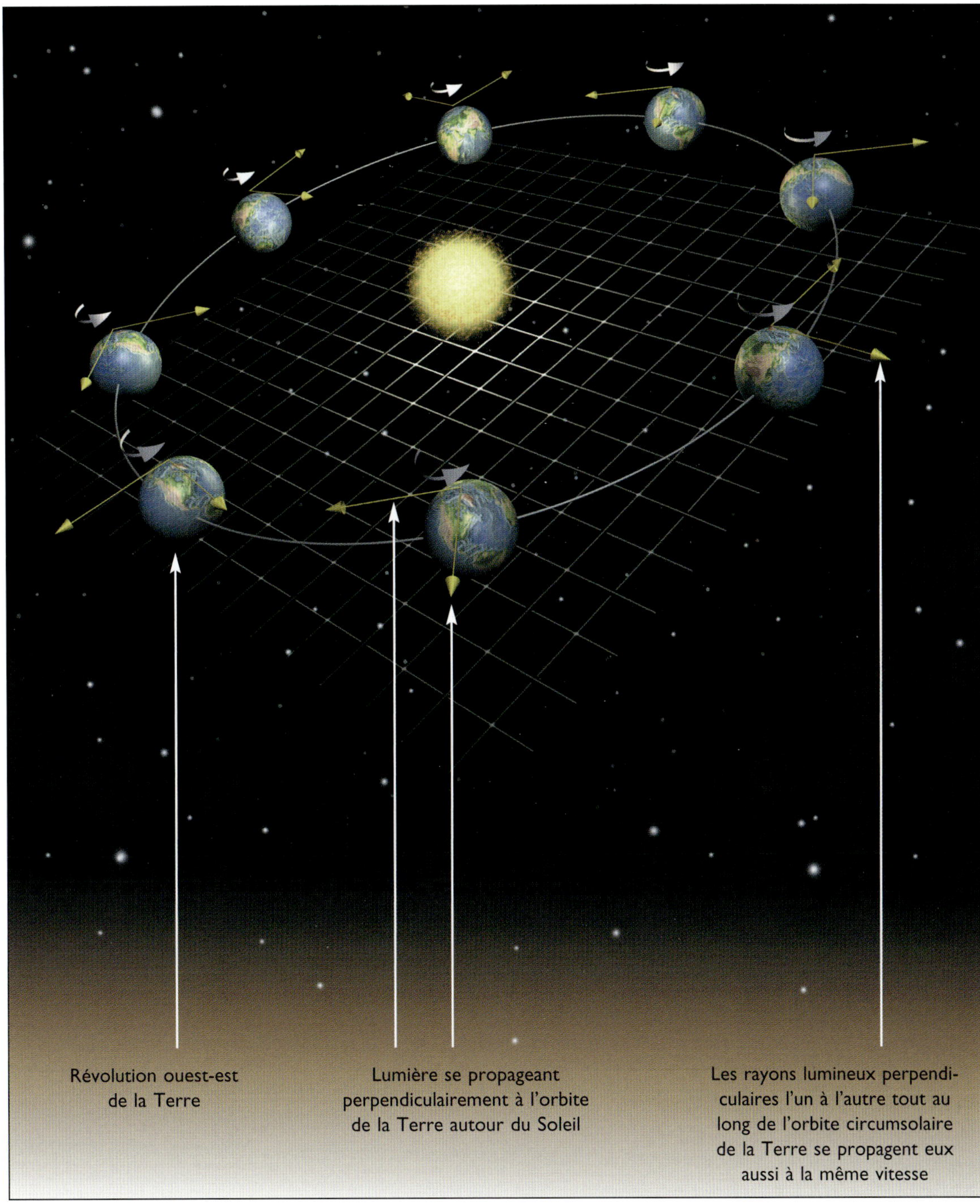
Révolution ouest-est
de la Terre
Lumière se propageant
perpendiculairement à l'orbite
de la Terre autour du Soleil
Les rayons lumineux perpendiculaires l'un à l'autre tout au long de l'orbite circumsolaire de la Terre se propagent eux aussi à la même vitesse

(Fig. 1.3) MESURE DE LA VITESSE DE LA LUMIÈRE

Grâce à l'interféromètre de Michelson-Morley, la lumière émise par une source est scindée en deux pinceaux par un miroir semi-argenté. **(a)** Les deux pinceaux lumineux se propagent d'abord perpendiculairement l'un à l'autre, puis ils forment un rayon unique après avoir été réfléchis à nouveau par le miroir. Toute différence entre les vitesses de la lumière mesurées dans les deux directions pourrait signifier que les crêtes d'ondes d'un pinceau sont arrivées en même temps que les creux d'ondes de l'autre pinceau et les ont annulés.

À droite : schéma de l'expérience reconstitué à partir de celui publié dans *Scientific American* en 1887.

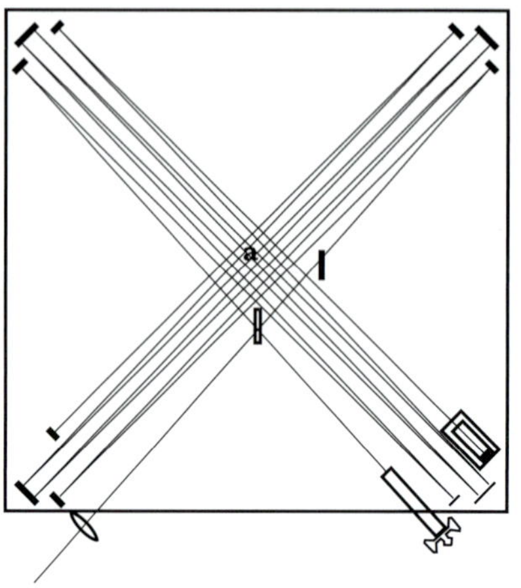

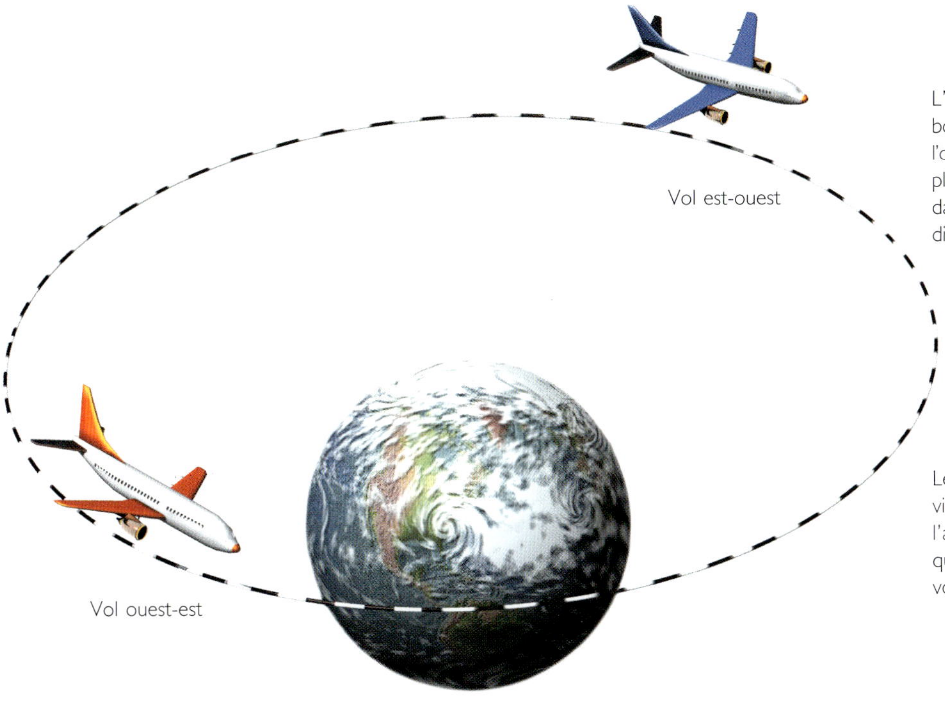

L'horloge embarquée à bord de l'avion volant vers l'ouest enregistre un temps plus long que celle placée dans l'avion allant dans la direction opposée.

Le temps s'écoule moins vite pour les passagers de l'avion volant vers l'est que pour ceux de l'avion volant vers l'ouest.

(FIG. 1.4)

Une version du paradoxe des jumeaux (FIG. 1.5, voir p. 10) a été testée au moyen de l'expérience consistant à embarquer deux horloges de précision dans des avions faisant le tour du monde dans des directions opposées.
Une fois ces deux horloges réunies, il s'est avéré que celle volant vers l'est avait enregistré un temps légèrement inférieur.

Einstein fit remarquer que, si personne ne pouvait détecter s'il se déplaçait ou non à travers l'espace, la notion d'éther devenait inutile : il postula à la place que les lois de la nature devaient être les mêmes pour tous les observateurs se mouvant librement. En particulier, ils devaient tous mesurer une vitesse de la lumière identique, quelle que fût leur propre vitesse de déplacement : car la vitesse de la lumière était à la fois indépendante de leurs mouvements et invariable dans toutes les directions.

Il fallait donc renoncer à croire en l'existence d'une quantité universelle, appelée temps, que n'importe quelle horloge aurait pu mesurer. Au contraire, nous disposions chacun de notre temps personnel, les temps de deux individus concordant s'ils étaient immobiles l'un par rapport à l'autre, mais pas s'ils se déplaçaient.

De multiples expériences confirmèrent cette hypothèse : on s'aperçut notamment que des horloges de précision embarquées à bord d'avions volant dans des directions opposées mesuraient des temps très légèrement différents (Fig. 1.4). Ne croyez pas pour autant qu'il vous suffise de voler vers l'est pour vivre plus longtemps – la vitesse de rotation de la Terre s'ajoutant à celle votre avion, une infime fraction de seconde s'ajouterait effectivement à votre durée de vie, mais ce gain serait plus qu'annulé par la détestable nourriture qu'on sert dans les transports aériens !

c
a
a2
b
b2

(FIG. 1.5, à gauche)
LE PARADOXE DES JUMEAUX

Selon la théorie de la relativité, chaque observateur dispose de sa propre mesure du temps : cela donne le paradoxe dit des jumeaux.

Un membre d'une paire de jumeaux **(a)** entreprend un voyage spatial qu'il effectue à une vitesse proche de celle de la lumière **(c)** pendant que son frère **(b)** reste sur Terre.

En raison de son mouvement, le temps s'écoule plus lentement dans le vaisseau spatial aperçu par le jumeau resté sur le sol terrestre.

Donc, à son retour, le voyageur spatial **(a2)** constatera que son frère **(b2)** est plus âgé que lui-même.

Le bon sens est ici pris en défaut, mais plusieurs expériences ont confirmé ce scénario en montrant que le jumeau voyageur serait bel et bien plus jeune.

(FIG. 1.6, à droite)

Un vaisseau spatial se déplaçant aux quatre cinquièmes de la vitesse de la lumière passe devant la Terre en suivant la direction droite-gauche. Une impulsion lumineuse est émise à un bout de la cabine et réfléchie à l'autre bout **(a)**.

Cette lumière est observée depuis la Terre et à bord de ce vaisseau spatial. En raison du mouvement du vaisseau, les observateurs ne seront pas d'accord sur la distance que la lumière aura franchie après avoir été réfléchie **(b)**.

Ils ne seront donc pas d'accord non plus sur la durée de ce trajet lumineux, conformément au postulat einsteinien selon lequel la vitesse de la lumière ne varie pas pour tous les observateurs se mouvant librement.

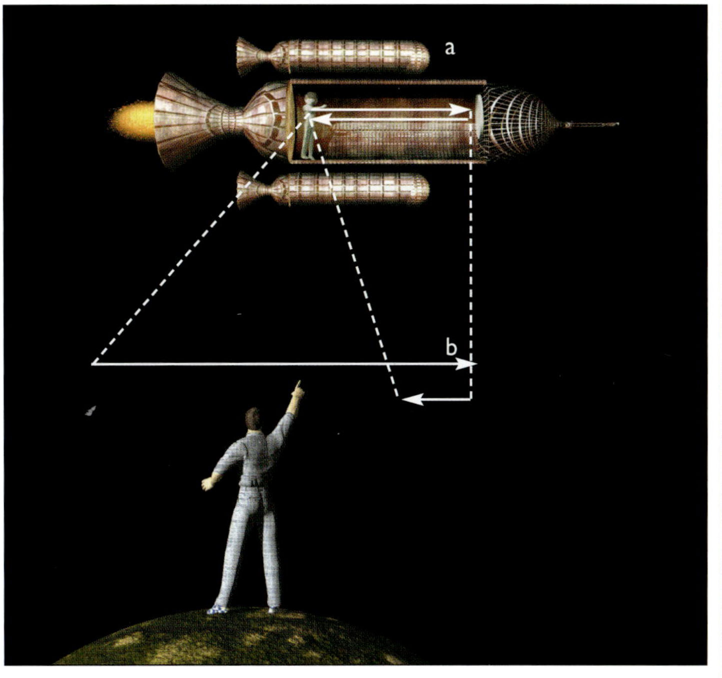

Le postulat einsteinien stipulant que les lois de la nature sont similaires pour tous les observateurs se mouvant librement servit de fondement à la théorie de la relativité, d'après laquelle, comme son nom l'indique, seul le mouvement relatif est important. Tout en emportant la conviction de nombreux penseurs par sa beauté et sa simplicité, cette théorie suscita une vive opposition. Einstein venait en effet de pourfendre deux dogmes majeurs de la science du XIXe siècle : celui de l'immobilité absolue, représentée par l'éther, et celui du temps absolu ou universel, mesurable par toutes les horloges. Beaucoup furent scandalisés par sa conception : fallait-il comprendre, demandèrent-ils, que *tout* était relatif, y compris les critères moraux ? Ce malaise persista tout au long des années 1920 et 1930 et, quand le prix Nobel fut décerné à Einstein en 1921, il ne le dut qu'aux travaux moins novateurs (selon lui) qu'il avait également effectués en 1905 – la relativité ne fut pas mentionnée, cette idée étant encore trop controversée à cette date. (Même de nos jours, on continue à m'écrire deux ou trois fois par semaine pour me dire qu'Einstein s'est trompé !) Néanmoins, la théorie de la relativité est aujourd'hui totalement acceptée par la communauté scientifique, les applications pratiques de ses prédictions ayant pu être vérifiées à d'innombrables reprises.

FIG. 1.7

Conséquence très importante de la relativité : la relation établie entre la masse et l'énergie. En postulant que la vitesse de la lumière ne variait pas en fonction de l'observateur, Einstein voulait dire en fait que rien ne peut se déplacer plus vite que la lumière. En effet, plus on utilise de l'énergie pour accroître la vitesse d'un objet quelconque – que ce soit une particule ou un vaisseau spatial –, plus la masse de cet objet augmente, et plus il devient difficile de l'accélérer davantage : accélérer une particule jusqu'à la vitesse de la lumière serait impossible en raison même de la quantité infinie d'énergie que cette opération exigerait, suite à l'équivalence de la masse et de l'énergie posée par la célèbre équation d'Einstein $E = mc^2$ (Fig. 1.7). C'est sans doute la seule équation de la physique dont l'homme de la rue a entendu parler ; elle permit notamment de comprendre que, si le noyau de l'atome d'uranium peut se scinder en deux noyaux dont la masse totale est légèrement inférieure à celle du noyau originel qui les a engendrés, cette fission est susceptible de libérer une quantité d'énergie prodigieuse (voir Fig. 1.8, p. 14).

En 1939, un groupe de scientifiques conscients de cette dernière implication persuada Einstein de surmonter ses scrupules pacifistes pour cosigner une lettre, adressée au président Roosevelt : elle recommandait de lancer un programme de recherches nucléaires.

LETTRE PROPHÉTIQUE D'EINSTEIN AU PRÉSIDENT ROOSEVELT (1939)

« Au cours de ces quatre derniers mois, il est devenu probable - grâce à l'œuvre de Joliot en France aussi bien que de Fermi et de Szilard en Amérique - qu'il sera bientôt possible de déclencher une réaction nucléaire en chaîne au sein d'une grosse masse d'uranium grâce à laquelle une énorme puissance et de grandes quantités de nouveaux éléments tels que le radium pourraient être engendrées. Il paraît désormais presque certain que ce résultat sera atteint dans un avenir très proche.
Ce nouveau phénomène semblerait déboucher aussi sur la construction de bombes, et il est vraisemblable - même si c'est beaucoup moins certain - que des bombes extrêmement puissantes d'un type nouveau pourront donc être construites. »

Le projet Manhattan, puis le largage des bombes qui explosèrent au-dessus d'Hiroshima et de Nagasaki en août 1945, en découlèrent. Certains ont reproché à Einstein d'avoir permis de construire la bombe atomique en découvrant l'équivalence de la masse et de l'énergie. Tient-on Newton pour responsable des accidents d'avions sous prétexte qu'il a découvert la gravité ? Non seulement Einstein ne s'impliqua jamais dans le projet Manhattan, mais il fut horrifié par la destruction de ces villes.

Bien que la notoriété scientifique d'Einstein ait été établie dès 1905, année de publication de ses trois articles pionniers, c'est en 1909 seulement que l'université de Zurich lui proposa la chaire qui lui permit de démissionner de l'Office des brevets de Berne. Engagé deux ans plus tard par l'université germanique de Prague, il revint dès 1912 à Zurich, où il enseigna à l'École fédérale polytechnique : en dépit de l'antisémitisme qui sévissait alors dans la plupart des pays européens, milieux universitaires compris, c'était désormais un enseignant des plus recherchés ! Rejetant les offres alléchantes des universités de Vienne et d'Utrecht, il préféra effectuer des recherches pour l'Académie des sciences de Berlin, qui avait accepté de le dispenser de toute charge de cours : en avril 1914, il s'établit donc à Berlin, où son épouse et

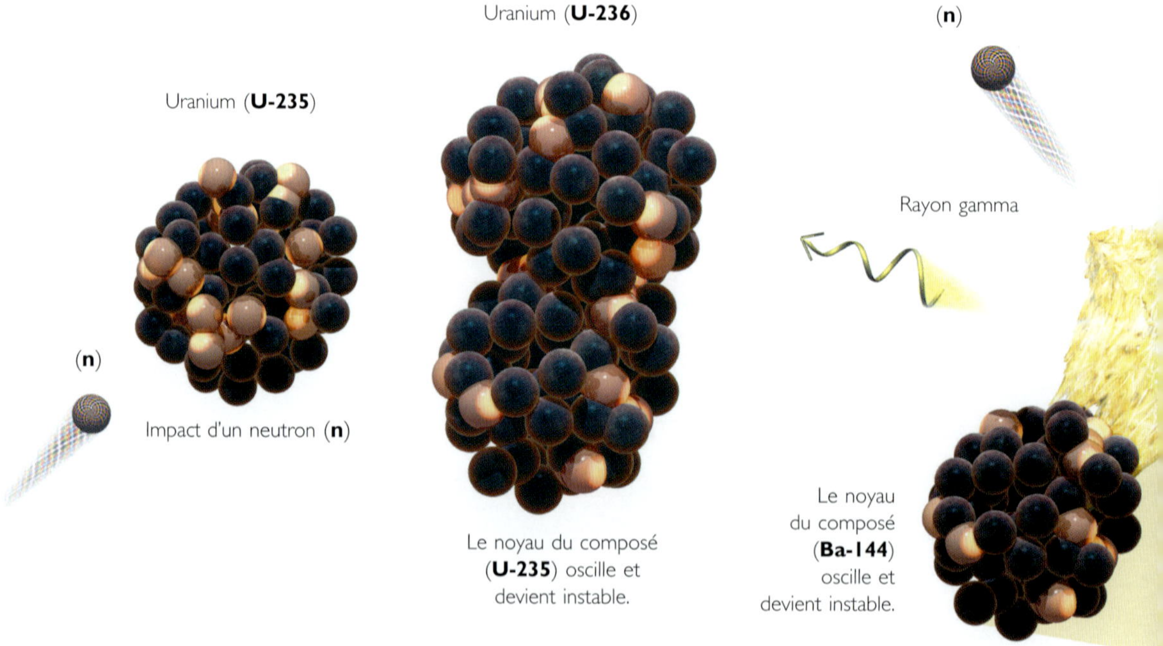

(Fig 1.8) Énergie de liaison nucléaire

Les noyaux comprennent des protons et des neutrons liés par une force forte. Mais la masse du noyau est toujours inférieure à la somme des masses individuelles des protons et des neutrons qui le constituent. La différence mesure l'énergie de liaison nucléaire qui confère sa cohésion au noyau, cette énergie de liaison pouvant être déterminée à partir de la relation d'Einstein : l'énergie de liaison nucléaire = Ø**m**c^2 où Ø**m** correspond à la différence entre la masse du noyau et la somme des masses individuelles.

La force explosive des engins nucléaires procède de la libération de cette énergie potentielle.

ses deux fils ne tardèrent pas à le rejoindre. Son couple battant de l'aile depuis quelque temps déjà, sa famille repartit ensuite pour Zurich et sa femme finit par demander et obtenir le divorce. Einstein se remaria en 1919 avec sa cousine Elsa, qui vivait à Berlin. Son étonnante productivité scientifique des années de guerre tint peut-être à ce célibat transitoire : il fut dégagé de tout souci domestique pendant toute cette période !

La théorie de la relativité ne collait qu'avec les lois qui régissent l'électricité et le magnétisme : elle était incompatible avec la loi de la gravitation newtonienne. Cette dernière stipulait que, si l'on changeait la distribution de la matière dans une région donnée de l'espace, le changement qui en résultait dans le champ gravitationnel devenait immédiatement perceptible dans n'importe quelle autre zone de l'Univers : non seulement des signaux pouvaient dès lors être transmis à une vitesse supérieure à celle de la lumière (ce que la relativité interdisait), mais la notion de transmission « instantanée » contraignait en outre à postuler l'existence d'un temps absolu ou universel auquel la relativité avait substitué la notion de temps personnel.

L'équation d'Einstein entre l'énergie (E), la masse (m) et la vitesse de la lumière (c) implique qu'une masse minime équivaut à une énorme quantité d'énergie $E = mc^2$

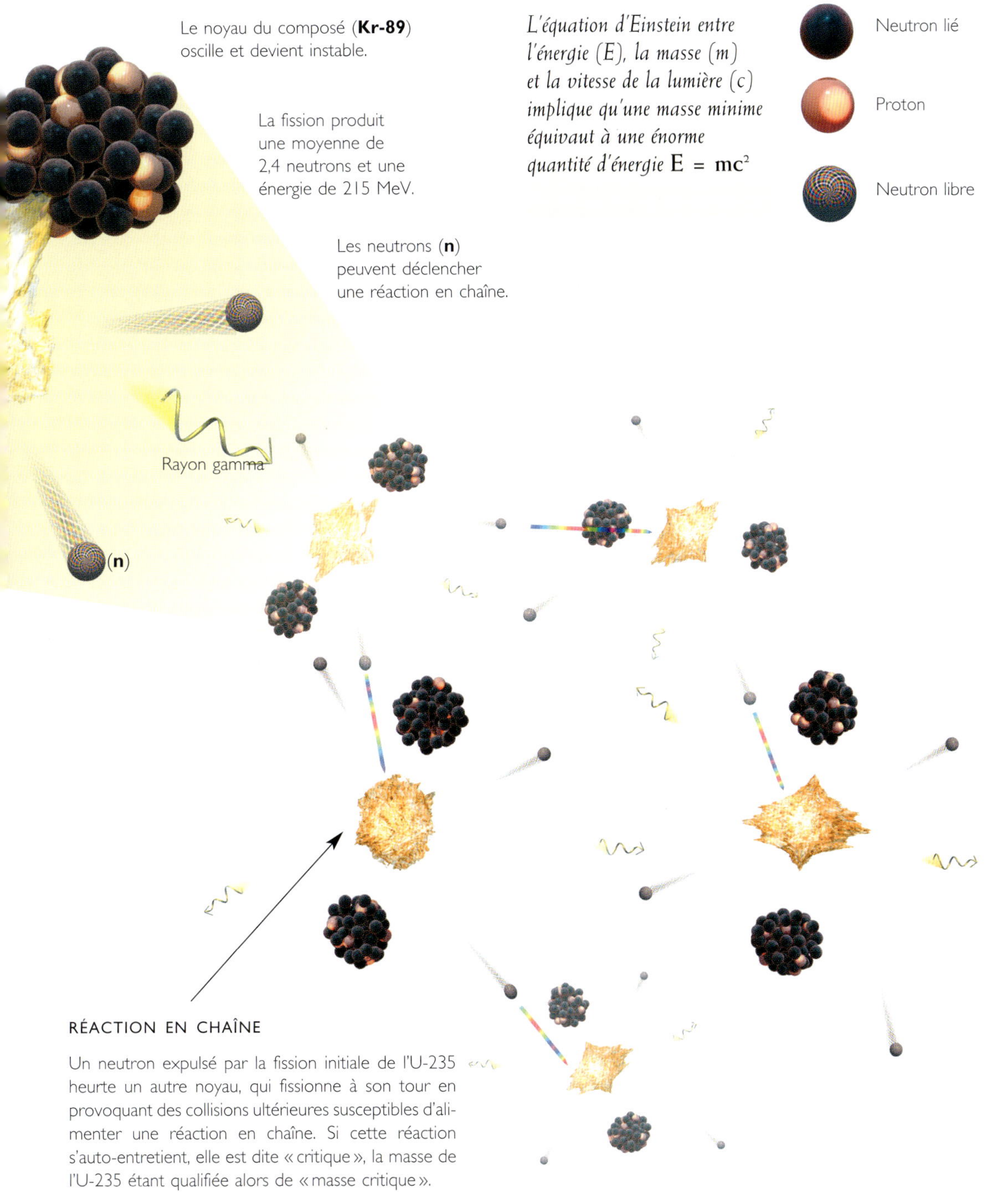

RÉACTION EN CHAÎNE

Un neutron expulsé par la fission initiale de l'U-235 heurte un autre noyau, qui fissionne à son tour en provoquant des collisions ultérieures susceptibles d'alimenter une réaction en chaîne. Si cette réaction s'auto-entretient, elle est dite « critique », la masse de l'U-235 étant qualifiée alors de « masse critique ».

(Fig. 1.9)

Un observateur enfermé dans une boîte telle qu'un ascenseur serait incapable de dire si celui-ci est immobile à la surface de la Terre **(a)** ou accéléré par une fusée propulsée dans l'espace intersidéral **(b)**.
Si le moteur de la fusée était éteint **(c)**, ce serait comme si l'ascenseur tombait en chute libre jusqu'au fond de sa cage **(d)**.

Bien qu'ayant pris conscience de cette difficulté dès 1907 (année où il travaillait encore à l'Office des brevets de Berne), Einstein ne commença à réfléchir sérieusement à ce problème qu'à partir de 1911 – à Prague, donc. Il lui apparut alors que l'accélération et le champ gravitationnel devaient être étroitement liés : toute personne enfermée dans une boîte, par exemple un ascenseur, serait incapable de deviner si celle-ci est immobile dans le champ gravitationnel de la Terre ou accélérée par une fusée propulsée dans l'espace intersidéral. (Vivant avant l'âge de *Star Strek*, Einstein connaissait mieux les ascenseurs que les vaisseaux spatiaux ; le fait est, par ailleurs, que les passagers des ascenseurs ne subissent de fortes accélérations ou ne tombent longtemps en chute libre qu'en cas de catastrophe [Fig 1.9].)

FIG. 1.10

FIG. 1.11

Si la Terre avait été plate, on aurait pu dire aussi bien qu'une pomme était tombée un jour sur la tête de Newton en raison de la gravité, ou parce que ce dernier et la surface de notre planète étaient accélérés vers le haut (Fig. 1.10). Mais cette équivalence entre l'accélération et la gravité ne semblait pas valoir pour une Terre ronde – les êtres humains vivant sur l'autre face de notre monde auraient dû dans ce cas être accélérés dans la direction opposée tout en restant à une distance constante de leurs voisins des antipodes (Fig. 1.11).

En 1912, en regagnant Zurich, Einstein s'avisa que cette équivalence pouvait fonctionner si la géométrie de l'espace-temps était courbe, et non pas plate comme on l'avait supposé jusqu'alors. Il se dit que la masse et l'énergie devaient distordre l'espace-temps d'une manière qui restait à déterminer. Même si les

Si la Terre était plate (FIG. 1.10), on pourrait dire à la fois qu'une pomme est tombée sur la tête de Newton à cause de la gravité et parce que la Terre et Newton étaient accélérés vers le haut. Cette équivalence ne vaut pas pour une Terre sphérique (FIG. 1.11) parce que les êtres humains vivant en des points opposés de notre monde s'éloignent dans ce cas davantage les uns des autres. Einstein surmonta cette difficulté en courbant l'espace et le temps.

(Fig. 1.12)
COURBURES SPATIO-TEMPORELLES

L'accélération et la gravité ne peuvent être équivalentes que si un objet massif incurve assez l'espace-temps pour infléchir les trajectoires des objets avoisinants.

objets comme les pommes ou les planètes cherchaient à se mouvoir en ligne droite dans l'espace et le temps, leurs trajectoires étaient en fait infléchies par le champ gravitationnel parce que l'espace-temps lui-même était incurvé (Fig. 1.12).

Avec l'aide de son ami Marcel Grossmann, Einstein étudia la théorie des espaces et des surfaces courbes que Georg Friedrich Riemann avait auparavant élaborée à titre de pure abstraction mathématique – Riemann ne s'était bien entendu pas douté que sa théorie serait un jour pertinente pour le monde réel. Puis, en 1913, Einstein et Grossmann rédigèrent un article commun où ils formulèrent l'hypothèse selon laquelle les « forces gravitationnelles » n'exprimaient rien d'autre que la courbure de l'espace-temps. Toutefois, une erreur commise par Einstein (qui était aussi faillible que n'importe quel être humain) les empêcha de découvrir les équations permettant de relier cette

courbure de l'espace-temps à la masse et à l'énergie qu'il contenait. Einstein continua à plancher sur ce problème à Berlin, l'esprit libre de tout souci domestique et la guerre ne le détournant pas de ses recherches, jusqu'à ce que, en novembre 1915, il finisse par découvrir les bonnes équations. Il était allé discuter de ses idées avec le mathématicien David Hilbert à l'Université de Göttingen au cours de l'été 1915, et il semblerait bien qu'Hilbert ait découvert de son côté des équations similaires quelques jours avant Einstein. Néanmoins, comme Hilbert lui-même en convint, tout le mérite de l'élaboration de cette nouvelle théorie revenait à Einstein : c'était lui qui avait pensé à établir un lien entre la gravitation et la distorsion de l'espace-temps. On doit porter au crédit des sages dirigeants allemands de cette époque de n'avoir pas fait obstacle au déroulement de ces discussions et de ces échanges scientifiques poursuivis en période d'hostilités – il n'en irait plus de même vingt ans plus tard.

Cette nouvelle théorie afférente à la courbure de l'espace-temps fut appelée « relativité générale » pour la distinguer de la théorie originelle, dite « relativité restreinte », qui ne tenait pas compte de la gravité. Elle reçut une confirmation spectaculaire peu après la Première Guerre mondiale : en 1919, une expédition britannique qui était allée observer une éclipse depuis l'ouest de l'Afrique découvrit que la lumière était légèrement déviée à proximité du Soleil (Fig. 1.13). Cette preuve directe de la courbure de l'espace et du temps

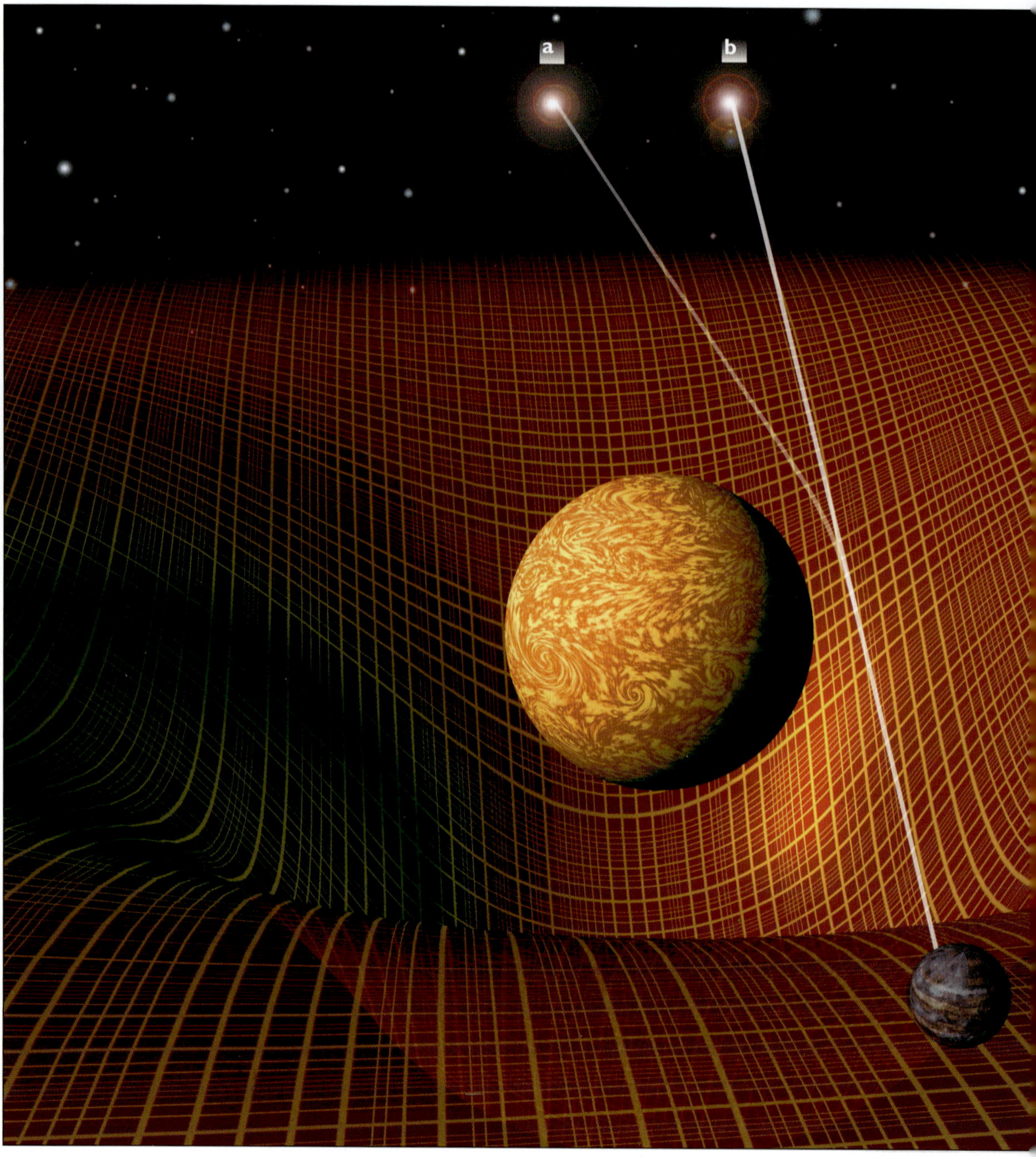
a
b

(FIG. 1.13) COURBURES DE LA LUMIÈRE

La lumière émise par une étoile passant à proximité du Soleil est déviée par la courbure de l'espace-temps due à la masse solaire **(a)**. La position apparente de l'étoile telle qu'elle apparaît depuis la Terre est ainsi légèrement décalée **(b)**, ce décalage pouvant être observé lors d'une éclipse.

constitua le plus grand changement apporté à notre perception de l'Univers depuis qu'Euclide avait composé ses *Éléments de géométrie* au IIIe siècle av. J.-C.

La théorie einsteinienne de la relativité générale a révolutionné notre compréhension de l'espace-temps : ne pouvant plus les tenir pour un cadre passif où des événements se déroulent, nous devons désormais considérer que l'espace et le temps participent activement à la dynamique de l'Univers. Mais cette théorie n'en a pas moins posé un gros problème qui restera au centre de la physique du XXIe siècle : si l'Univers regorge de matière et si cette matière déforme l'espace-temps en précipitant les corps les uns vers les autres, comment ceux-ci restent-ils séparés ? Einstein s'était aperçu que ses équations ne pouvaient recevoir de solution compatible avec la description d'un Univers statique et/ou temporellement immuable. Plutôt que de renoncer à ce modèle d'Univers éternel auquel lui-même et la plupart de ses contemporains adhéraient, il trafiqua ses équations en leur ajoutant un terme, dit « constante cosmologique », qui visait à courber l'espace-temps en un sens opposé pour préserver la séparation des corps : en contrebalançant l'effet attractif de la matière, cet effet répulsif de la constante cosmologique permettait de décrire l'Univers comme statique. La physique théorique rata le coche, en quelque sorte, car Einstein aurait pu prédire que l'Univers était en expansion ou bien en contraction s'il s'en était tenu à ses premières équations ; mais la possibilité que l'Univers dépende du temps ne fut prise au sérieux qu'à partir des années 1920 – le télescope de cent pouces du mont Wilson joua à cet égard un rôle capital.

Les observations astronomiques dues à Edwin Hubble révélèrent que, plus les galaxies sont lointaines, plus vite elles s'éloignent de nous ; cela signifiait que l'Univers *est* en expansion, la distance entre deux galaxies augmentant en permanence (Fig. 1.14, voir p. 22). Cette découverte a permis de faire l'économie de cette constante cosmologique qui visait à préserver le caractère statique de l'Univers : Einstein déclara plus tard que cette constante avait été « la plus grande erreur de [s]a vie ». Elle n'est toutefois pas confirmée, les observations récentes décrites au chapitre 3 suggérant au contraire qu'une constante cosmologique très faible pourrait bel et bien être à l'œuvre.

(Fig. 1.14)

Les observations des galaxies indiquent que l'Univers est en expansion : presque toutes les paires de galaxies sont séparées par une distance croissante.

La relativité générale nous a contraints de surcroît à jeter un regard radicalement différent sur le problème de l'origine et du destin de l'Univers. Un Univers statique aurait pu aussi bien exister depuis toujours qu'avoir été créé sous sa forme actuelle à un moment indéterminé du passé ; mais, si les galaxies s'éloignent les unes des autres, on peut en déduire qu'elles étaient autrefois beaucoup plus proches qu'actuellement. Il y a quinze milliards d'années, elles devaient être toutes empilées les unes sur les autres, la densité étant alors infiniment élevée : cet état avait été nommé « atome originel » par le prêtre catholique George Lemaître, qui s'était intéressé le premier à l'origine de l'Univers qu'on appelle aujourd'hui big bang.

Tout porte à croire qu'Einstein ne prit jamais au sérieux l'hypothèse du big bang. Il pensait manifestement que la modélisation simple d'un Univers uniformément en expansion ne tiendrait pas le coup si l'on reconstituait les mouvements antérieurs des galaxies : estimant que leurs légers déplacements latéraux leur rendait impossible de s'être rencontrées antérieurement en un même point, il préférait supposer que l'Univers avait dû passer d'une phase précédente de contraction à sa phase actuelle d'expansion en conservant toujours une densité relativement modérée. Or on sait aujourd'hui que les réactions nucléaires initiales n'auraient pu produire les quantités d'éléments

Télescope Hooker de 100 pouces, à l'observatoire du mont Wilson.

légers qu'on observe tout autour de nous si l'Univers primordial n'avait pas eu au moins une densité de dix tonnes par pouce cubique et une température de dix milliards de degrés – le rayonnement de fond micro-ondes détecté en 1964 indique même que la densité originelle était probablement de l'ordre d'un milliard de milliards de milliards de milliards de milliards de milliards de milliards de milliards (1 suivi de 72 zéros) de tonnes par pouce cubique. Comme on sait aussi que la théorie de la relativité générale n'autorise pas à penser que l'Univers ait pu subir une phase de contraction avant d'entrer en expansion : Roger Penrose et moi-même avons réussi à prouver (je reviendrai sur ce point au chapitre 2) que la relativité générale prédit que l'Univers a commencé lors du big bang. On peut donc affirmer que la théorie d'Einstein implique que le temps a eu un commencement, quand bien même cette idée ne lui plaisait pas.

Einstein répugnait encore plus à admettre une autre prédiction de la relativité générale : à savoir, que le temps s'achèverait pour les étoiles massives dès lors que celles-ci, une fois parvenues en fin de vie, deviendraient incapables de produire assez de chaleur pour maintenir la pression centrifuge qui les empêchait jusqu'alors de s'effondrer sous l'effet de leur propre gravité. Il estimait que les étoiles de ce type devaient atteindre un état final stable, alors qu'on sait de nos jours que ce genre de configurations finales est

(Fig. 1.15)

Quand une étoile massive a épuisé tout son carburant nucléaire, elle perd de la chaleur et se contracte. La distorsion de l'espace-temps devient si importante qu'est créé un trou noir d'où la lumière ne peut plus s'échapper et à l'intérieur duquel le temps s'arrête.

impossible pour les astres dont la masse est plus de deux fois supérieure à celle du Soleil – ces étoiles continueront à rapetisser jusqu'à ce qu'elles se transforment en trous noirs, régions où l'espace-temps est si distordu que la lumière est incapable de s'en échapper (Fig. 1.15).

Roger Penrose et moi-même avons démontré que la relativité générale laisse prévoir que le temps s'arrête à l'intérieur des trous noirs, tant pour ces objets célestes que pour les malheureux astronautes qui y tomberaient ; mais il n'en reste pas moins que le commencement et la fin du temps seraient des situations telles que les équations de la relativité générale ne pourraient plus être définies. Ainsi, aucune théorie n'aurait pu permettre de prédire les résultats du big bang... Certains y ont vu l'indice d'une liberté de choix divine et en ont conclu que Dieu fit démarrer l'Univers comme il le voulait. D'autres (dont je fais partie) ont plutôt le sentiment que le début de l'Univers dût être régi par des lois qui continuèrent à prévaloir à d'autres moments. On verra au chapitre 3 que nous connaissons un peu mieux ces lois, même s'il n'existe pas encore de théorie complète des origines de l'Univers.

En fait, la relativité générale butta sur le big bang parce qu'elle était inconciliable avec la théorie des quanta, l'autre grande révolution conceptuelle du début du XXe siècle. Le premier jalon de cette théorie quantique avait été posé en 1900, année où Max Planck avait découvert à Berlin que le mode de rayonnement d'un corps chauffé au rouge devenait explicable si l'on supposait que la lumière ne pouvait être émise ou absorbée qu'en paquets discontinus, dits « quanta ». Dans l'un des trois articles pionniers qu'il rédigea en 1905, alors qu'il travaillait encore à l'Office des brevets de Berne, Einstein montra que l'hypothèse quantique de Planck pouvait expliquer l'« effet photo-électrique », autrement dit la façon dont certains métaux atteints par des rayons lumineux libèrent des électrons. Les détecteurs de lumière et les caméras de télévision contemporains fonctionnent sur ce principe, et ce fut en raison de cette contribution qu'Einstein se vit décerner le prix Nobel de physique en 1921.

Continuant à creuser la notion de quanta tout au long des années 1920, Einstein fut profondément troublé par la nouvelle représentation de la réalité, dite « mécanique quantique », qui procédait des travaux de Werner Heisenberg (à Copenhague), de Paul Dirac (à Cambridge) et d'Erwin Schrödinger (à Zurich). Désormais, les particules n'avaient plus de position

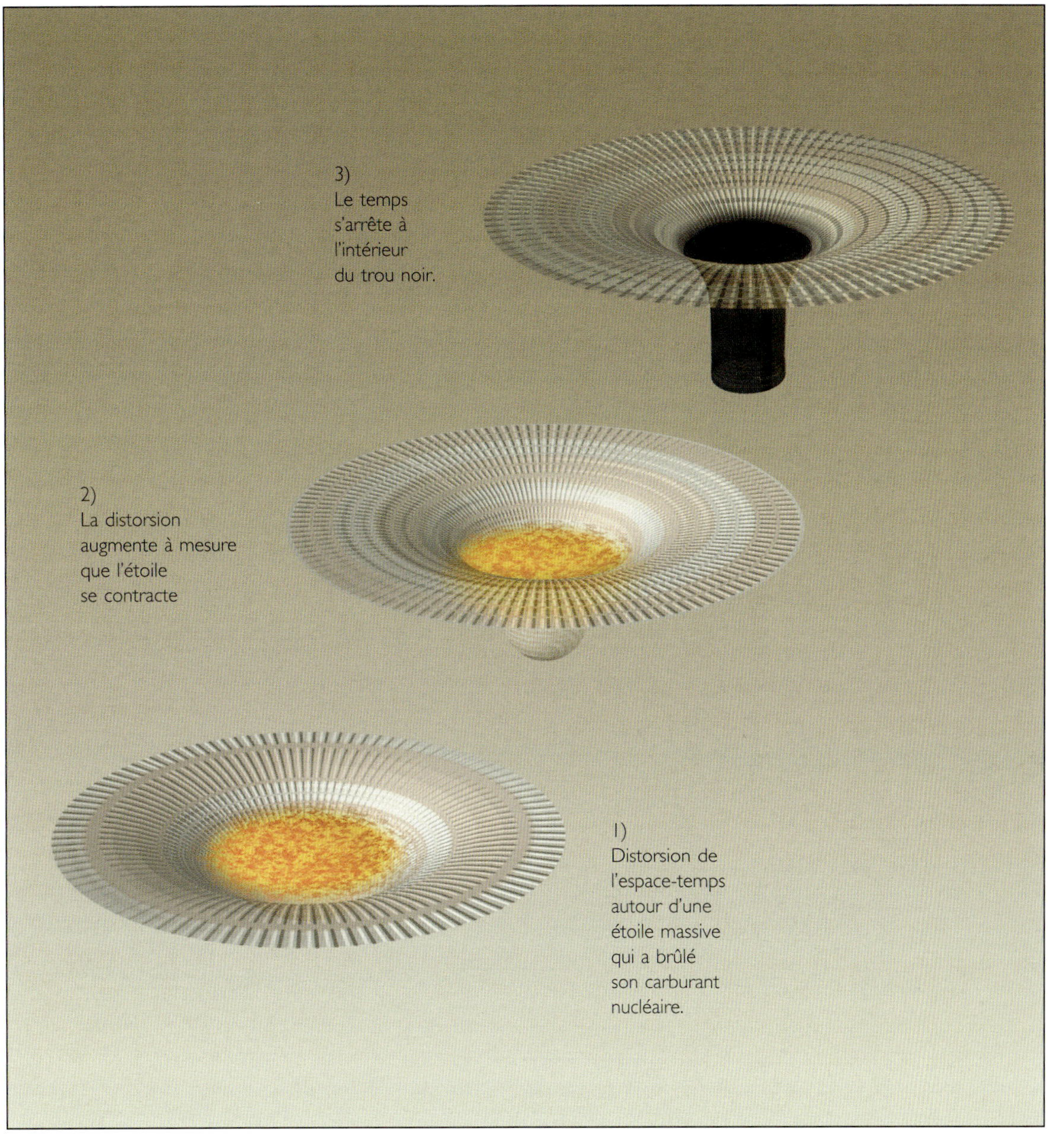
3)
Le temps
s'arrête à
l'intérieur
du trou noir.
2)
La distorsion
augmente à mesure
que l'étoile
se contracte
1)
Distorsion de
l'espace-temps
autour d'une
étoile massive
qui a brûlé
son carburant
nucléaire.

Albert Einstein peu après son expatriation aux États-Unis ; la poupée qu'il tient le représente.

ni de vitesse définies : plus la position d'une particule était déterminée avec précision, moins la détermination de sa vitesse était précise. Le hasard, ou l'élément d'imprévisibilité, inhérent à ces lois fondamentales horrifia tant Einstein qu'il n'accepta jamais sans réserve la mécanique quantique – sa célèbre formule « Dieu ne joue pas aux dés » résume bien ses sentiments à cet égard. Néanmoins, la plupart des autres physiciens tenaient les nouvelles lois quantiques pour valides, car elles rendaient compte de toutes sortes de phénomènes inexpliqués et s'accordaient parfaitement avec nombre d'observations. La chimie, la biologie moléculaire, l'électronique contemporaines, les innovations technologiques des cinquante dernières années, tout cela s'étaye sur les postulats quantiques.

En décembre 1932, pressentant que les nazis et Hitler étaient sur le point d'accéder au pouvoir, Einstein s'expatria, puis renonça quatre mois plus tard à la citoyenneté allemande pour aller travailler à l'Institute for Advanced Study de Princeton, New Jersey, où il allait passer les vingt dernières années de sa vie.

En Allemagne, les nazis lancèrent une offensive contre la « science juive » : Einstein et la relativité furent les cibles principales de cette campagne, qui empêcha peut-être Hitler de disposer de la bombe atomique – beaucoup de savants allemands étaient juifs ! Ayant appris qu'un livre intitulé *Cent auteurs contre Einstein* venait d'être publié, le prix Nobel fit cette réponse étonnante : « Pourquoi une centaine ? Si je m'étais trompé, un seul suffirait ! » Après la Seconde Guerre mondiale, il exhorta les Alliés à créer un gouvernement mondial qui détienne le contrôle des armements nucléaires, puis il refusa de devenir président du jeune État d'Israël quand on le lui proposa en 1948. « La politique ne vaut que pour le présent, alors qu'une équation est éternelle », déclara-t-il un jour. Force est de constater que les équations de la relativité générale célèbreront infiniment mieux sa mémoire que toute autre épitaphe : elles dureront aussi longtemps que l'Univers.

Le monde a beaucoup plus changé au cours des cent dernières années qu'à n'importe quel siècle précédent. Loin de tenir à de nouvelles doctrines politiques ou économiques, ces changements ont été induits par des innovations technologiques qui n'auraient jamais pu voir le jour si la science fondamentale elle-même n'avait pas progressé à pas de géant. Qui symbolise mieux ces avancées qu'Albert Einstein ?

CHAPITRE 2

LA FORME DU TEMPS

La relativité générale d'Einstein donne une forme au temps : comment la concilier avec la théorie des quanta

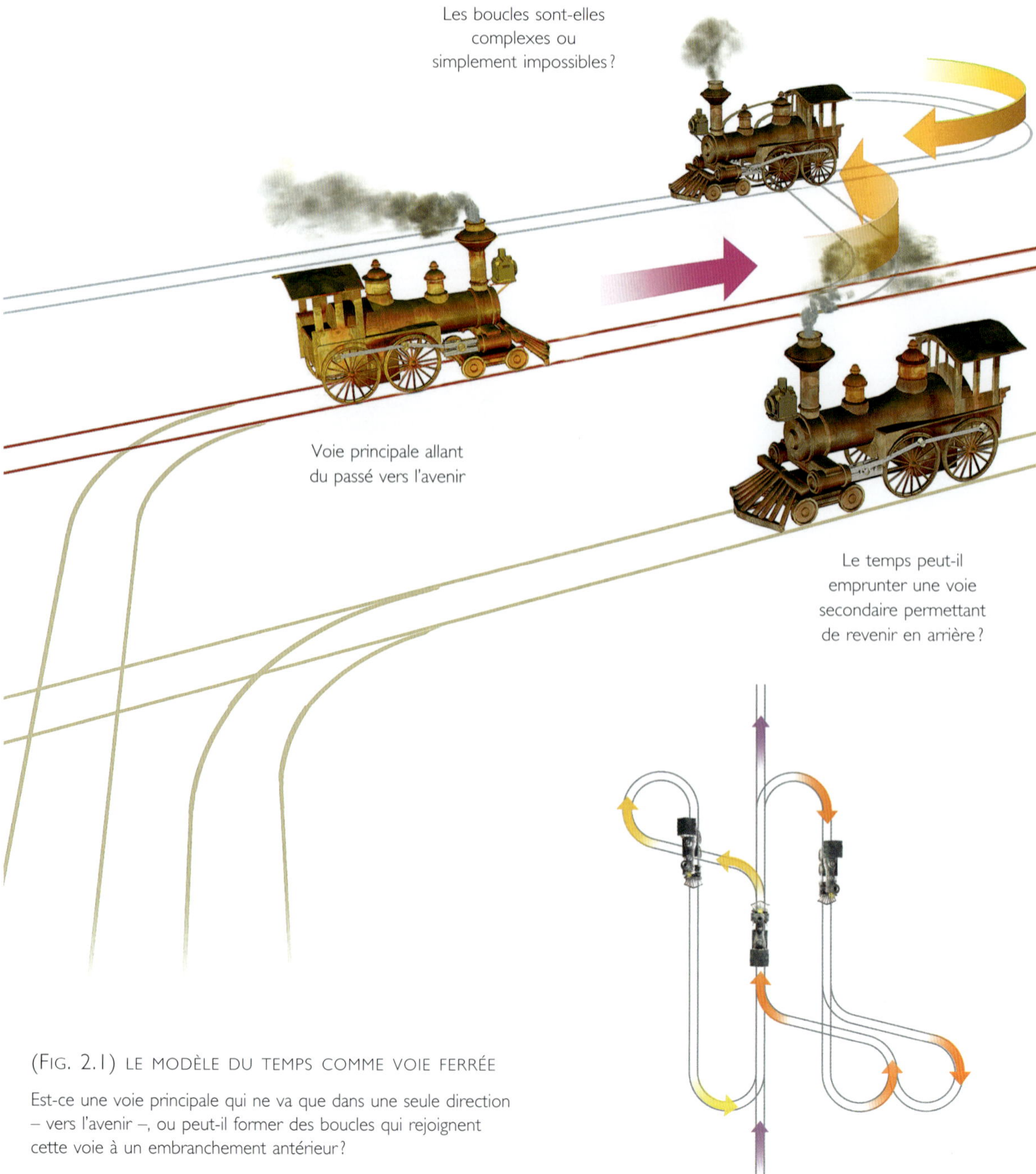

(Fig. 2.1) LE MODÈLE DU TEMPS COMME VOIE FERRÉE

Est-ce une voie principale qui ne va que dans une seule direction – vers l'avenir –, ou peut-il former des boucles qui rejoignent cette voie à un embranchement antérieur ?

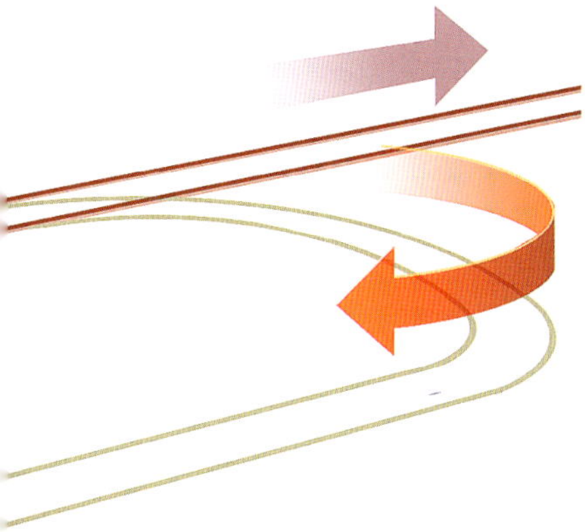

Qu'est-ce que le temps ? Est-ce un fleuve impétueux qui emporte tous nos rêves, comme le proclame un vieil hymne ? Ou bien ressemble-t-il à une voie de chemin de fer ? Peut-être recèle-t-il des boucles et des bifurcations qui permettent de continuer à aller de l'avant tout en revenant en arrière (Fig. 2.1).

L'essayiste Charles Lamb écrivait en 1812 : « Rien ne me laisse plus perplexe que le temps et l'espace ; et pourtant, rien ne me pose *moins* problème, car je n'y pense jamais. » Il en va de même pour la plupart d'entre nous : nous nous préoccupons rarement du temps et de l'espace, quel que soit leur sens ; mais il ne nous en est pas moins arrivé à tous de nous demander en quoi consiste le temps, comment il a commencé et où il nous conduit.

À mes yeux, toute théorie scientifique saine, qu'elle traite du temps ou de n'importe quel autre concept, doit s'étayer sur la plus opérationnelle de toutes les philosophies des sciences : à savoir, sur l'approche positiviste proposée par Karl Popper et ses émules. Une théorie scientifique est un modèle mathématique qui décrit et codifie des observations : une théorie est « bonne » quand elle décrit une gamme de phénomènes à partir de quelques postulats simples et permet d'effectuer des prédictions susceptibles d'être testées. Quand les prédictions concordent avec ce qui a été observé, la théorie survit à ce test, même si on ne peut prouver son exactitude ; mais elle doit être abandonnée ou modifiée chaque fois que les observations infirment ce qui a été prédit. (C'est ainsi, du moins, que les choses sont censées se passer ; dans la pratique, la fiabilité des observations est aussi souvent contestée que la compétence et/ou la moralité des observateurs.) Or, si l'on se réclame de cette position positiviste, comme c'est mon cas, il est impossible de dire en quoi *consiste* le temps : on peut uniquement décrire comment le temps a été le mieux modélisé et les diverses prédictions qu'autorise tel ou tel modèle mathématique.

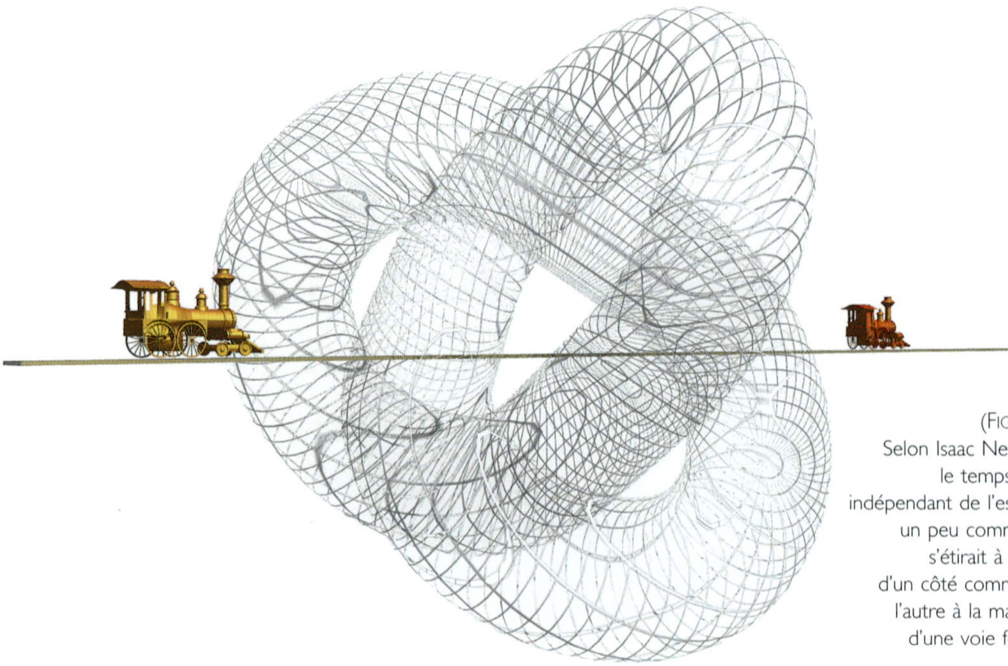

(Fig. 2.2)
Selon Isaac Newton, le temps était indépendant de l'espace, un peu comme s'il s'étirait à l'infini d'un côté comme de l'autre à la manière d'une voie ferrée.

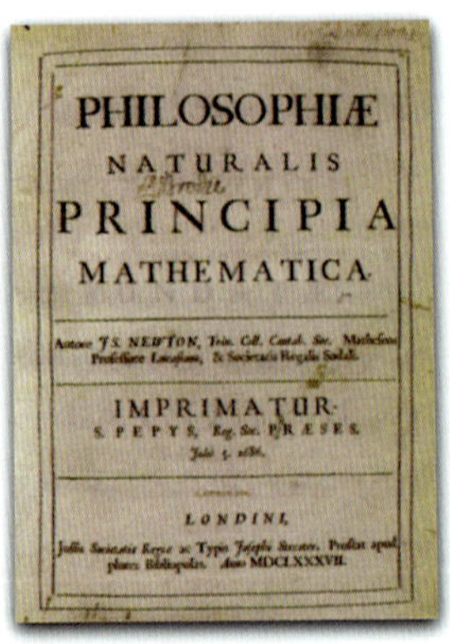
PHILOSOPHIÆ
NATURALIS
PRINCIPIA
MATHEMATICA.

Autore JS. NEWTON, Trin. Coll. Cantab. Soc. Matheseos Professore Lucasiano, & Societatis Regalis Sodali.

IMPRIMATUR.
S. PEPYS, Reg. Soc. PRÆSES.
Julii 5. 1686.

LONDINI,
Jussu Societatis Regiæ ac Typis Josephi Streater. Prostat apud plures Bibliopolas. Anno MDCLXXXVII.

Modélisation mathématique du temps et de l'espace, publiée par Isaac Newton il y a plus de trois siècles de cela.

Le premier modèle mathématique du temps et de l'espace fut élaboré par Newton dans ses *Principia mathematica* (1687) : tout comme moi aujourd'hui, il détenait la *Lucasian chair* à l'Université de Cambridge, mais elle n'était pas encore actionnée par un moteur électrique. Pour Newton, le temps et l'espace n'étaient que la toile de fond sur laquelle les événements se déroulaient : ils n'étaient pas affectés par eux. Séparé de l'espace, le temps était assimilé à une ligne droite s'étirant à l'infini d'un côté comme de l'autre, à la manière d'une voie ferrée (Fig. 2.2) ; et il était considéré comme éternel, c'est-à-dire comme existant depuis toujours et pour toujours. Il se différenciait de l'Univers physique en cela que celui-ci passait pour avoir été créé quelques millénaires plus tôt dans un état plus ou moins semblable à son état présent. Des penseurs comme le philosophe allemand Emmanuel Kant ne manquèrent pas de s'interroger à ce sujet : si l'Univers avait bien été créé, pourquoi y avait-il eu une période d'attente infinie avant la création ? Si, à l'inverse, l'Univers existait depuis toujours, tout ne serait-il pas déjà arrivé et l'histoire ne serait-elle pas déjà achevée ? Plus particulièrement encore, pourquoi l'Univers n'avait-il pas atteint un équilibre thermique tel que tout ait la même température ?

(FIG. 2.3) LA FORME ET LA DIRECTION DU TEMPS

Théorie de la relativité d'Einstein : en accord avec nombre d'expériences, elle stipule que le temps et l'espace sont inextricablement entremêlés.

L'espace ne peut être courbé sans que le temps le soit également, ce qui revient à dire que le temps a une forme. Mais il semble aussi n'avoir qu'une seule direction, comme la locomotive de cette illustration.

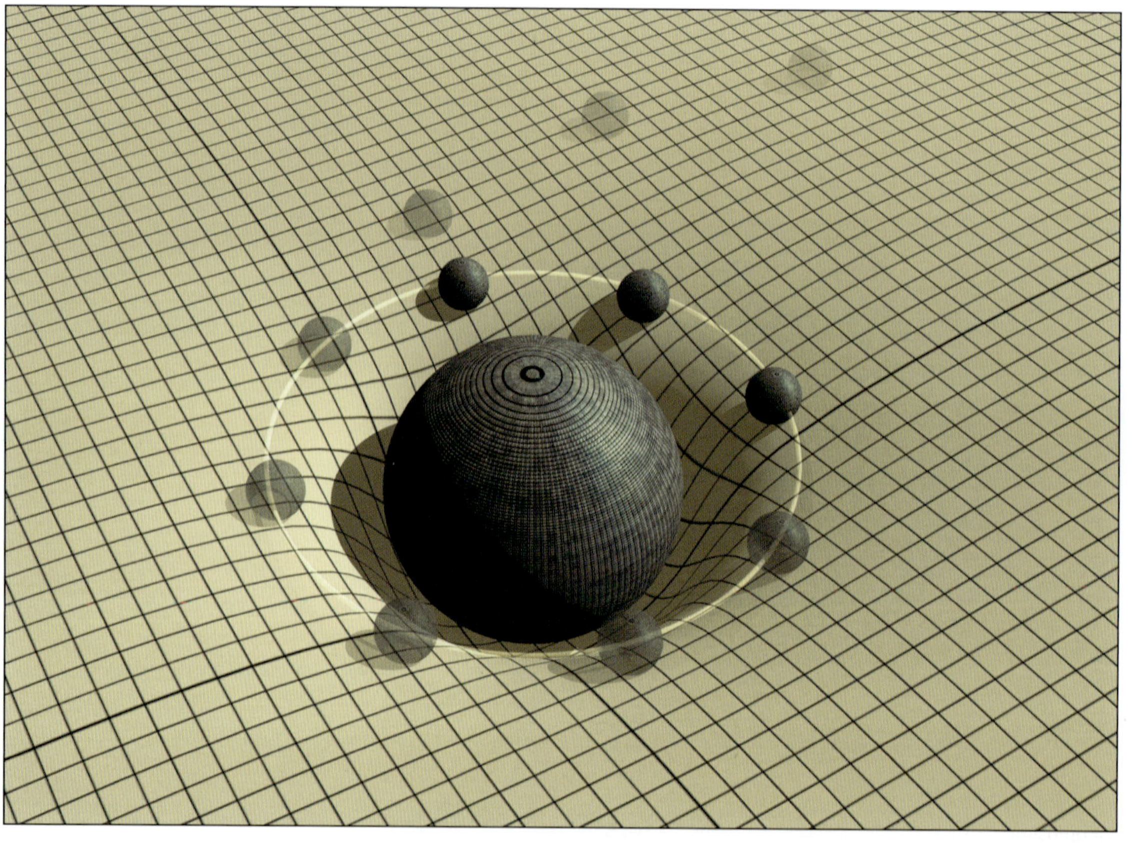

(Fig. 2.4) LA COMPARAISON DE LA FEUILLE DE CAOUTCHOUC

La grosse boule disposée au centre représente un corps massif tel qu'une étoile.
Le poids de cette boule incurvant la feuille autour d'elle, les boules plus petites qui roulent sur cette surface sont déviées par cette courbure et décrivent des cercles autour du poids le plus lourd, exactement comme les planètes situées dans le champ gravitationnel d'une étoile peuvent orbiter autour de cet astre.

Kant rangea ce problème parmi les « antinomies de la raison pure », car il paraissait receler une contradiction logique insoluble ; mais il n'était contradictoire que dans le contexte du modèle mathématique newtonien, selon lequel le temps était une ligne infinie, indépendante de tout ce qui survenait dans l'Univers. Comme on l'a vu au chapitre 1, Einstein proposa en 1915 un modèle mathématique totalement inédit : la théorie de la relativité générale. Si nous avons depuis ajouté des rubans et des nœuds à cette théorie, notre modèle actuel de l'espace et du temps est toujours fondé sur les propositions einsteiniennes ; dans ce chapitre comme dans ceux qui le suivront, je voudrais montrer en quoi nos idées ont évolué depuis la publication de l'article révolutionnaire où la relativité générale avait été pour la première fois exposée – je suis fier de compter au nombre de ceux qui ont permis cette évolution, si mince qu'ait été mon apport personnel.

La relativité générale combine la dimension du temps avec les trois de l'espace pour former ce qu'il est convenu d'appeler l'espace-temps (voir Fig. 2.3).

Cette théorie intègre l'effet de la gravité en stipulant que la distribution de la matière et de l'énergie au sein de l'Univers gauchit et distord l'espace-temps, qui cesse donc d'être plat : les objets contenus dans cet espace-temps cherchent à se déplacer en ligne droite, mais leurs trajectoires sont en fait incurvées parce que l'espace-temps lui-même est courbe – comme si le champ gravitationnel influait sur leurs déplacements.

Pour user d'une comparaison grossière, imaginez une feuille de caoutchouc sur laquelle serait posée une grosse boule représentant le Soleil : le poids de celle-ci creusant et incurvant la feuille autour du Soleil, des boules plus petites que vous feriez rouler ensuite sur cette surface ne la traverseraient pas en ligne droite mais décriraient des cercles autour du poids le plus lourd, un peu comme les planètes orbitent autour des étoiles (Fig. 2.4).

Cette comparaison est incomplète, car seule une section d'espace bidimensionnelle (la surface de la feuille de caoutchouc) est ici incurvée, le temps n'étant pas plus perturbé que dans la théorie newtonienne. D'après la théorie de la relativité et les nombreuses expériences qui la corroborent, le temps et l'espace sont pourtant inextricablement entremêlés : l'espace ne peut être courbé sans que le temps le soit. Cela revient à dire que le temps a une forme. En courbant l'espace et le temps, la relativité générale a modifié leur statut : cessant d'être un cadre passif au sein duquel se déroulent des événements, ils participent activement et dynamiquement à ce qui se produit. Pour Newton, le temps existait indépendamment de l'Univers : il était donc possible de se demander ce que Dieu faisait avant de créer le ciel et la Terre. Saint Augustin avait blâmé le plaisantin qui avait répondu un jour : « Il préparait des supplices à ceux qui scrutent de si profonds mystères », sans que cet avertissement empêche nos prédécesseurs de spéculer sur cette question si sérieuse. Selon l'évêque d'Hippone, « avant que Dieu fît le ciel et la Terre, il ne faisait rien », et cette conception augustinienne est en fait très proche des idées modernes.

En outre, la relativité générale énonce que le temps et l'espace non seulement dépendent l'un de l'autre, mais n'existent pas indépendamment de l'Univers. Ils sont définis par des mesures inhérentes à l'Univers, telles que le nombre de vibrations du cristal de quartz d'une horloge ou la longueur d'une règle. Il est tout à fait concevable que le temps défini de la sorte (comme inhérent à l'Univers) ait une valeur minimale ou maximale – un commencement ou une fin, en d'autres termes. Mais il serait absurde de se demander ce qui s'est produit avant ce commencement ou après cette fin, car de tels temps échapperaient à toute définition.

Il importait donc de déterminer si le modèle mathématique de la relativité générale *prédisait* que l'Univers, ainsi que le temps lui-même, avait dû

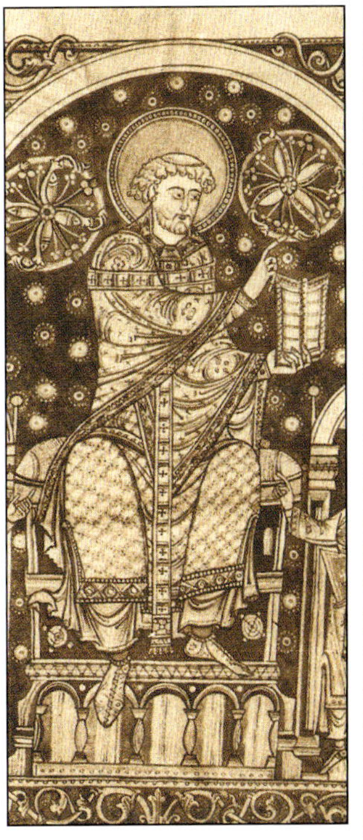

Saint Augustin, théologien qui a soutenu au Ve siècle que le temps n'existait pas avant la création du monde. Page du De Civitate Dei, *XIIe siècle, Biblioteca Laurenziana, Florence.*

avoir un commencement ou puisse avoir une fin. D'une part, un préjugé partagé par nombre de théoriciens de la physique (dont Einstein) voulait que le temps fût infini dans ses deux directions ; sinon, des questions aussi étrangères à la science que l'embarrassant problème de la création de l'Univers risquaient de se poser. D'autre part, certaines solutions aux équations d'Einstein autorisaient bien à penser que le temps ait pu avoir un commencement ou soit susceptible de finir, mais elles étaient très particulières et faisaient largement appel à la symétrie. Dans un corps réel s'effondrant sous l'effet de sa propre gravité, la pression ou les vélocités latérales empêcheraient toute la matière qu'il contient de se concentrer en un même point où la densité serait infinie. Si l'on reconstituait l'expansion de l'Univers en remontant dans le temps, il apparaîtrait de même que la matière de l'Univers n'avait pu émerger non plus dans sa totalité d'un point de densité infinie – car il aurait constitué une « singularité » ; le temps aurait eu alors un commencement ou une fin.

En 1963, les Russes Evguenii Lifshitz et Isaac Khalatnikov annoncèrent que les solutions aux équations d'Einstein impliquant une singularité correspondaient toutes à des arrangements de matière et à des vélocités très spécifiques. Selon eux, la chance que la solution représentative de l'Univers réel soit configurée de la sorte était proche de zéro ; presque toutes les solutions capables de représenter l'Univers dispensaient de recourir à une singularité de densité infinie : avant que l'Univers n'entre en expansion, il avait dû exister une phase précédente de contraction pendant laquelle les particules de matière s'était regroupées sans vraiment se heurter, leur éloignement postérieur étant typique de l'actuelle phase d'expansion. Le temps aurait été éternel, allant d'un passé infini à un futur infini.

Les raisonnements de Lifshitz et Khalatnikov n'étant guère convaincants, Roger Penrose et moi-même décidâmes d'adopter une approche différente, fondée sur la structure globale de l'espace-temps plutôt que sur l'étude détaillée des solutions possibles. Selon la relativité générale, l'espace-temps est courbé non seulement par les objets massifs qu'il inclut, mais également par l'énergie qu'il contient : étant toujours positive, la courbure qu'elle confère à l'espace-temps incurve les trajectoires des rayons lumineux au point de les faire converger l'une vers l'autre.

Voyons maintenant comment se comporte notre cône de lumière passée (Fig. 2.5) – j'entends par là les trajectoires spatio-temporelles des rayons

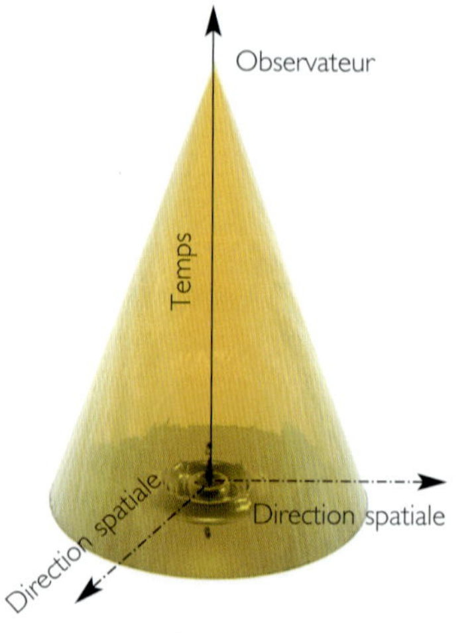

(Fig. 2.5) Notre cône de lumière passée

Quand on observe les galaxies lointaines, on contemple l'Univers à une époque antérieure parce que la lumière se déplace à une vitesse finie. Si le temps est représenté verticalement et que deux des trois directions spatiales sont figurées horizontalement, la lumière qui nous atteint aujourd'hui au point situé au sommet a voyagé vers nous en formant un cône.

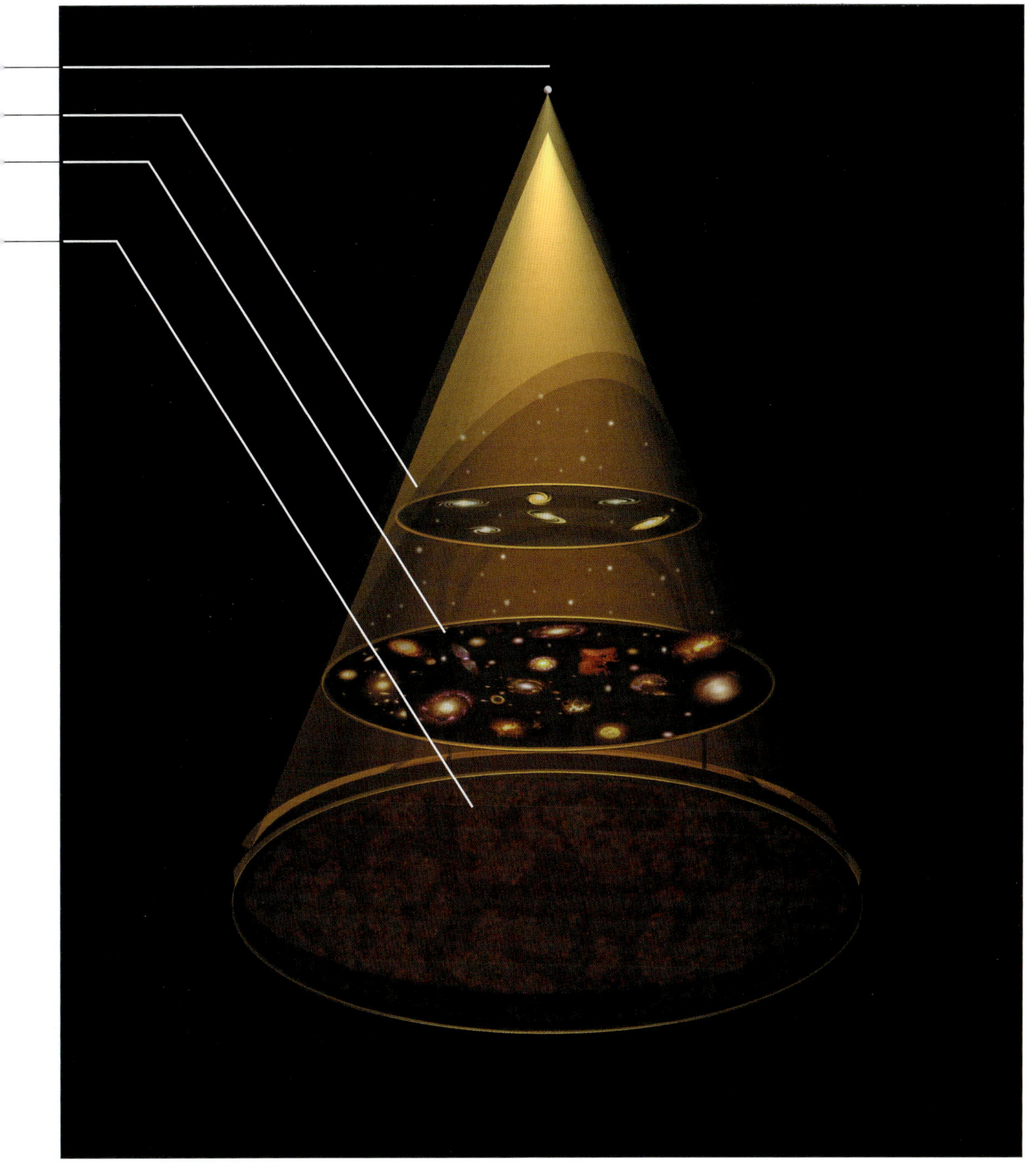

Spectre du rayonnement de fond cosmique micro-ondes mesuré par COBE

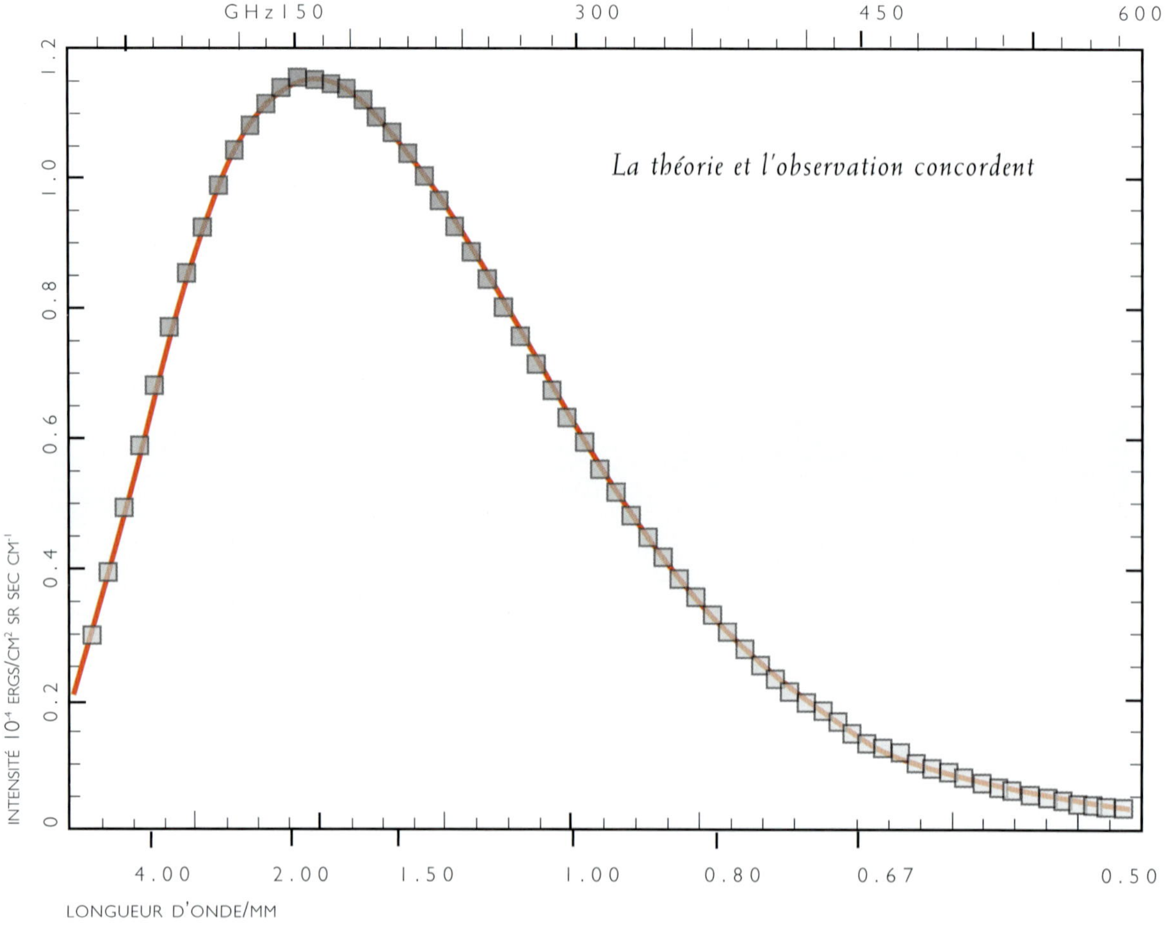

(Fig. 2.6) Mesure du spectre du rayonnement de fond micro-ondes

Le spectre – ou la distribution de l'intensité par fréquence – du rayonnement de fond cosmique micro-ondes est caractéristique de celui d'un corps chaud. Pour que ce rayonnement soit en équilibre thermique, il faut que la matière l'ait dispersé à de multiples reprises, ce qui indique qu'il devait y avoir assez de matière dans notre cône de lumière passée pour le dévier vers l'intérieur.

lumineux qui finissent par atteindre notre époque présente après avoir été émis par des galaxies lointaines. Dans un graphique où le temps est tracé en ordonnée et l'espace en abscisse, ce cône est pourvu d'une pointe, qui est orientée vers nous. Si l'on va vers le passé en descendant du sommet, on aperçoit des galaxies de plus en plus anciennes. Parce que l'Univers était moins étendu qu'actuellement et que tout y était beaucoup plus proche, des régions où la densité de la matière était plus élevée apparaissent si l'on regarde plus loin : on observe alors un faible rayonnement de fond micro-ondes, émis à une époque extrêmement reculée où l'Univers était beaucoup plus dense et chaud qu'aujourd'hui, qui se propage jusqu'à nous en suivant notre cône de lumière passée. Des récepteurs radio réglés sur les diverses fréquences de micro-ondes permettent de mesurer

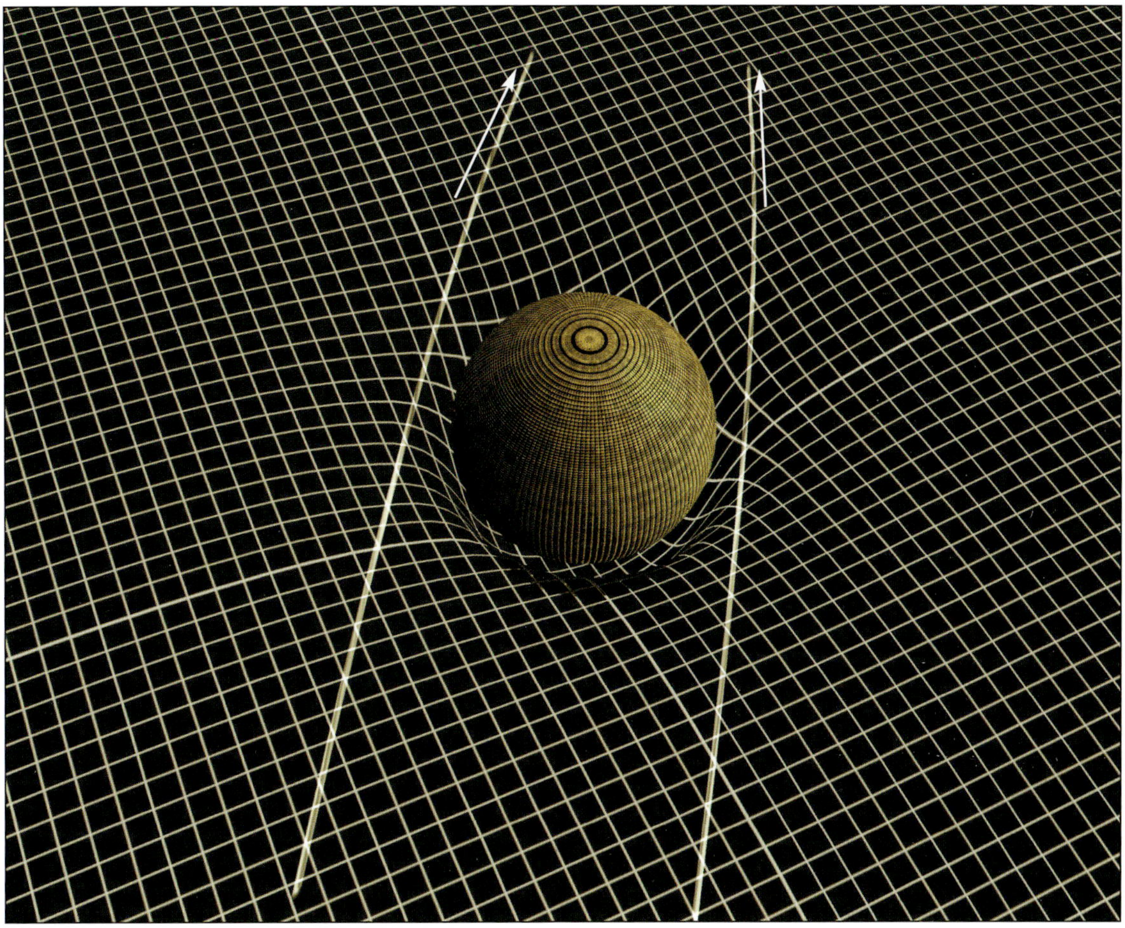

(Fig. 2.7) DISTORSION DE L'ESPACE-TEMPS

Parce que la gravité exerce une attraction, la matière distord assez l'espace-temps pour faire converger les rayons lumineux.

le spectre (ou la distribution de la puissance disposée par fréquence) de ce rayonnement : il est caractéristique du rayonnement d'un corps ayant une température de 2,7 degrés au-dessus du zéro absolu. Un tel rayonnement micro-onde ne réussirait même pas à décongeler une pizza surgelée, mais le fait que ce spectre corresponde si exactement à celui du rayonnement d'un corps porté à une température de 2,7 degrés indique que ce rayonnement devait provenir de régions opaques aux micro-ondes (Fig. 2.6).

Il est permis de conclure que notre cône de lumière passée avait dû traverser une certaine quantité de matière avant d'arriver jusqu'à nous, cette quantité de matière courbant assez l'espace-temps pour faire converger les rayons lumineux de ce cône de lumière (Fig. 2.7).

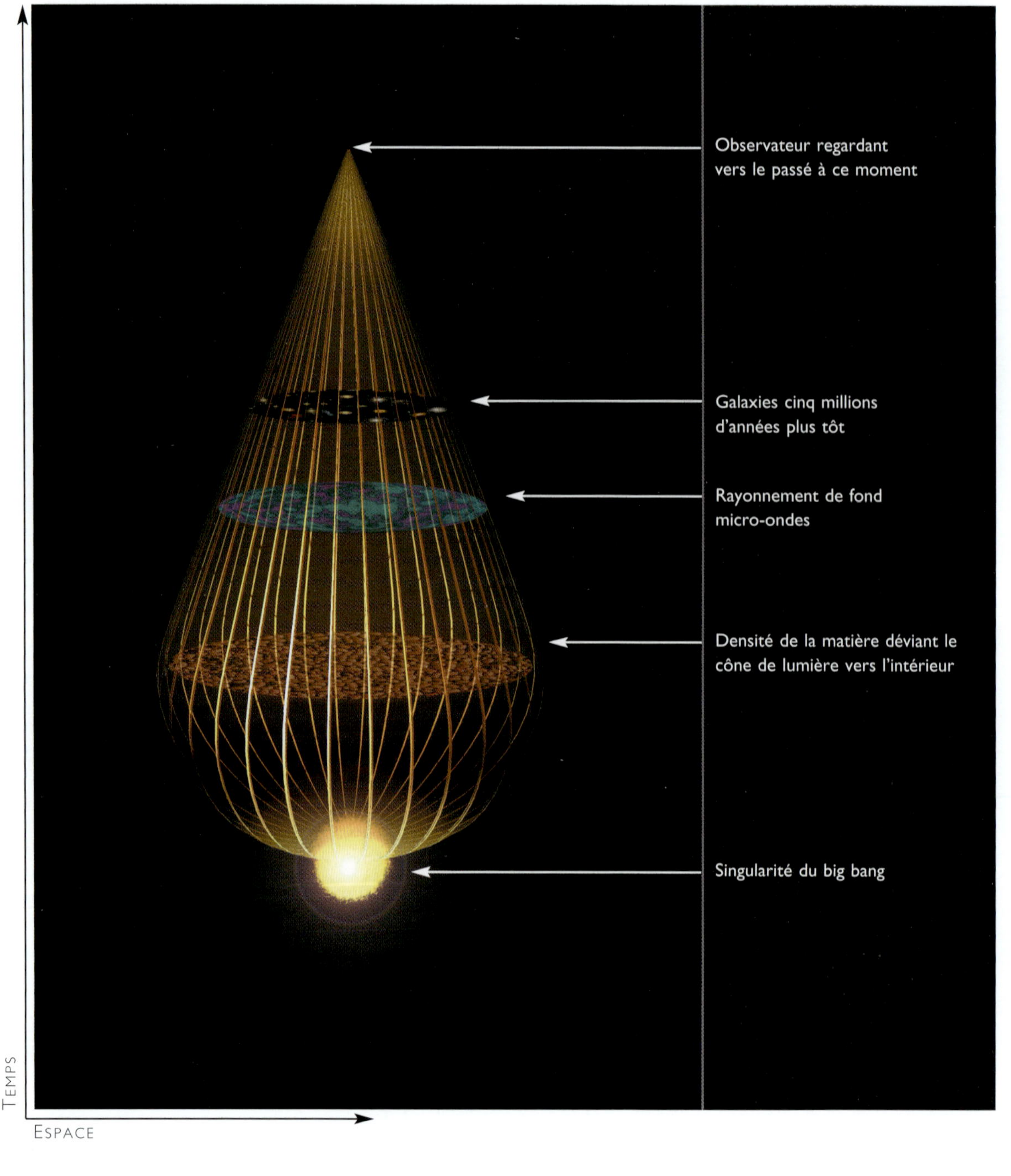
Observateur regardant
vers le passé à ce moment
Galaxies cinq millions
d'années plus tôt
Rayonnement de fond
micro-ondes
Densité de la matière déviant le
cône de lumière vers l'intérieur
Singularité du big bang
Temps
Espace

Quand on remonte dans le temps, on constate que les sections transversales de ce cône atteignent une taille maximale avant de rapetisser à nouveau : notre passé a donc la forme d'une poire (Fig. 2.8).

Plus on remonte loin dans notre cône de lumière passée, plus la densité d'énergie positive de la matière courbe et rapproche les rayons lumineux : la section transversale du cône de lumière est réduite à une taille zéro en un temps fini, ce qui veut dire que la totalité de la matière incluse dans ce cône de lumière passée est emprisonnée dans une région dont la frontière se réduit à zéro. Il n'est guère surprenant, après tout, que Roger Penrose et moi-même ayons pu prouver que, selon le modèle mathématique de la relativité générale, le temps devait avoir commencé par la singularité dite big bang : des arguments similaires autorisaient à penser que le temps finirait lorsque les étoiles ou les galaxies s'effondreraient sous l'effet de leur propre gravité pour former des trous noirs. Mais nous avions esquivé quant à nous l'antinomie de la raison pure kantienne en renonçant à l'hypothèse implicite selon laquelle le temps aurait une signification indépendante de l'Univers. L'article où nous avons démontré que le temps avait eu un commencement nous ayant valu de remporter le second prix du concours sponsorisé par la Gravity Research Association en 1968, Roger et moi-même avons partagé la somme princière de trois cents dollars – je ne crois pas que les autres lauréats de cette année aient été mieux lotis.

Notre travail suscita des réactions disparates. Il dérangea beaucoup de physiciens, mais ravit les autorités religieuses qui avaient foi en l'acte de création divine – en voilà enfin la preuve scientifique, se dirent-ils. En même temps, la position de Lifshitz et Khalatnikov était on ne peut plus inconfortable : d'un côté, ils étaient incapables de réfuter les théorèmes mathématiques que nous avions démontrés ; de l'autre, ils n'auraient pu admettre qu'ils avaient eu tort et que la science occidentale avait vu juste sans compromettre leur honneur de savants soviétiques. Ils se tirèrent d'affaire en découvrant une famille plus générale de solutions impliquant une singularité qui paraissaient moins bizarres que leurs solutions précédentes – trouvaille qui leur permit de proclamer que les singularités, ainsi que le commencement ou la fin du temps, étaient une découverte soviétique !

(FIG. 2.8) LE TEMPS A LA FORME D'UNE POIRE

Plus on remonte loin dans notre cône de lumière passée, plus il est recourbé par la matière de l'Univers primordial. La totalité de l'Univers observable est contenue dans une région dont la frontière se réduit à zéro lors du big bang : ce serait une singularité, c'est-à-dire un point où la densité de la matière serait infinie et où la relativité générale classique s'effondrerait.

LE PRINCIPE D'INCERTITUDE

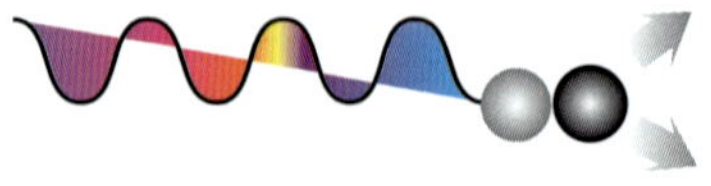

Les longueurs d'onde de basse fréquence perturbent moins la vitesse de la particule.

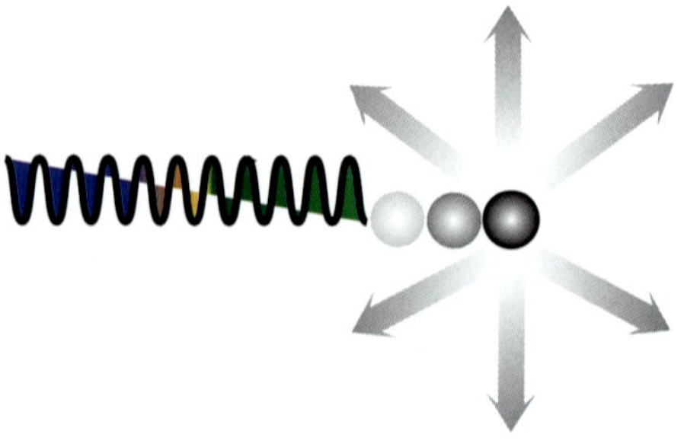

Les longueurs d'onde de haute fréquence perturbent plus la vitesse de la particule.

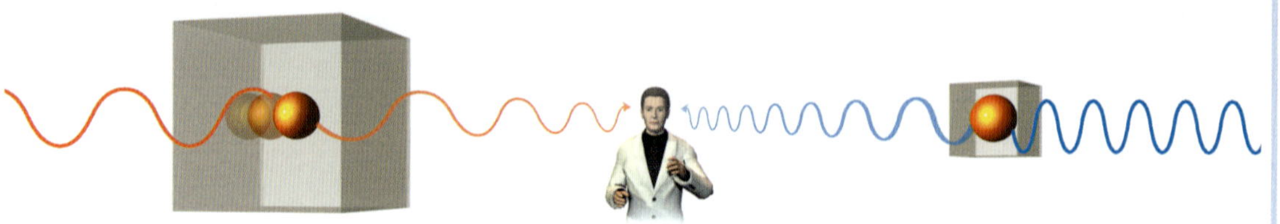

Plus longue est la longueur d'onde utilisée pour étudier une particule, plus grande est l'incertitude de sa position.

Plus courte est la longueur d'onde utilisée pour étudier une particule, plus grande est la certitude de sa position.

Un pas très important pour la découverte de la théorie des quanta a été franchi quand Max Planck a suggéré en 1900 que la lumière se présente toujours en petits paquets, dits quanta. Mais, bien que l'hypothèse quantique de Planck ait bien rendu compte des observations du taux de radiation des corps chauds, ses implications n'ont été pleinement comprises qu'à partir des années 1920, après que le physicien allemand Werner Heisenberg eut formulé son célèbre principe d'incertitude.

Heisenberg remarqua pour sa part que l'hypothèse quantique de Planck impliquait que, plus on essaie de mesurer la position d'une particule avec précision, moins la mesure de sa vitesse peut être précise, et inversement.

Plus spécifiquement encore, il a montré que l'incertitude de la position d'une particule multipliée par l'incertitude de son moment doit toujours être plus grande que la constante de Planck, quantité étroitement liée à l'énergie contenue dans un quantum de lumière.

ÉQUATION D'INCERTITUDE DE HEISENBERG

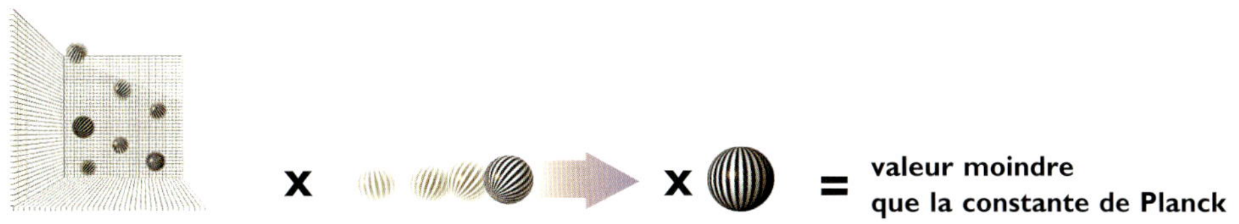

L'incertitude de la position de la particule

par l'incertitude de la vitesse de la particule

par la masse de la particule

Répugnant instinctivement à envisager que le temps puisse avoir un commencement ou une fin, la plupart des physiciens avaient fait valoir qu'on ne pouvait pas s'attendre à ce que l'espace-temps proche d'une singularité soit convenablement décrit par un modèle mathématique. Comme on l'a vu au chapitre 1, la relativité générale décrit la force gravitationnelle à la façon d'une théorie classique : elle n'intègre pas l'incertitude de la théorie quantique qui régit toutes les autres forces connues. Cette incohérence ne compte pas dans la plus grande partie de l'Univers et pour la plus grande partie du temps parce que l'espace-temps y est courbé à très grande échelle et que les effets quantiques n'y jouent qu'à très petite échelle ; mais les deux échelles seraient comparables et les effets de la gravité quantique deviendraient considérables près d'une singularité. Or les théorèmes de singularité que Penrose et moi-même avions démontrés indiquaient bel et bien que notre région classique d'espace-temps est bornée dans le passé, voire dans l'avenir, par des régions où la gravité quantique joue un rôle majeur : la compréhension de l'origine et du destin de l'Univers implique d'élaborer une théorie quantique de la gravité ; ce sera le sujet principal de ce livre.

Les théories quantiques des systèmes qui, tels les atomes, comportent un nombre fini de particules, avaient été formulées dès les années 1920 par Heisenberg, Schrödinger et Dirac. (Dirac avait compté lui aussi parmi les précédents titulaires de la *Lucasian chair* de Cambridge, qui n'était pas plus motorisée à cette époque que du temps de Newton.) Mais certaines difficultés avaient surgi dès lors que les physiciens avaient tenté d'étendre les notions quantiques au champ de Maxwell, qui décrit l'électricité, le magnétisme et la lumière.

LE CHAMP DE MAXWELL

En 1865, le physicien britannique James Clerk Maxwell unifia toutes les lois connues de l'électricité et du magnétisme : la théorie de Maxwell repose sur l'existence de « champs » transmettant des actions d'un lieu à un autre. Il comprit que les champs qui transmettent les perturbations électriques et magnétiques sont des entités dynamiques : ils peuvent osciller et se propager dans l'espace.

La synthèse maxwellienne de l'électromagnétisme peut être condensée en deux équations qui décrivent les dynamiques de ces champs ; et il tira lui-même la première grande conclusion de ces équations en précisant que les ondes électromagnétiques de toutes fréquences se propagent dans l'espace à une vitesse invariable – celle de la lumière.

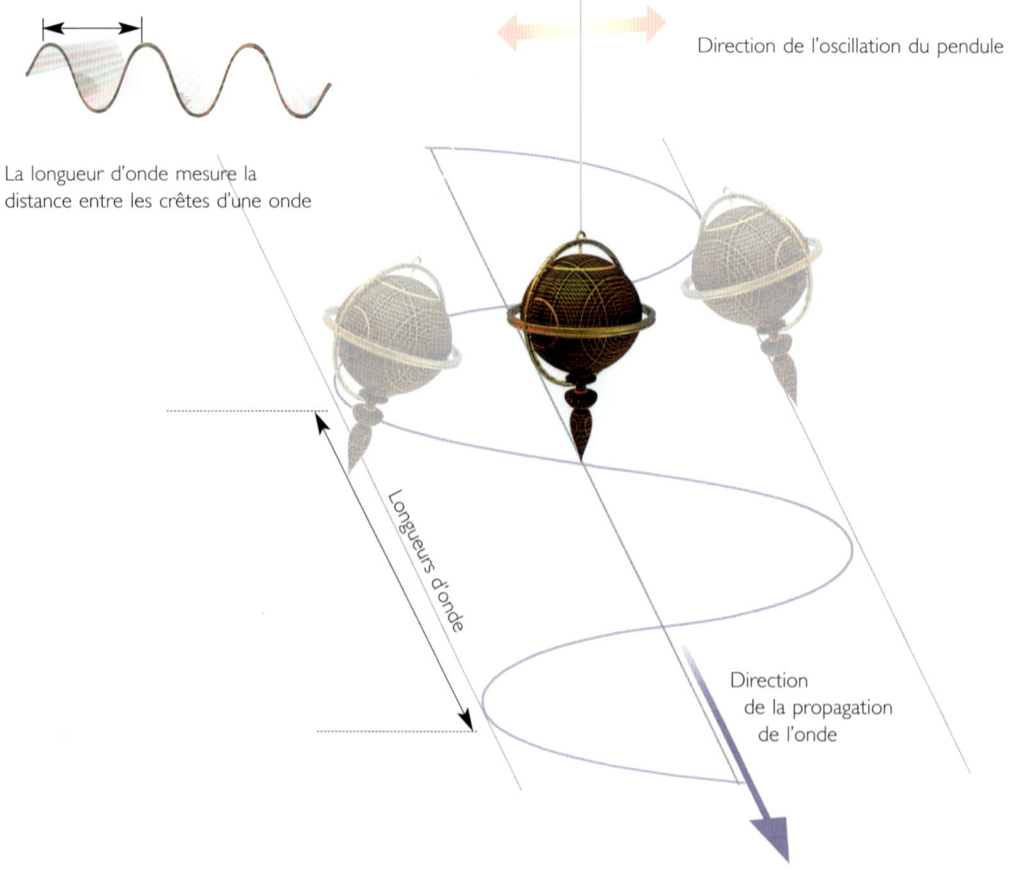

Tout champ de Maxwell comprend des ondes de longueurs différentes (la longueur d'onde mesure la distance entre une crête d'onde et la crête adjacente) ; et, dans une onde, le champ oscille d'une valeur à une autre, exactement comme un pendule (Fig. 2.9).

Selon la théorie quantique, l'état de base, ou l'état de plus basse énergie, d'un pendule n'équivaut pas à l'atteinte d'un niveau d'énergie nulle lié à une verticalité totale, car cet objet aurait à la fois une position définie et une vitesse définie, toutes deux égales à zéro. Le principe d'incertitude qui interdit de mesurer en même temps la position et la vitesse avec précision serait alors violé. L'incertitude de la position multipliée par celle du moment cinétique doit être plus grande qu'une certaine quantité appelée constante de Planck – nombre si long à écrire qu'on se contente de le désigner par le symbole $\hbar$.

(Fig. 2.9)

PROPAGATION ONDULATOIRE ET OSCILLATION PENDULAIRE

Une radiation électromagnétique se propage dans l'espace comme une onde, ses champs électrique et magnétique oscillant, comme un pendule, dans des directions transversales à celle du mouvement de l'onde. La radiation peut être composée de champs de diverses longueurs d'onde.

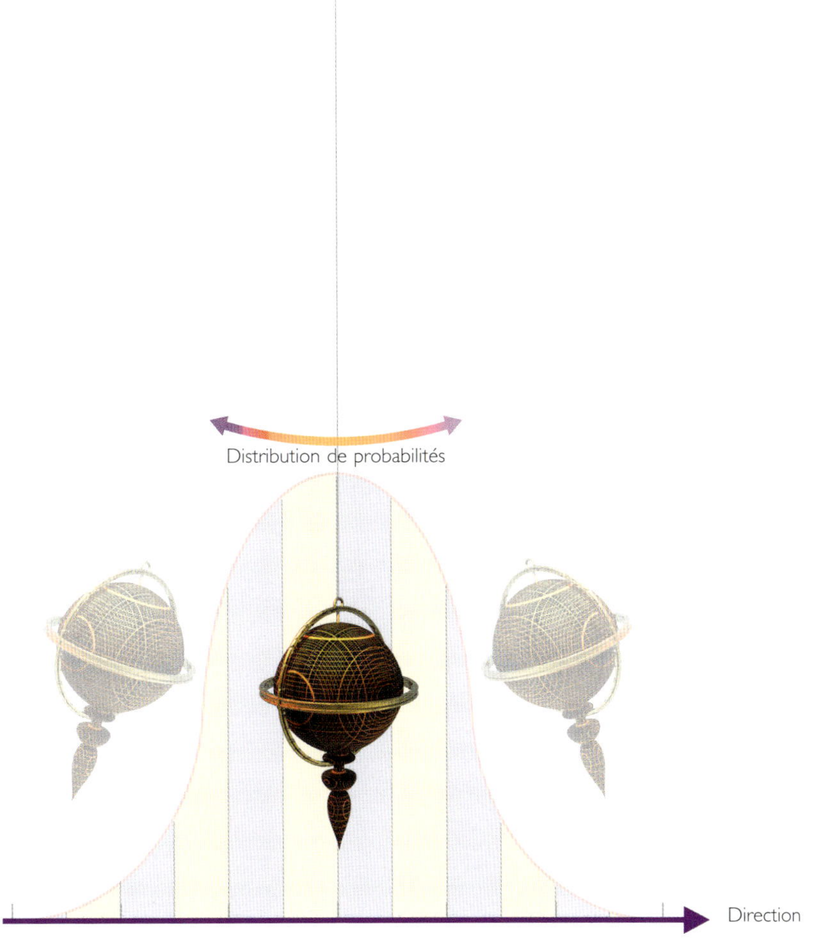

L'état de base, ou l'état de plus basse énergie, d'un pendule ne correspond donc pas à l'atteinte d'une énergie nulle, comme on aurait pu s'y attendre. Même à son état de base, un pendule ou n'importe quel système pendulaire est inévitablement le siège d'une quantité minimale de fluctuations dites de point zéro : il en découle que le pendule ne présente pas forcément une verticalité totale, mais a aussi une certaine probabilité de former un angle qui l'écarte un peu de la verticale (Fig. 2.10). Même dans le vide ou dans leur état de plus basse énergie, les ondes d'un champ de Maxwell ne sont pas non plus exactement égales à zéro : elle peuvent avoir des tailles infimes. Plus la fréquence (le nombre d'oscillations par seconde) du pendule ou de l'onde est haute, plus l'énergie de l'état de base est élevée.

Les calculs des fluctuations d'état de base inhérentes aux champs de Maxwell et aux champs électroniques suggéraient que la masse et la charge apparentes de l'électron étaient infinies, donnée qui ne cadrait pas avec les

(Fig. 2.10) PENDULE ET DISTRIBUTION DE PROBABILITÉS

Conformément au principe d'incertitude de Heisenberg, il est impossible qu'un pendule présente une verticalité totale, associée à une vitesse nulle. La théorie quantique prédit à la place que, même dans son état de plus basse énergie, un pendule est inévitablement le siège d'une quantité minimale de fluctuations. Il en découle que la position du pendule correspond à une distribution de probabilités : à l'état de base, la position la plus vraisemblable est la verticalité totale, mais il y a aussi une certaine probabilité que le pendule forme un angle qui l'écarte un peu de la verticale.

observations. Dès les années 1940, les physiciens Richard Feynman, Julian Schwinger et Shin'ichiro Tomonaga étaient parvenus à éliminer ou à « soustraire » ces infinis de telle sorte que seules les valeurs finies et/ou observées de la masse et de la charge demeurent : si les fluctuations d'état de base induisaient toujours des effets minimes, ceux-ci devenaient mesurables et cadraient désormais avec les expérimentations. Certaines méthodes similaires de soustraction visant à éliminer les infinis fonctionnèrent aussi pour le champ de Yang-Mills décrit par la théorie de Chen Ning Yang et Robert Mills : cette théorie de Yang-Mills est une extension de la théorie de Maxwell qui décrit les interactions des deux autres forces, dites nucléaires faible et forte. Les fluctuations propres aux états de base ont des répercussions plus importantes encore sur la théorie quantique de la gravité : là aussi, chaque longueur d'onde devrait avoir une énergie même à l'état de base. La petitesse des longueurs d'onde du champ de Maxwell n'étant pas limitée, il existe un nombre infini de longueurs d'onde différentes dans n'importe quelle région de l'espace-temps, ainsi qu'une quantité infinie d'énergies d'état de base. Or, parce que la densité d'énergie est, tout comme la matière, une source de gravité, cette densité d'énergie infinie devrait impliquer que l'attraction gravitationnelle de l'Univers soit suffisante pour enrouler l'espace-temps en un point unique, ce qui ne s'est manifestement pas produit.

On a un moment espéré pouvoir résoudre le problème de cette contradiction apparente entre l'observation et la théorie en supposant que les fluctuations d'état de base n'ont aucun effet gravitationnel, mais cette hypothèse n'a pas tenu. De fait, l'énergie des fluctuations d'état de base peut être détectée grâce à l'effet Casimir : si une paire de plaques de métal séparées par une faible distance sont disposées parallèlement, le nombre des longueurs d'onde réfléchies entre les plaques est légèrement réduit par rapport à leur nombre extérieur. Autrement dit, la densité d'énergie des fluctuations d'état de base survenant entre les plaques, quoique toujours infinie, est inférieure d'une quantité finie à la densité d'énergie extérieure (Fig. 2.11) : ces densités d'énergie différentes engendrent une force d'attraction qui rapproche les plaques l'une de l'autre, force qu'on a observée expérimentalement. Les forces concourant autant à la gravité que la matière selon la relativité générale, il aurait été illogique d'ignorer l'effet gravitationnel de cette différence d'énergie.

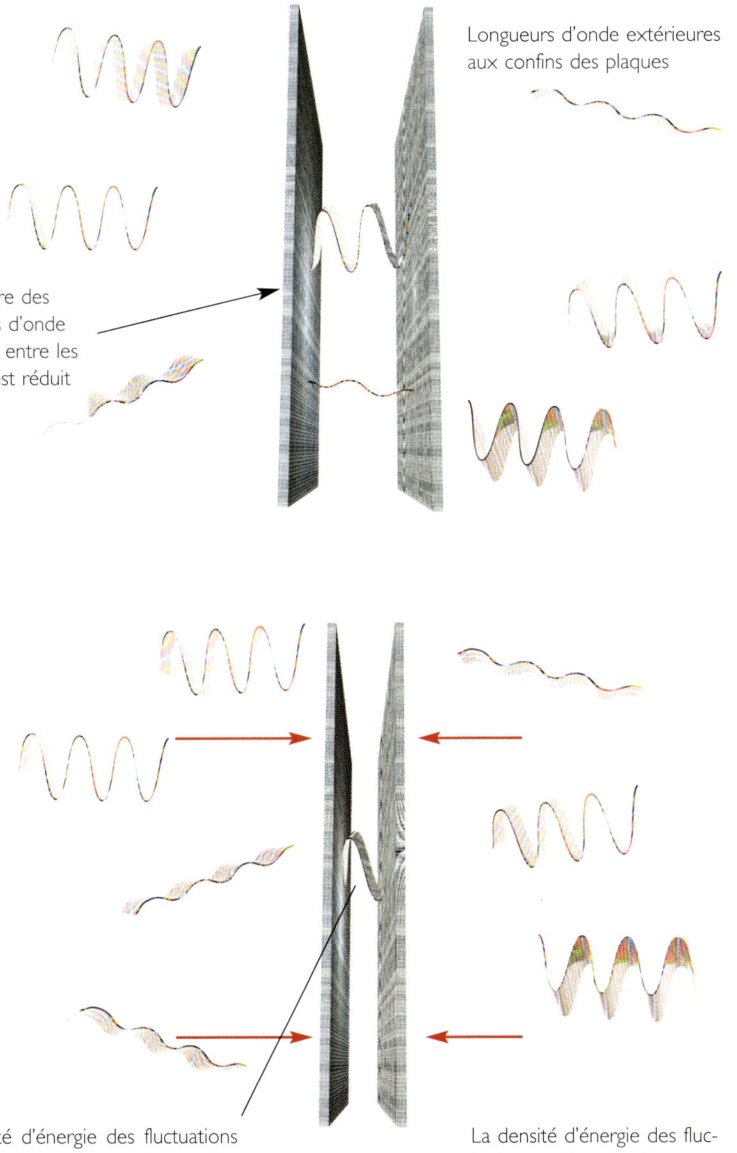

(FIG. 2.11)

L'EFFET CASIMIR

L'existence des fluctuations d'états de base a été confirmée expérimentalement par l'effet Casimir, cette petite force qui s'exerce entre des plaques de métal parallèles.

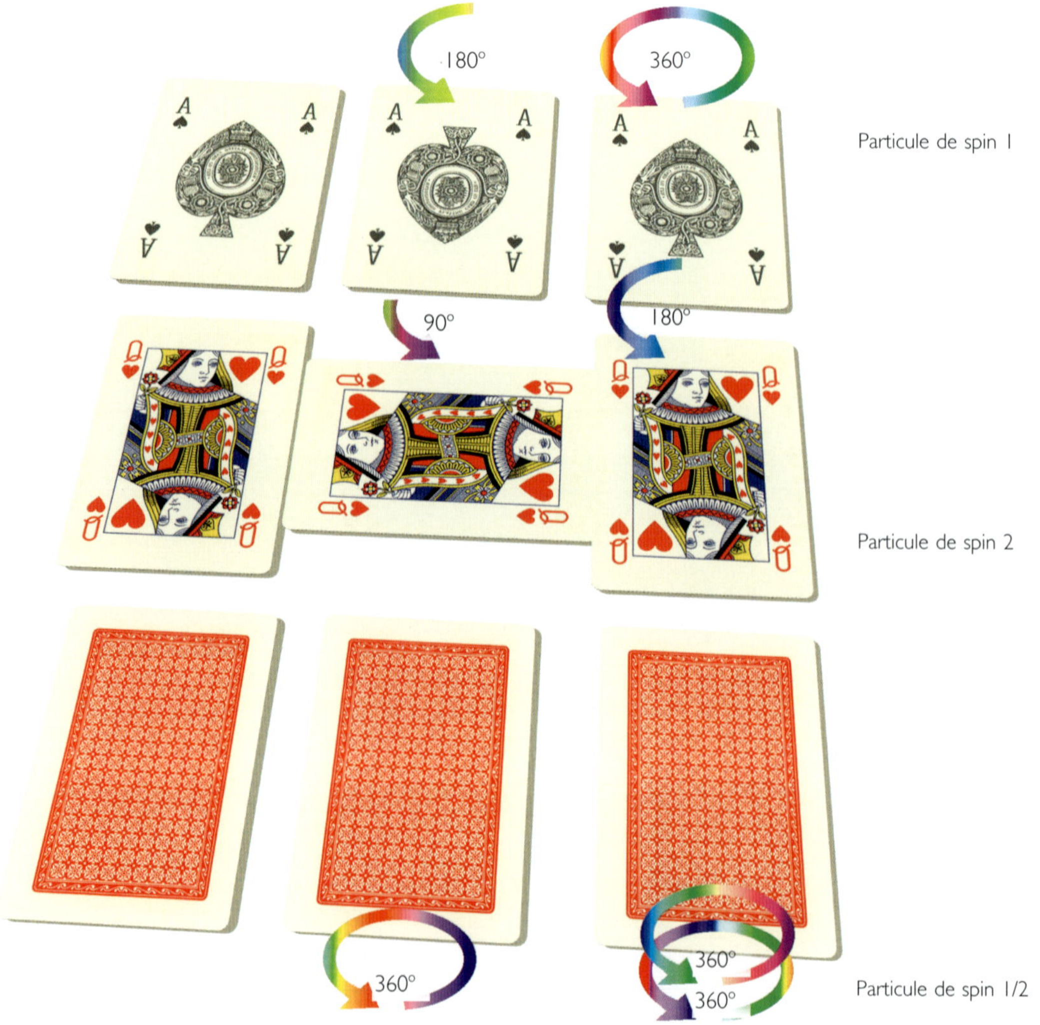

(Fig. 2.12) Spin d'une particule

Toutes les particules possèdent une propriété, dite spin, qui équivaut à peu près à l'aspect qu'elles présentent quand on les regarde selon des directions différentes. Dans un jeu de cartes, par exemple, l'as de pique ne retrouve le même aspect que si on lui fait effectuer un tour complet (une révolution de 360°) sur lui-même: on dit qu'il a un spin 1.

En revanche, la dame de cœur a une double tête et redevient donc identique à elle-même au bout d'une demi-révolution (180°) seulement: elle a un spin 2. De façon similaire, on pourrait imaginer des objets de spin 3 ou plus élevé qui retrouveraient le même aspect après qu'on leur aurait fait accomplir de plus petites fractions d'une révolution complète.

Plus élevé est le spin, plus petite est la fraction de révolution complète qu'une particule doit accomplir pour retrouver son aspect d'origine. Mais le fait le plus remarquable est qu'il existe des particules qui ne reviennent pas à leur aspect initial après un simple tour: deux révolutions complètes sont pour cela nécessaires, et de telles particules ont spin 1/2.

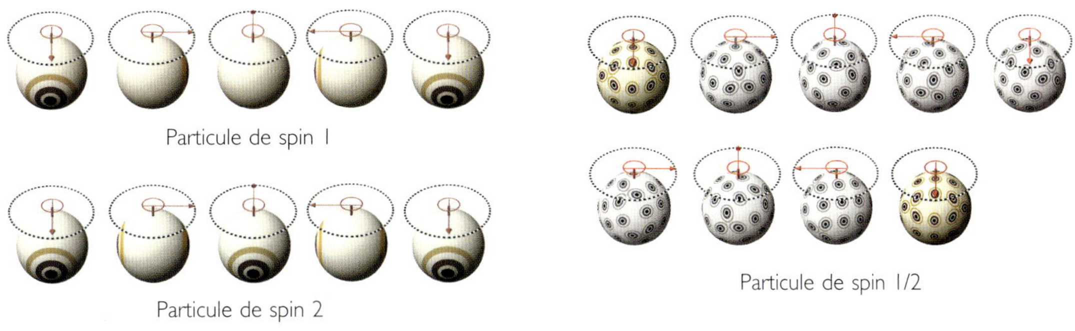

Une autre solution possible à ce problème aurait consisté à postuler l'existence d'une constante cosmologique semblable à celle qu'Einstein avait introduite pour préserver la modélisation statique de l'Univers. Si cette constante avait eu une valeur négative infinie, elle aurait pu exactement compenser la valeur positive infinie des énergies d'état de base inhérentes au vide spatial, mais cette constante cosmologique avait tout d'une hypothèse *ad hoc* – elle aurait dû être réglée avec une extraordinaire précision.

NOMBRES ORDINAIRES

$A \times B = B \times A$

NOMBRES DE GRASSMANN

$A \times B = -B \times A$

Heureusement, on a découvert un type de symétrie totalement nouveau dans les années 1970 : ainsi, on disposa enfin d'un mécanisme physique capable d'annuler les infinis induits par les fluctuations d'état de base. La supersymétrie est un trait des modèles mathématiques contemporains qui peut être décrit de plusieurs manières. On peut dire tout d'abord que l'espace-temps a des dimensions autres que celles dont nous faisons quotidiennement l'expérience : on les appelle dimensions de Grassmann parce qu'on les mesure par des nombres dits variables de Grassmann plutôt que par les nombres réels ordinaires. Les nombres ordinaires commutent : l'ordre dans lesquels on les multiplie ne comptant pas, 6 fois 4 est égal à 4 fois 6 ; les variables de Grassmann *ne sont pas* commutatives, elles : x fois y est égal à – y fois x.

On s'était aperçu pour commencer que le concept de supersymétrie permettait d'éliminer les infinis des champs de matière et des champs de Yang-Mills dans un espace-temps où les dimensions de nombre ordinaire et les directions de Grassmann sont plates, et non courbes ; puis, cette notion fut étendue tout naturellement aux dimensions de nombre ordinaire et de Grassmann courbes, ce qui conduisit à élaborer plusieurs théories de la « supergravité » associées à des doses de supersymétrie différentes. Une première conséquence de la supersymétrie est que tout champ ou toute particule doit avoir un « superpartenaire » de spin supérieur ou inférieur d'une demi-unité à son propre spin (Fig. 2. 12).

SUPERPARTENAIRES

Les fermions au spin demi-entier (tel que 1/2) sont les constituants de la matière ordinaire. Leur énergie d'état de base est négative.

Les bosons sont des particules au spin entier (tel que 0, 1, 2), de N = 8 supergravité. Leur énergie d'état de base est positive.

(Fig. 2.13)

Toutes les particules connues de l'Univers peuvent être réparties en deux groupes : ce sont des fermions ou bien des bosons. Les fermions sont des particules de spin demi-entier (tel que 1/2) : ce sont les constituants de la matière ordinaire et leur énergie d'état de base est négative.

Les bosons sont des particules de spin entier (tel que 0, 1, 2) qui donnent naissance aux forces agissant entre les fermions, comme la force gravitationnelle et la lumière : leur énergie d'état de base est positive. La théorie de la supersymétrie suppose que chaque fermion et chaque boson a un « superpartenaire » dont le spin est supérieur ou inférieur d'une demi-unité à son propre spin. Par exemple, un photon (membre de la famille des bosons) a un spin 1 : son énergie d'état de base est positive ; dit photino, le superpartenaire du photon a un spin 1/2, ce qui en fait un fermion – son énergie d'état de base est donc négative.

Selon le schéma de la supergravité, il y a autant de bosons que de fermions ; on en arrive par conséquent au tableau suivant : les énergies d'état de base des bosons influant dans le sens positif et celles des fermions dans le sens négatif, les énergies d'état de base s'annulent mutuellement en éliminant les plus gros infinis.

MODÈLES DE COMPORTEMENTS PARTICULAIRES

1 Si les particules élémentaires ressemblaient réellement à des points aussi distincts que des boules de billard, elles seraient déviées selon deux nouvelles trajectoires chaque fois qu'elles entreraient en collision.

2 Voilà ce qui semble se produire quand deux particules interagissent, bien que l'effet soit beaucoup plus spectaculaire.

3 La théorie des champs quantiques indique comment deux particules telles qu'un électron et son antiparticule, dite positron, entrent en collision. S'annihilant brièvement en un éclair d'énergie pure, elles créent un photon qui cède à son tour son énergie en produisant une autre paire électron/positron : ici aussi, les trajectoires seraient simplement déviées.

4 Si les particules ne sont pas des points sans dimension mais des cordes unidimensionnelles dans lesquelles des boucles oscillantes vibrent sous la forme d'un électron et d'un positron qui entrent ensuite en collision en s'annihilant mutuellement, elles créent une nouvelle corde dont le mode de vibration est différent : relâchant son énergie, elle se divise en deux cordes qui continuent à cheminer sur de nouvelles trajectoires.

5 Si ces cordes originelles sont conçues comme une histoire ininterrompue dans le temps plutôt que comme des moments discrets, les cordes incidentes équivalent pour leur part à une feuille d'univers cordé.

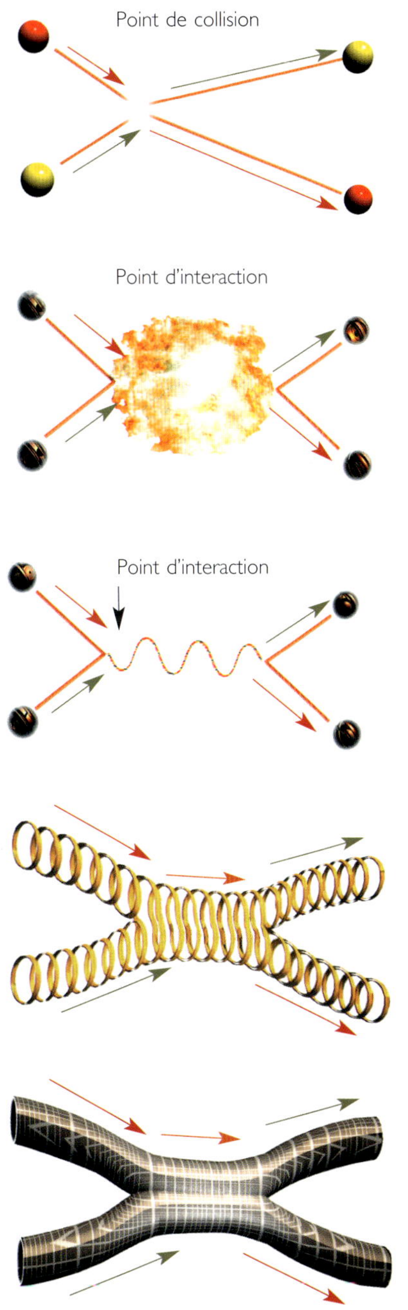

Fig. 2.14 (ci-contre)

OSCILLATIONS DES CORDES

Selon la théorie des cordes, les objets les plus fondamentaux ne sont pas des particules qui forment un point unique dans l'espace, mais des cordes à une seule dimension qui, tantôt ont des extrémités, tantôt constituent des boucles fermées.

Comme les cordes d'un violon, les cordes de cette théorie présentent certaines configurations vibratoires, ou résonnent selon certaines fréquences, dont les longueurs d'onde se répartissent précisément entre leurs deux extrémités.

Mais, si les diverses fréquences de résonnement des cordes d'un violon donnent naissance à des notes de musique différentes, les diverses oscillations d'une corde engendrent des masses et des charges de forces différentes, qui sont assimilées aux particules fondamentales. En gros, plus la longueur d'onde de l'oscillation sur la corde est courte, plus la masse de la particule est grande.

L'énergie d'état de base des bosons, champs dont le spin est un nombre entier (0, 1, 2, etc.), est positive ; en revanche, l'énergie d'état de base des fermions, champs dont le spin est un nombre demi-entier (1/2, 3/2, etc.), est négative. Parce qu'il existe un nombre égal de bosons et de fermions, les plus gros infinis s'annulent dans les théories de la supergravité (Fig. 2.13).

Il restait possible que des quantités moindres mais toujours infinies subsistent. Personne n'avait eu la patience de calculer si ces théories étaient totalement achevées : un tel calcul aurait pris deux cents ans environ à un bon étudiant, et comment être certain qu'une faute n'avait pas été commise à la deuxième page ? Jusqu'en 1985, cependant, on a admis que les théories les plus supersymétriques de la supergravité évitaient les infinis.

Puis, la mode changea du jour au lendemain. Les spécialistes déclarèrent que rien n'autorisait à escompter que les théories de la supergravité pouvaient supprimer les infinis et on en déduisit que ces théories comportaient un défaut fatal. À la place, on proclama que seule la « théorie des cordes supersymétrique » permettait de concilier la gravité avec la théorie des quanta : comme leurs homonymes du monde quotidien, les cordes de la théorie des cordes sont des objets étendus à une seule dimension – la longueur ; et chaque corde se déplace sur la toile de fond de l'espace-temps, ses ondulations étant interprétées comme des particules (Fig. 2.14).

Si les cordes avaient eu des dimensions de Grassmann aussi bien que des dimensions de nombre ordinaire, leurs ondulations auraient pu correspondre aux bosons et aux fermions. Dans ce cas, les énergies d'état de base négatives et positives se seraient annulées si parfaitement qu'il n'y aurait plus eu d'infinis, si infime fussent-ils. Les supercordes, annonça-t-on, étaient la Théorie de Tout (*Theory of Everything*, ou *TOE*).

Pendant quelques années, les cordes ont régné en maîtres et la supergravité a été ravalée au rang de théorie approximative, valable seulement pour les basses énergies : ce terme de « basses énergies » était voué aux gémonies, même s'il s'appliquait en l'occurrence à des particules dont les énergies étaient presque un milliard de milliard de fois supérieures à celles des particules émises

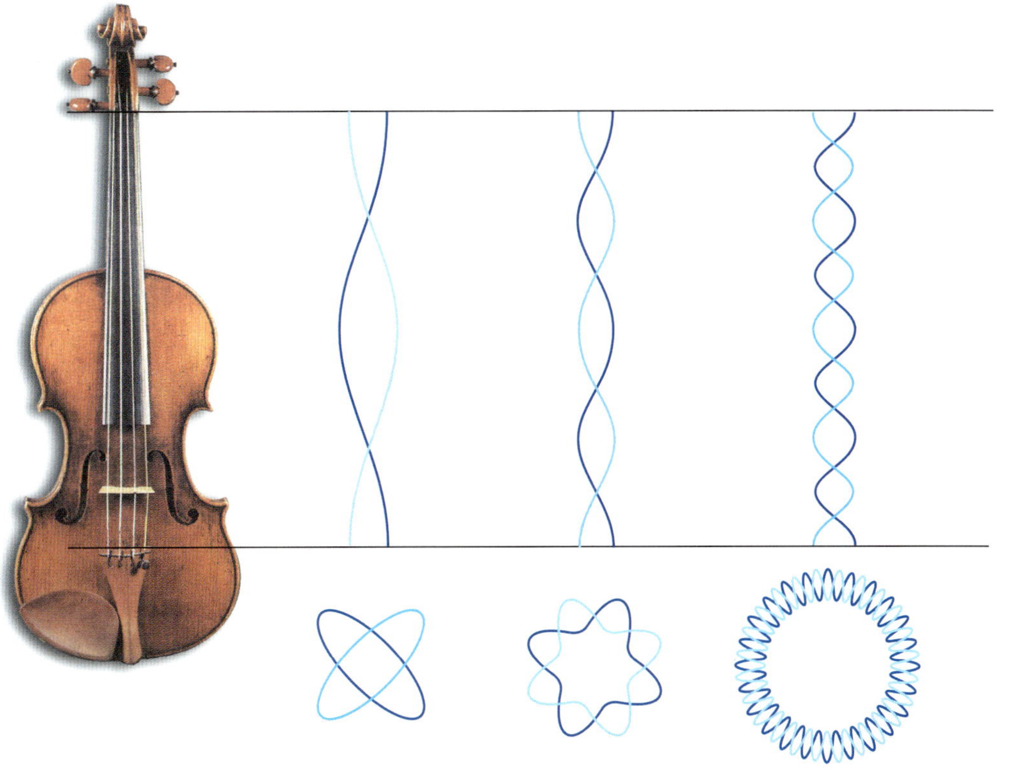

lors d'une explosion de TNT. Si la supergravité n'était rien de plus qu'une approximation adaptée exclusivement aux basses énergies, ce n'était pas la théorie fondamentale de l'Univers que tout le monde attendait : on a donc supposé que la théorie sous-jacente était à rechercher dans l'une ou l'autre des cinq théories des supercordes possibles. Mais laquelle des cinq théories des cordes existantes décrivait notre Univers ? Et comment dépasser la formulation approximative de la théorie des cordes qui se contentait de dépeindre les cordes comme des surfaces à une seule dimension spatiale et une seule dimension temporelle, en mouvement dans un espace-temps plat ? Pourquoi les cordes n'auraient-elles pas incurvé l'espace-temps ?

Après 1985, on s'est aperçu que le tableau proposé par la théorie des cordes était incomplet : on a en premier lieu compris que les cordes appartiennent à une classe d'objets plus vaste dont les membres peuvent s'étendre sur plus d'une seule dimension. Paul Townsend, leur a donné le nom de « p-branes » : une p-brane ayant une longueur dans p direction(s), une p = 1 brane est une corde, une p = 2 brane est une surface ou une membrane, etc. (Fig. 2.15). Il n'y a aucune raison apparente de favoriser le cas p = 1 brane au détriment des autres valeurs possibles de p. Il convient de se rallier au contraire au principe de la démocratie p-branaire : toutes les p-branes ont été créées égales.

Toutes les p-branes s'avèrent résoudre les équations de la supergravité à 10 ou 11 dimensions. Bien qu'un espace-temps à 10 ou 11 dimensions ne ressemble guère à celui dont vous et moi avons l'expérience, on a conjecturé que les 6 ou 7 dimensions supplémentaires devaient être enroulées à trop petite échelle pour que nous les remarquions : nous ne serions conscients que des 4 dimensions restantes, beaucoup plus vastes et presque plates.

En ce qui me concerne, j'avoue que j'ai eu d'abord du mal à croire en l'existence de ces dimensions supplémentaires. Parce que je suis positiviste, la question de savoir si ces dimensions supplémentaires existent réellement est pour moi vide de sens : on peut seulement se demander si les modèles mathématiques recourant à des dimensions supplémentaires constituent ou non une bonne description de l'Univers. Pour le moment, aucune des observations dont nous disposons ne nécessite de faire appel à des dimensions supplémentaires pour pouvoir être expliquée, même s'il n'est pas exclu que le futur grand collisionneur de hadrons de Genève (*Large Hadron Collider*, ou

(Fig. 2.15) P-BRANES

Les p-branes sont des objets étendus dans p dimension(s). En plus des cas particuliers constitués par les cordes où p = 1 et les membranes où p = 2, p peut prendre des valeurs plus élevées dans un espace-temps à 10 ou 11 dimensions, certaines ou la totalité de ces dimensions p étant souvent disposées en tore.

Nous tenons ces vérités pour allant de soi : toutes les p-branes ont été créées égales !

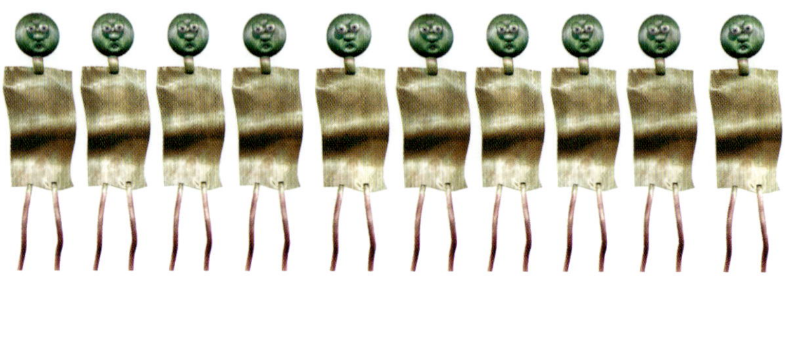

Paul Townsend, le pape des p-branes

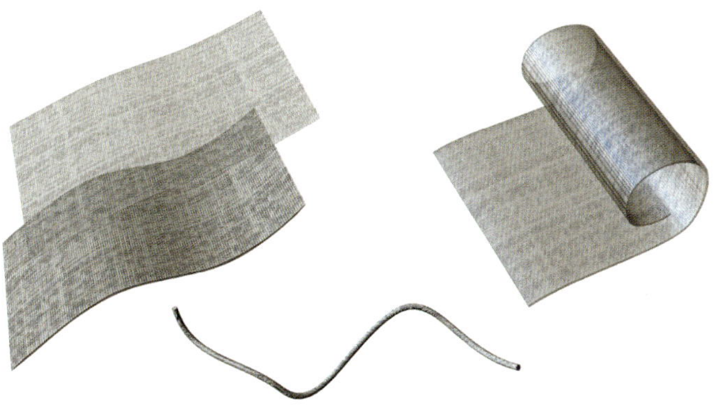

L'étoffe spatiale de notre Univers peut avoir des dimensions à la fois étendues et enroulées sur elles-mêmes. Les membranes sont plus visibles si elles sont enroulées.

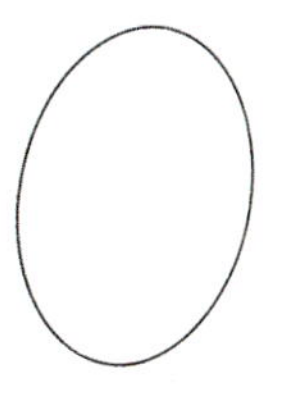

1-brane ou corde enroulée

2-brane ou feuille disposée en tore

(Fig. 2.16) Un cadre unifié ?

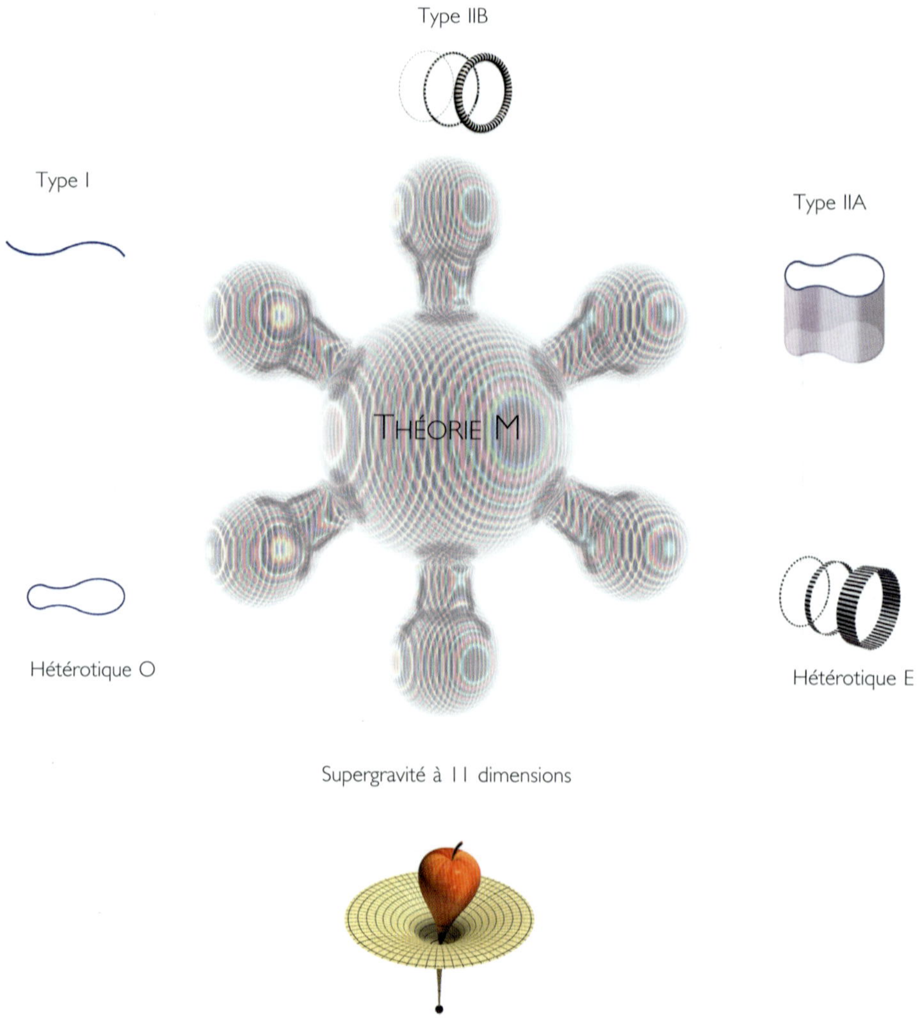

Voilà le réseau des relations, dites dualités, qui unissent les cinq théories des cordes aussi bien que la supergravité à 11 dimensions. Ces dualités suggèrent que les diverses théories des cordes ne sont que des expressions différentes de la même théorie sous-jacente, appelée Théorie M.

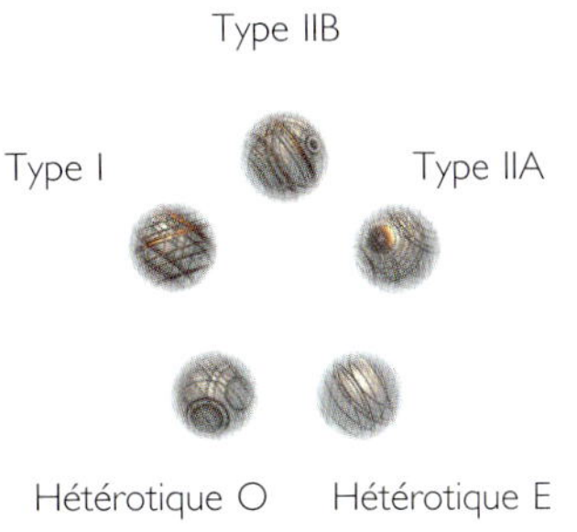

Avant les années 1990, les cinq théories des cordes semblaient totalement distinctes et sans rapport.

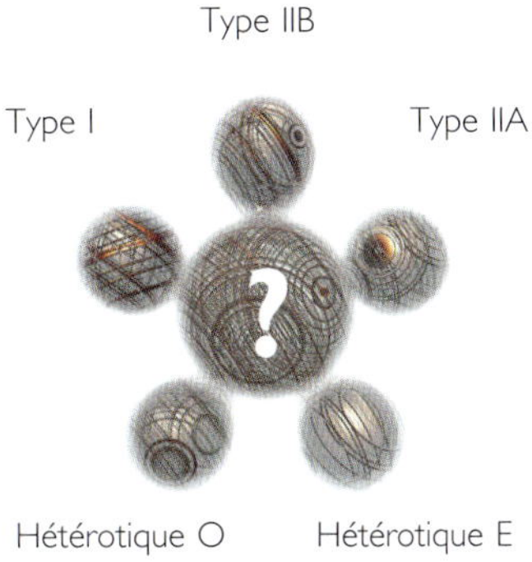

La théorie M intègre les cinq théories des cordes dans un cadre théorique unifié, même si nombre de ses propriétés restent incomprises.

LHC) permette d'observer ces autres dimensions. Comme bien des gens, j'ai fini cependant par acquérir la conviction que les modèles impliquant des dimensions supplémentaires doivent être pris au sérieux en considérant le réseau de relations inattendues, dites dualités, qui les relient. Ces dualités montrent que les modèles sont tous équivalents pour l'essentiel : j'entends par là qu'ils représentent seulement des aspects différents de la même théorie sous-jacente, appelée « théorie M ». Refuser d'envisager que ce réseau de dualités puisse nous montrer que nous sommes sur la bonne voie reviendrait peu ou prou à supposer que Dieu ait pu placer des fossiles dans les roches à seule fin d'inciter Darwin à se rallier à tort à la doctrine de l'évolution biologique !

Ces dualités indiquent que les cinq théories des supercordes décrivent toutes la même physique et sont aussi physiquement équivalentes à la supergravité (Fig. 2.16). On ne saurait affirmer que les supercordes sont plus fondamentales que la supergravité, ou vice versa : ce ne sont que des expressions différentes d'une même théorie sous-jacente, adaptées à des calculs qui rendent compte de situations différentes. Parce que les théories des cordes évitent les infinis, elles permettent de très bien calculer ce qui se produit chaque fois que des particules hautement énergétiques entrent en collision puis se dispersent. En revanche, elles deviennent inutiles dès qu'il s'agit de décrire comment l'énergie d'un très grand nombre de particules courbe l'Univers ou forme un état limite tel qu'un trou noir : on ne peut appréhender de telles situations qu'en recourant à la supergravité, c'est-à-dire, au fond, à une théorie einsteinienne de la courbure de l'espace-temps étendue à d'autres types de matière. C'est surtout à ce modèle que je me référerai dans les paragraphes qui suivent.

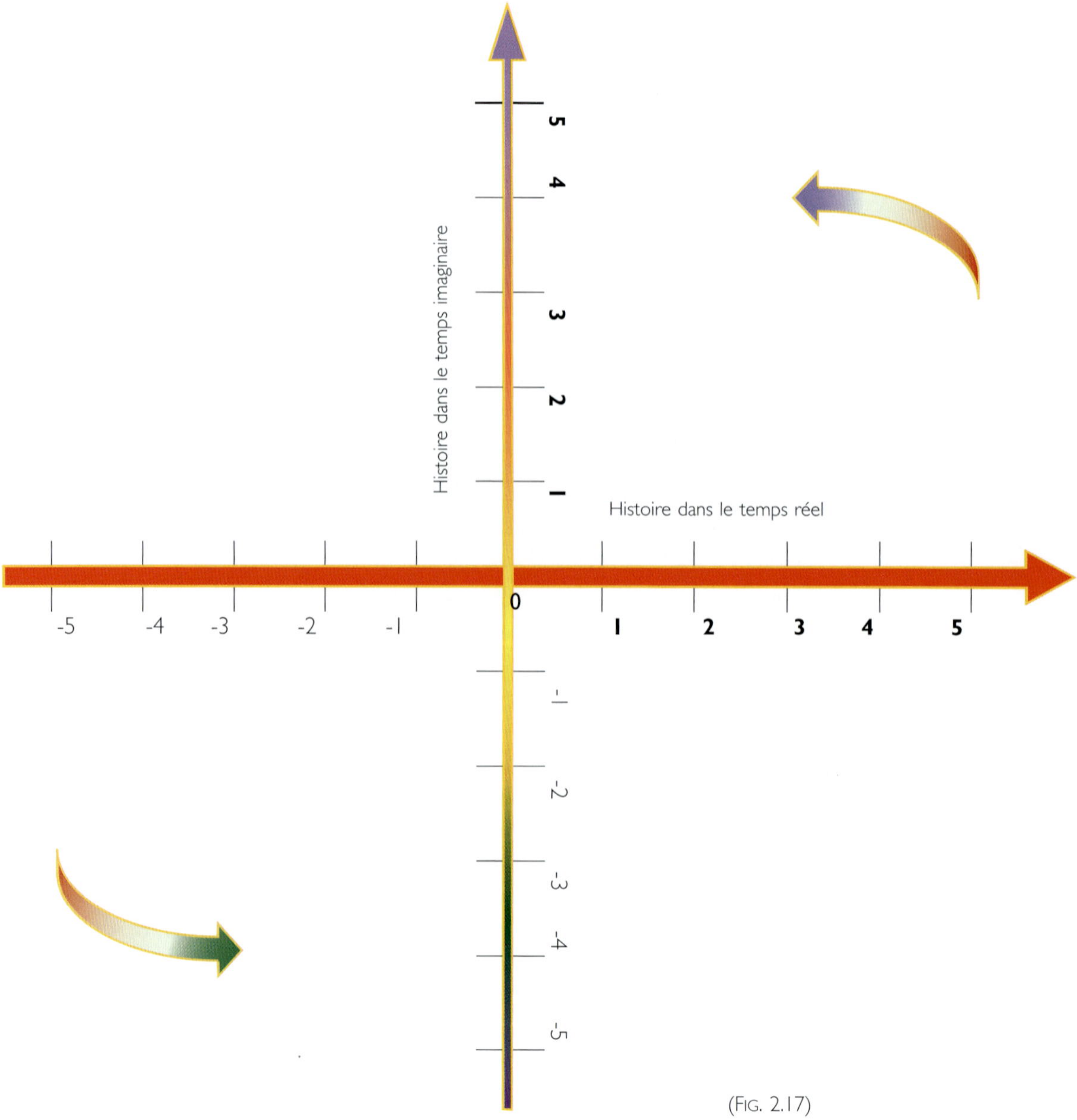

(FIG. 2.17)

On peut construire un modèle mathématique dans lequel une direction temporelle imaginaire vient à angle droit du temps réel ordinaire. Ce modèle est régi par des règles qui déterminent l'histoire dans le temps imaginaire en termes de l'histoire dans le temps réel, et *vice versa*.

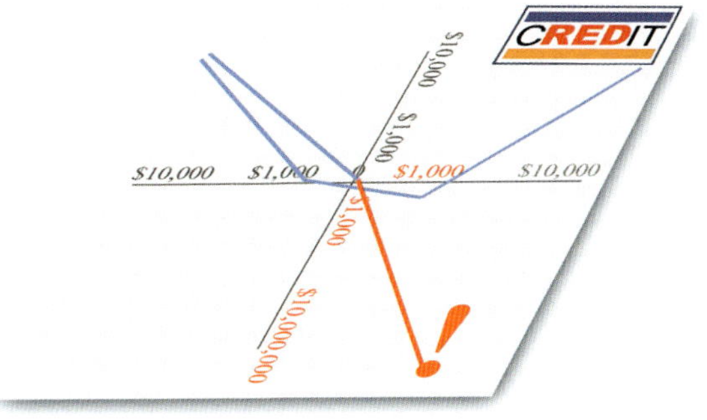

(FIG. 2.18)

Les nombres imaginaires sont une construction mathématique. On ne peut pas se servir d'une carte de crédit imaginaire.

Pour décrire comment la théorie des quanta façonne le temps et l'espace, il est utile d'introduire la notion de « temps imaginaire ». Loin de relever de la science-fiction, le temps imaginaire est un concept mathématique parfaitement défini : c'est le temps mesuré par les nombres dits imaginaires. Les nombres réels ordinaires tels que 1, 2, – 3,5, etc., peuvent être positionnés sur une ligne allant de la gauche vers la droite : le zéro est au milieu, les nombres réels positifs sur la droite, et les nombres réels négatifs sur la gauche (Fig. 2.17).

Les nombres imaginaires peuvent être positionnés quant à eux sur une ligne verticale : si le zéro se retrouve de nouveau au milieu, les nombres imaginaires positifs doivent être inscrits vers le haut et les nombres imaginaires négatifs vers le bas. De sorte que les nombres imaginaires peuvent être tenus pour un nouveau genre de nombres, venant à angle droit des nombres réels ordinaires ; n'étant qu'une construction mathématique, ils n'ont pas besoin de renvoyer à une réalité physique – on ne possède pas un nombre imaginaire d'oranges, pas plus qu'on ne peut se servir d'une carte de crédit imaginaire (Fig. 2.18).

Vous êtes en droit de penser que ces nombres imaginaires ne sont rien d'autre qu'un jeu mathématique sans rapport avec le monde réel. Toutefois, du point de vue de la philosophie positiviste, le réel est indéterminable : on peut tout au plus se demander quels modèles mathématiques décrivent le mieux notre Univers, et il s'avère justement qu'un modèle mathématique fondé sur cette notion de temps imaginaire prédit non seulement des effets déjà observés, mais aussi des phénomènes que nous avions été incapables de mesurer jusqu'alors tout en les accréditant pour d'autres raisons. Alors, qu'est-ce qui est réel, et qu'est-ce qui est imaginaire ? Cette distinction n'existe-t-elle que dans notre esprit ?

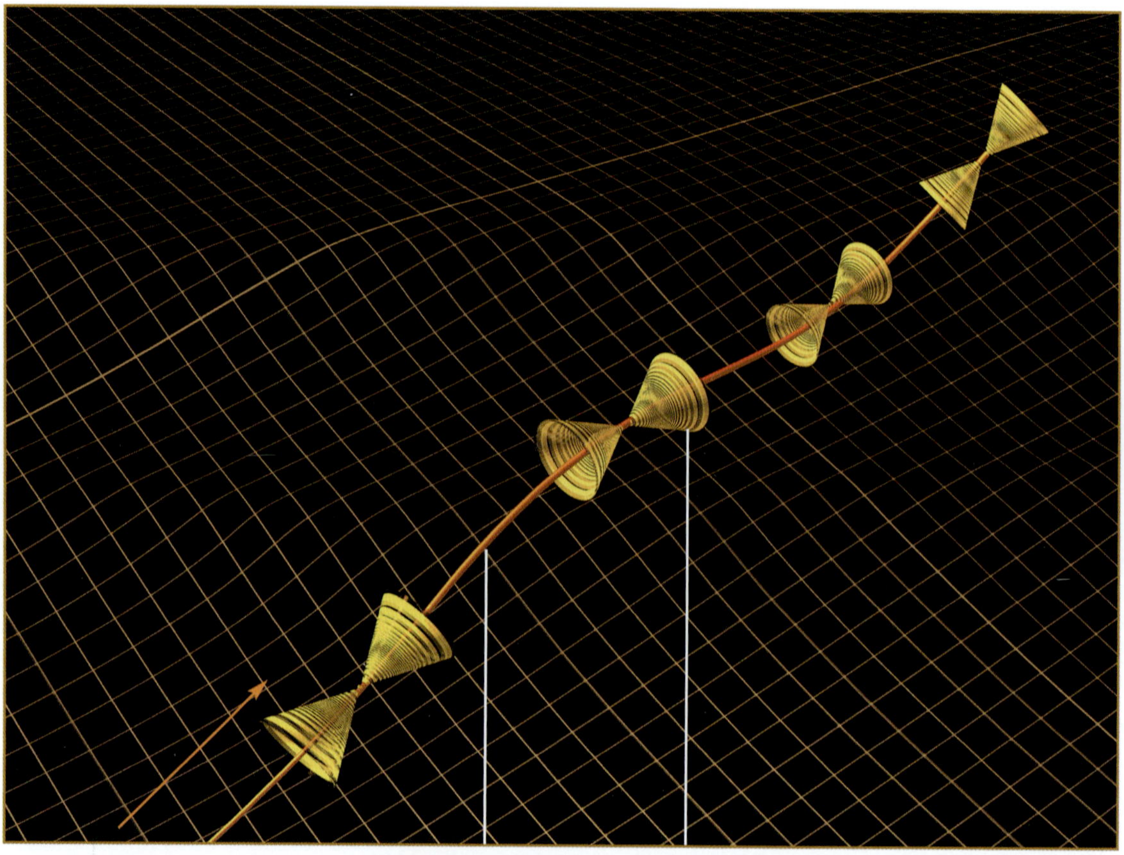

(FIG. 2.19)

Dans l'espace-temps lié au temps réel de la relativité générale classique, le temps est distingué des directions spatiales parce qu'il s'accroît en permanence le long de l'histoire d'un observateur, alors que les directions spatiales, en revanche, peuvent s'accroître ou décroître le long de cette histoire. Parce que la direction du temps imaginaire de la théorie quantique se comporte comme une autre direction spatiale, elle peut s'accroître ou décroître.

La théorie classique (c'est-à-dire non quantique) de la relativité générale proposée par Einstein combinait le temps réel et les trois dimensions de l'espace au sein d'un espace-temps quadridimensionnel. Mais la direction du temps réel était distinguée des trois directions spatiales : la trajectoire humaine ou l'histoire d'un observateur s'accroissait en permanence dans la direction du temps réel (le temps allait toujours du passé vers le futur), alors qu'un accroissement *ou un décroissement* était possible dans n'importe laquelle des trois directions spatiales. Autrement dit, on pouvait changer de direction dans l'espace, mais pas dans le temps (Fig. 2.19).

Parce que le temps imaginaire est à angle droit du temps réel, il se comporte comme une quatrième direction spatiale. Il ouvre donc sur un

(FIG. 2.20) TEMPS IMAGINAIRE

Dans un espace-temps imaginaire consistant en une sphère, la direction temporelle imaginaire pourrait représenter la distance à partir du pôle Sud. Plus on irait vers le nord, plus les parallèles régulièrement espacés à partir de ce pôle Sud s'allongeraient, corrélativement à l'expansion de l'Univers au fil du temps imaginaire. L'Univers atteindrait sa taille maximale à l'équateur puis se contracterait à nouveau, suite à l'accroissement du temps imaginaire, jusqu'à devenir un point unique au pôle Nord. Même si l'Univers avait une taille nulle aux pôles, ces points ne seraient pas des singularités, de même que les pôles Nord et Sud sont des points parfaitement banals de la surface de la Terre. L'origine de l'Univers dans le temps imaginaire pourrait donc être un point banal d'espace-temps.

S

Temps imaginaire correspondant
à des degrés de latitude

N

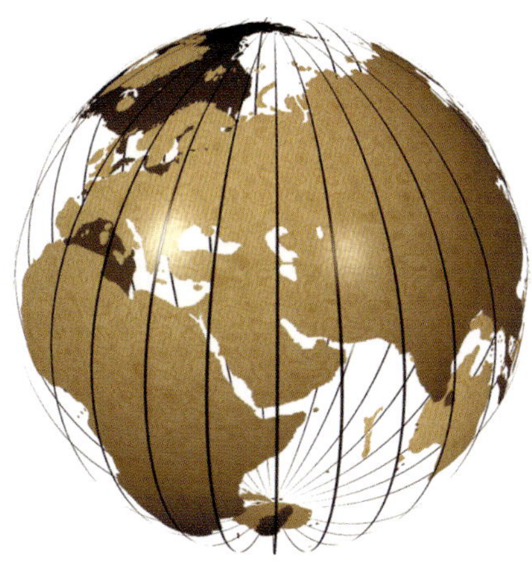

(FIG. 2.21)

Au lieu d'équivaloir aux degrés de latitude, la direction temporelle imaginaire d'un espace-temps consistant en une sphère pourrait correspondre aussi aux degrés de longitude. Parce que tous les méridiens se rencontrent aux pôles Nord et Sud, le temps est immobilisé aux pôles ; tout accroissement du temps imaginaire laisserait un observateur à la même place, exactement comme quelqu'un qui tenterait de se diriger vers l'ouest du pôle Nord sur notre globe terrestre resterait toujours à ce pôle.

Temps imaginaire correspondant
à des degrés de longitude se rencontrant
aux pôles Nord et Sud

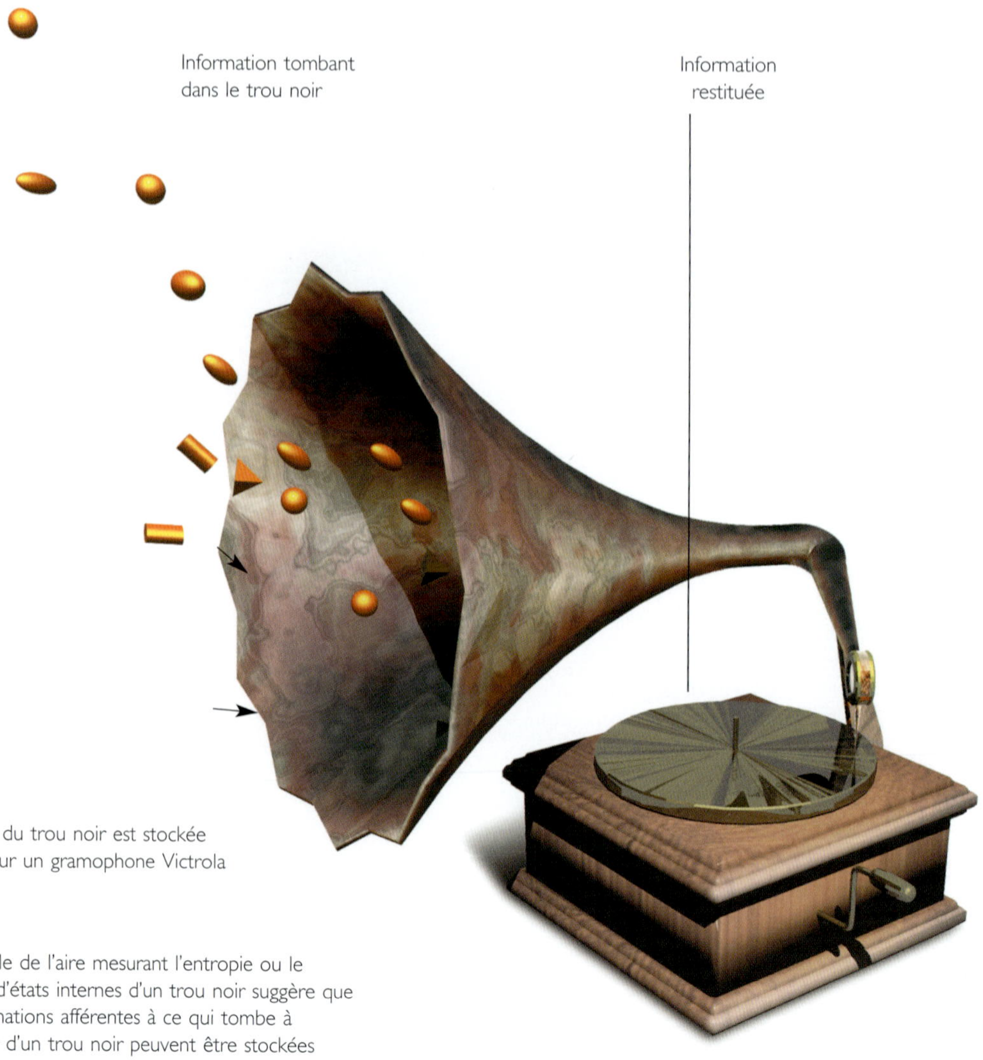

La formule de l'aire mesurant l'entropie ou le nombre d'états internes d'un trou noir suggère que les informations afférentes à ce qui tombe à l'intérieur d'un trou noir peuvent être stockées comme sur un disque et rejouées quand le trou noir s'évapore.

éventail de possibilités beaucoup plus riche que la voie ferrée du temps réel ordinaire, qui peut seulement avoir un commencement ou une fin ou tourner en rond ; et c'est bien en ce sens imaginaire que le temps a une forme.

Entre autres possibilités, représentez-vous un espace-temps du temps imaginaire consistant en une sphère, un peu comme la surface de la Terre, puis supposez que le temps imaginaire corresponde aux degrés de latitude (Fig. 2.20) ; dans ce temps imaginaire, l'histoire de l'Univers commencerait au pôle Sud, et il serait donc insensé de se demander ce qui s'est passé avant ce commencement. De tels temps sont simplement indéfinis : tenter de les définir serait comme prétendre qu'il y a des points au sud du pôle Sud. Le pôle Sud est un point parfaitement banal de la surface de la Terre, les lois qui s'y exercent valant pour tout autre point de notre planète ; de même, le commencement de l'Univers dans le temps imaginaire serait un point banal d'espace-temps régi par des lois valables dans tout le reste de l'Univers. (L'origine et l'évolution quantiques de l'Univers seront abordées au chapitre suivant.)

Un autre comportement possible peut être illustré si l'on considère que le temps imaginaire correspond aux degrés de longitude terrestres : parce que tous les méridiens se rencontrent aux pôles Nord et Sud (Fig. 2.21), le temps est ici immobilisé, en cela que tout accroissement du temps imaginaire, ou des degrés de longitude, laisserait un observateur à la même place. Or le temps ordinaire semble pareillement s'immobiliser à l'horizon d'un trou noir et on a fini par comprendre que cette immobilisation des temps réel et imaginaire (ils s'immobilisent soit ensemble, soit pas du tout) signifie que l'espace-temps a une température, comme je l'ai découvert pour les trous noirs. Non seulement un trou noir a une température, mais il se comporte aussi comme s'il possédait une entropie quantifiable : cette entropie mesure le nombre d'états internes (ou de configurations intérieures) par lesquels un trou noir pourrait passer sans paraître différent à un observateur extérieur (qui ne pourrait rien observer d'autre que sa masse, sa rotation et sa charge). L'entropie des trous noirs est décrite par une formule très simple que j'ai découverte en 1974 – elle est égale à l'aire de l'horizon du trou noir : il y a une unité d'information sur l'état interne du trou noir pour chaque unité fondamentale d'aire de l'horizon. On peut en déduire que la gravité quantique et la thermodynamique (science de la chaleur qui inclut l'étude de l'entropie) sont profondément liées ; et cela suggère en outre que la gravité quantique pourrait présenter des particularités holographiques (Fig. 2.22).

$$S = \frac{Akc^3}{4\hbar G}$$

FORMULE DE L'ENTROPIE D'UN TROU NOIR

- A Aire de l'horizon d'événement du trou noir
- $\hbar$ Constante de Planck
- k Constante de Boltzman
- G Constante gravitationnelle de Newton
- c Vitesse de la lumière

Même un fragment minuscule de plaque holographique en 2 dimensions contient assez d'informations pour reproduire l'image complète en 3 dimensions d'une pomme.

LE PRINCIPE HOLOGRAPHIQUE

Après avoir compris que l'aire de surface de l'horizon entourant un trou noir mesure l'entropie de ce trou noir, certains théoriciens ont soutenu que l'entropie maximale de n'importe quelle région d'espace fermée ne peut jamais être supérieure à un quart de l'aire de la surface circonscrivante. Si l'entropie n'est rien de plus que la mesure de la totalité des informations contenues dans un système, on peut considérer que les informations associées à tous les phénomènes survenant dans le monde tridimensionnel peuvent être stockées sur sa frontière bidimensionnelle, comme une image holographique : en un sens, le monde serait bidimensionnel.

Les informations afférentes aux états quantiques en vigueur dans une certaine région de l'espace-temps pourraient être encodées d'une façon ou d'une autre sur la frontière de cette région, bien qu'une telle frontière ait deux dimensions de moins : ce codage serait comparable à celui d'un hologramme, surface bidimensionnelle qui restitue des images tridimensionnelles. Si la théorie quantique intégrait ce principe holographique, l'intérieur des trous noirs nous deviendrait peut-être accessible – c'est indispensable pour pouvoir prédire le type de radiation qui émane des trous noirs : si nous n'y parvenons pas, notre capacité de prédire l'avenir sera incomplète. Je traiterai de ce point au chapitre 4, avant de revenir sur le thème de l'holographie au chapitre 7. Il semblerait en effet que nous puissions vivre sur une 3-brane, c'est-à-dire sur une surface quadridimensionnelle (à trois dimensions spatiales, plus une dimension temporelle) qui constituerait la frontière d'une région à cinq dimensions dont les dimensions restantes seraient enroulées à très petite échelle, les états propres à une brane encodant ce qui se passe dans cette région à cinq dimensions.

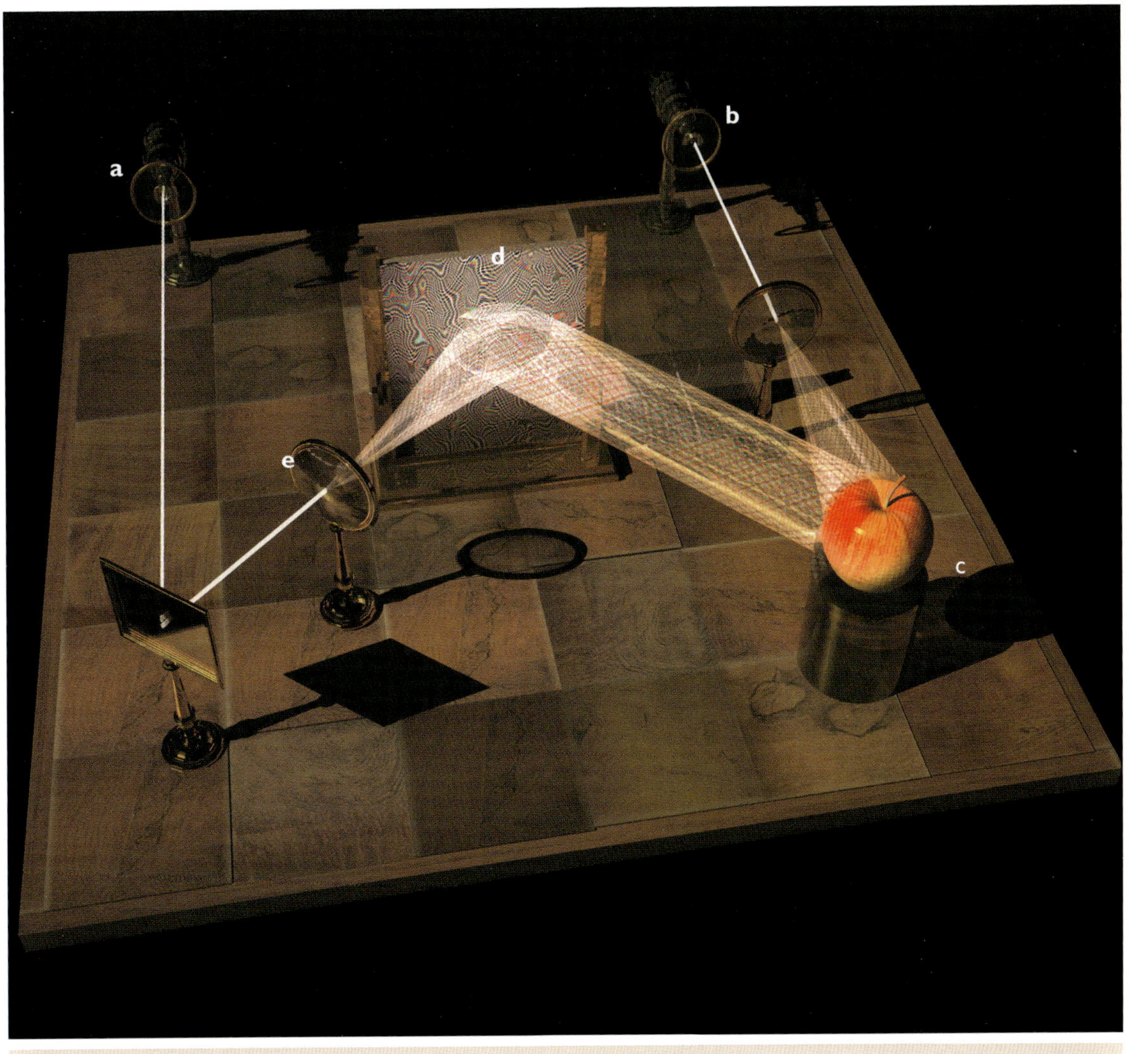

(Fig. 2.22) L'holographie est essentiellement un phénomène d'interférence entre plusieurs trains d'ondes. Les hologrammes sont formés quand la lumière émise par un seul laser se scinde en deux faisceaux distincts dont l'un **(b)** rebondit de l'objet **(c)** jusqu'à une plaque photographique sensible **(d)** tandis que l'autre **(a)** traverse une lentille **(e)** et se heurte à la lumière réfléchie de b en créant une interférence sur la plaque.

Quand la plaque développée est illuminée par un laser, une image totalement *tridimensionnelle* de l'objet originel apparaît : tout observateur se déplaçant autour de cette image holographique peut l'apercevoir sous des angles qu'aucune photo normale ne pourrait montrer.

Contrairement à une photo normale, la surface bidimensionnelle de la plaque de gauche a pour propriété remarquable que n'importe quel fragment de sa surface, si petit soit-il, contient toutes les informations nécessaires à la reconstruction de la totalité de l'image.

CHAPITRE 3

L'Univers dans une coquille de noix

L'Univers a des histoires multiples, toutes déterminées par une noix minuscule

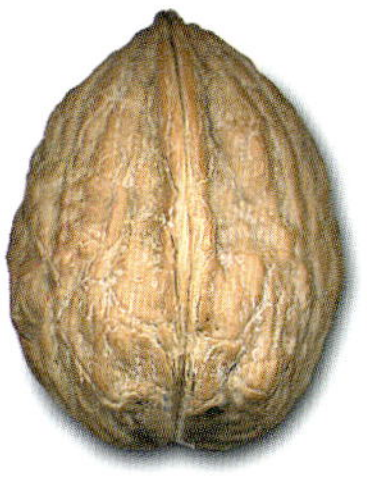

Je pourrais être enfermé dans une coquille de noix
et me regarder comme le roi d'un espace infini...

Shakespeare,
Hamlet, Acte II, scène 2

HAMLET voulait peut-être dire que, si limité que soit notre corps, notre esprit est libre d'explorer l'Univers dans sa totalité, même dans des régions que seuls les mauvais rêves permettent de découvrir.

L'Univers est-il réellement infini ou bien est-il seulement très étendu ? Est-il éternel ou bien ne durera-t-il que très longtemps ? Comment notre esprit fini pourrait-il appréhender un Univers infini ? Ne sommes nous pas présomptueux de prétendre nous atteler à une telle tâche ? Ne risquons-nous pas de subir le destin de Prométhée, qui avait dérobé le feu à Zeus pour le remettre aux humains ? Pour le punir de sa témérité, Zeus l'avait enchaîné sur un rocher où un aigle dévorait son foie immortel.

Ce mythe doit nous inciter à la prudence. Pour autant, je suis persuadé que nous pouvons et devons essayer de comprendre l'Univers. Notre compréhension du cosmos a déjà remarquablement progressé, les avancées les plus considérables remontant à quelques années à peine : le tableau n'est pas encore complet, mais il pourrait l'être d'ici peu.

La caractéristique la plus évidente de l'espace réside dans sa formidable extension ; elle a été confirmée par les instruments modernes qui, tel le télescope Hubble, permettent d'observer les plus lointaines régions stellaires : des milliards de galaxies aux tailles et aux formes diverses s'offrent désormais à notre vue (Fig. 3.1). Chaque galaxie contient des centaines de milliards d'étoiles dont beaucoup sont entourées de planètes. Nous vivons sur une planète qui orbite autour d'une étoile située dans l'un des bras extérieurs de cette galaxie spi-

À gauche : *Lentille et miroirs du télescope spatial Hubble, remplacés dans l'espace par l'équipage de la navette* Endeavour *en train de survoler l'Australie*
Ci-dessus : *Prométhée. Peinture sur vase étrusque,* VIe *siècle av. J.-C.*

Galaxie spirale NGC 4414

Galaxie spirale barrée NGC 4314

Galaxie elliptique NGC 147

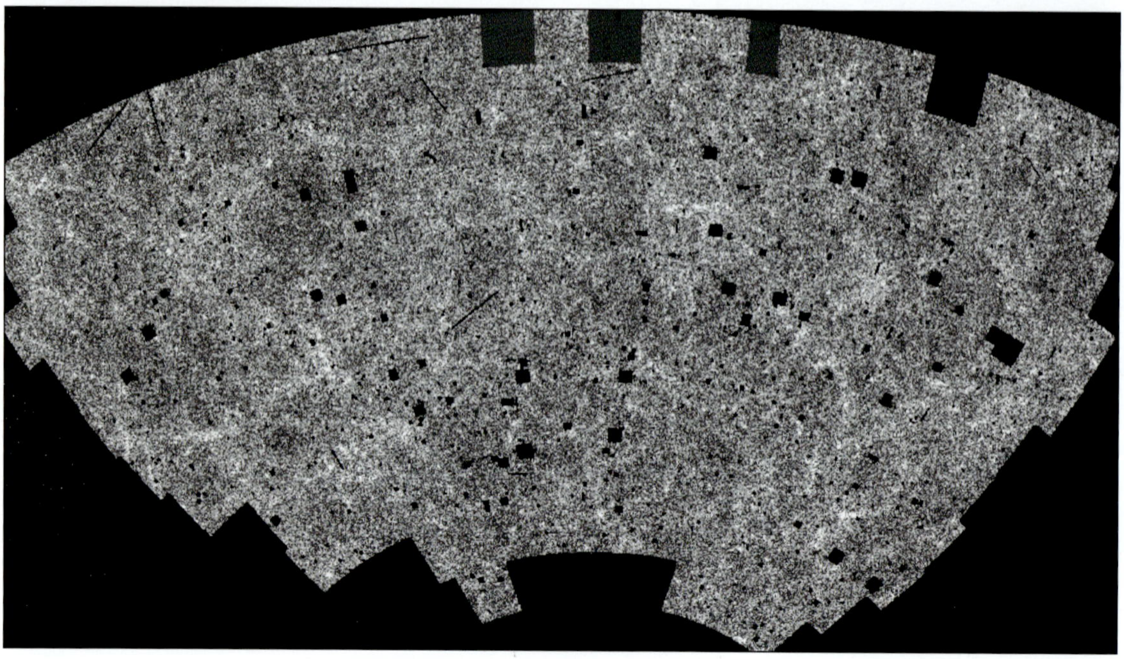

(Fig. 3.1)

Des milliards de galaxies aux tailles et aux formes diverses s'offrent à notre vue quand on observe les plus lointaines régions de l'Univers : elles sont elliptiques ou spirales, comme notre Voie lactée.

(Fig. 3.2)

La Terre (**T**) orbite autour du Soleil dans l'un des bras extérieurs de la galaxie spirale appelée Voie lactée. Les poussières stellaires contenues dans les bras spiraux nous interdisent d'observer l'Univers dans le plan de notre galaxie, mais la visibilité est bonne de part et d'autre de ce plan.

rale à laquelle nous avons donné le nom de Voie lactée ; et quand bien même les poussières contenues dans les bras spiraux nous interdisent d'observer l'Univers dans le plan de notre galaxie, les cônes de visibilité dont nous disposons de part et d'autre de ce plan nous ont permis de relever la position des galaxies lointaines (Fig. 3.2). On s'est aperçu que la distribution spatiale des galaxies est à peu près uniforme, en dépit de certaines concentrations ou de certains vides locaux (Fig. 3.3) : leur densité semble diminuer à de très grandes distances, mais sans doute sont-elles alors trop lointaines et brillent-elles trop faiblement pour qu'on puisse les détecter. Pour autant qu'on le sache, l'Univers n'est limité dans aucune des directions de l'espace.

Bien qu'il semble à peu près identique à lui-même d'un point de l'espace à l'autre, il a changé au fil du temps : on ne l'a compris que depuis les premières décennies du XXe siècle. Jusqu'alors, on admettait que l'Univers était immuable dans le temps : certains supposaient qu'il existait depuis un temps infini, même si les conclusions qui découlaient de cette hypothèse pouvaient sembler absurdes. Si les étoiles rayonnaient depuis toujours, elles

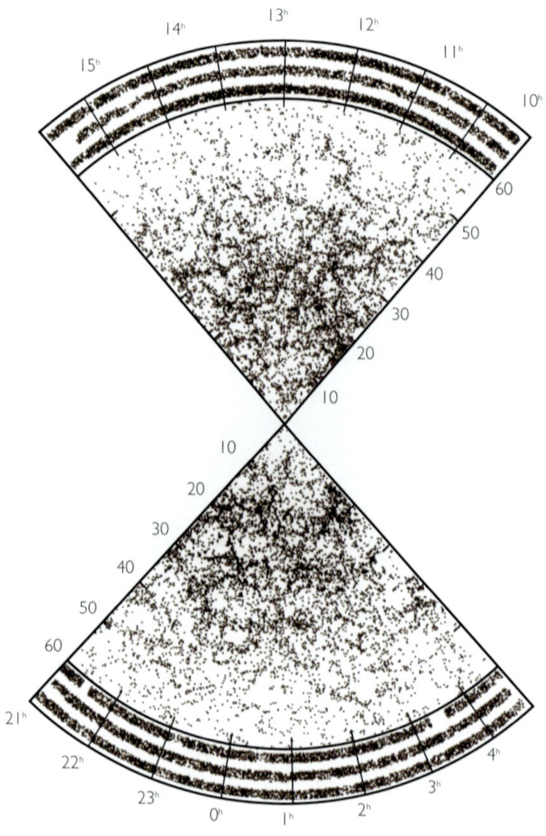

(Fig. 3.3)

À part certaines concentrations locales, la distribution spatiale des galaxies est à peu près uniforme.

auraient dû tellement réchauffer l'Univers qu'il aurait fini par avoir la même température qu'elles ; parce que chaque ligne de visée aurait dû aboutir à la surface d'une étoile ou à un nuage de poussière porté à la longue à la température de la matière stellaire, l'ensemble du ciel aurait dû être aussi brillant que le Soleil, même la nuit (Fig. 3.4).

L'observation, que nous avons tous faite, de l'obscurité du ciel nocturne est très importante, car elle explique pourquoi l'état de l'Univers n'a pu être toujours semblable à celui qu'on observe aujourd'hui. Un événement survenu à un moment déterminé du passé a dû provoquer l'allumage des étoiles : sinon, la lumière émise par les astres les plus lointains aurait eu tout le temps de nous atteindre, et le ciel nocturne brillerait aussi fort que le Soleil, dans n'importe quelle direction.

(Fig. 3.4)

Si l'Univers était statique et infini dans toutes les directions, chaque ligne de visée aboutirait à une étoile et le ciel nocturne serait donc aussi brillant que le Soleil.

Si les étoiles existaient depuis toujours, pourquoi se seraient-elles brusquement embrasées quelques milliards d'années avant notre époque ? Sur quelle horloge auraient-elles pu lire que l'heure était venue ? Comme on l'a vu, ces questions embarrassaient les philosophes (Kant notamment) enclins à croire en l'éternité de l'Univers – elles étaient compatibles, en revanche, avec la conception biblique de la Création à laquelle la plupart des gens adhéraient : celle-ci stipulait que l'Univers n'avait que quelques millénaires et avait été créé tel qu'il apparaissait.

Les observations astronomiques de Vesto Slipher et d'Edwin Hubble ont toutefois infirmé cette dernière conception. En 1923, Hubble a découvert

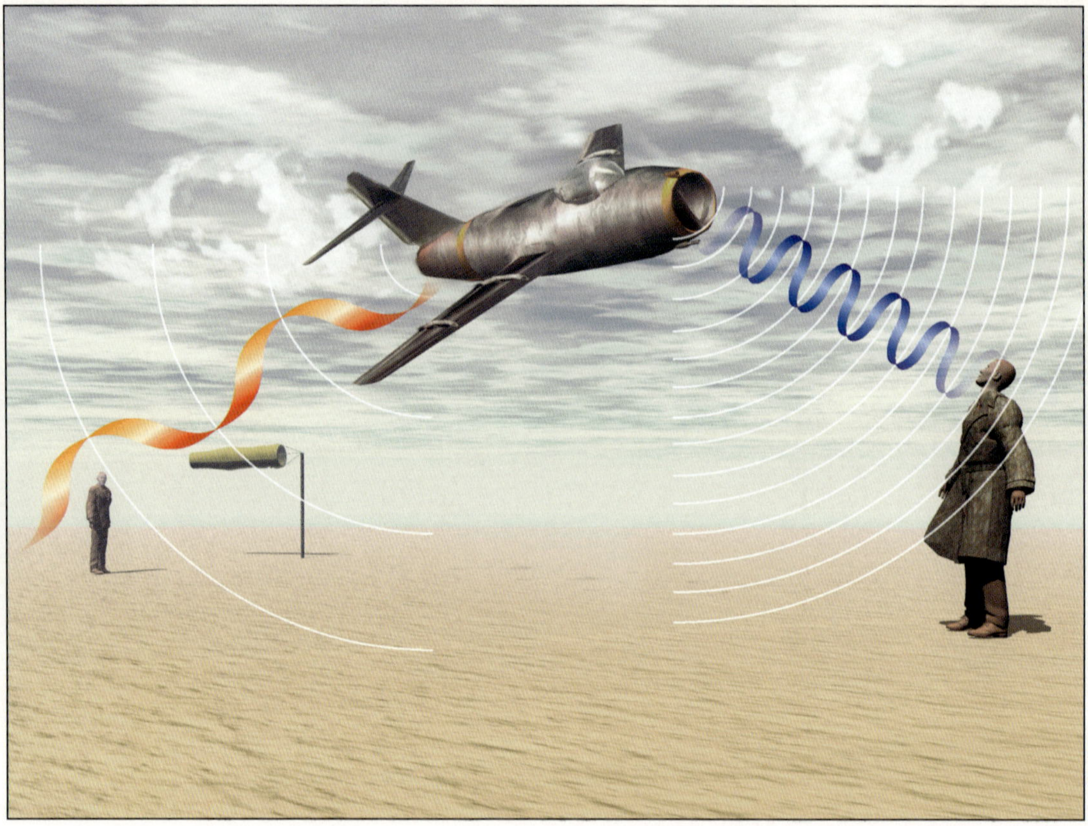

L'EFFET DOPPLER

Le rapport entre vitesse et longueur d'onde dit effet Doppler peut être expérimenté par tout un chacun.

Écoutez un avion qui passe au-dessus de votre tête : son moteur semble émettre un son plus aigu quand il s'approche, et plus grave quand il vous survole puis disparaît.

Les tons plus aigus correspondent à des ondes sonores dont la longueur d'onde (ou la distance entre une crête d'onde et la suivante) est plus courte et la fréquence (ou le nombre de vibrations par seconde) plus élevée.

L'avion volant dans votre direction, il est plus proche de vous quand il émet la crête d'onde suivante, la distance entre les crêtes d'ondes diminuant du même coup.

Quand l'avion s'éloigne, les longueurs d'onde croissent semblablement, le son perçu devenant plus grave.

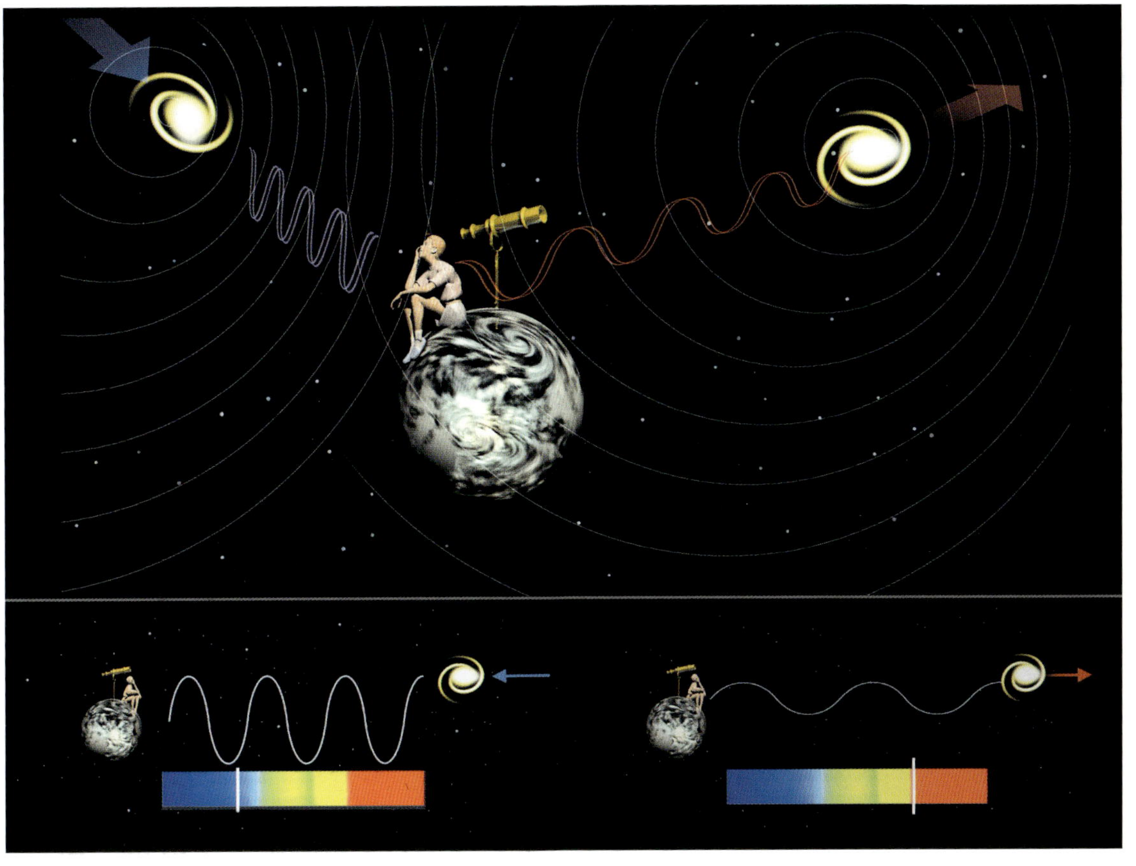

(FIG. 3.5)

L'effet Doppler vaut également pour les ondes lumineuses. Si une galaxie restait à une distance constante de la Terre, les raies de son spectre occuperaient une position normale ou standard. Si cette galaxie s'éloignait de la nôtre, les ondes s'allongeraient ou s'étireraient, les raies qui les caractérisent étant décalées vers le rouge (à droite). Si elle s'approchait, les ondes seraient compressées, les raies étant décalées vers le bleu (à gauche).

en effet que les taches lumineuses ternes dites « nébuleuses » sont en fait d'autres galaxies, c'est-à-dire de gigantesques rassemblements d'étoiles semblables à notre Soleil, mais très éloignées de notre Voie lactée : la taille réduite à une tête d'épingle et la faible brillance de ces galaxies attestaient que leur lumière avait dû voyager pendant des millions ou même des milliards d'années avant de nous atteindre, ce qui montrait que l'Univers ne pouvait pas exister depuis quelques millénaires seulement.

Hubble a fait une seconde découverte encore plus remarquable. Les astronomes ayant entrepris d'analyser les spectres lumineux des autres galaxies pour déterminer si elles se déplaçaient en direction de la Voie lactée ou non, ils avaient constaté avec surprise que presque toutes les galaxies s'éloignent de nous (Fig. 3.5) – plus étonnant encore, les plus lointaines sont celles qui s'éloignent le plus vite. Hubble fut le premier à saisir les implications de ce phé-

Notre voisine galactique, Andromède, mesurée par Hubble et Slipher.

CHRONOLOGIE DES DÉCOUVERTES FAITES PAR SLIPHER ET HUBBLE ENTRE 1910 ET 1930

1912 – Mesurant la lumière émise par quatre nébuleuses, Slipher s'aperçoit que trois d'entre elles sont décalées vers le rouge mais qu'Andromède est décalée vers le bleu. Son interprétation est qu'Andromède s'approche de nous tandis que ces autres nébuleuses s'éloignent.

1912-1914 – Slipher mesure 12 autres nébuleuses. Toutes sauf une sont décalées vers le rouge.

1914 – Slipher présente ses conclusions devant les membres de l'American Astronomical Society, en présence de Hubble.

1918 – Hubble commence à étudier les nébuleuses.

1923 – Hubble comprend que les nébuleuses spirales (dont Andromède) sont d'autres galaxies.

1914-1925 – Slipher et d'autres astronomes continuent à mesurer les décalages Doppler; en 1925, le résultat était de 43 décalages vers le rouge, contre 2 vers le bleu.

1929 – Après avoir persisté à mesurer les décalages Doppler et constaté que, à très grande échelle, toutes les galaxies paraissent s'éloigner les unes des autres, Hubble et Milton Humason annoncent leur découverte de l'expansion de l'Univers.

nomène : il comprit que, à très grande échelle, chaque galaxie s'éloigne des galaxies voisines, l'ensemble de l'Univers étant en expansion (Fig. 3.6).

Cette découverte de l'expansion de l'Univers peut être tenue pour l'une des plus grandes révolutions intellectuelles du XXe siècle : non seulement l'effet de surprise fut considérable, mais le débat sur l'origine de l'Univers en fut radicalement transformé. Si les galaxies s'éloignent les unes des autres, elles avaient été forcément plus proches dans le passé – compte tenu de leur taux d'expansion actuel, on peut estimer qu'elles devaient être extrêmement rapprochées dix à quinze milliards d'années auparavant. Comme je l'ai indiqué au chapitre précédent, Roger Penrose et moi-même avons réussi à démontrer que la théorie générale de la relativité formulée par Einstein implique que l'Univers et le temps lui-même ont dû commencer par une

Edwin Hubble devant le télescope de 200 pouces du mont Wilson, en 1930

(FIG. 3.6) LOI DE HUBBLE

En analysant la lumière émanant d'autres galaxies, Edwin Hubble a découvert dans les années 1920 que presque toutes les galaxies s'éloignent de nous à une vitesse **V** proportionnelle à leur distance **R** depuis la Terre, telle que **V = H x R**.

Cette importante observation connue sous le nom de loi de Hubble a prouvé que l'Univers s'étend, le taux de cette expansion étant fixé par la constante **H** de Hubble.

Les observations récentes du décalage vers le rouge des galaxies consignées sur le graphique reproduit ci-dessous attestent que la loi de Hubble est confirmée à de grandes distances.

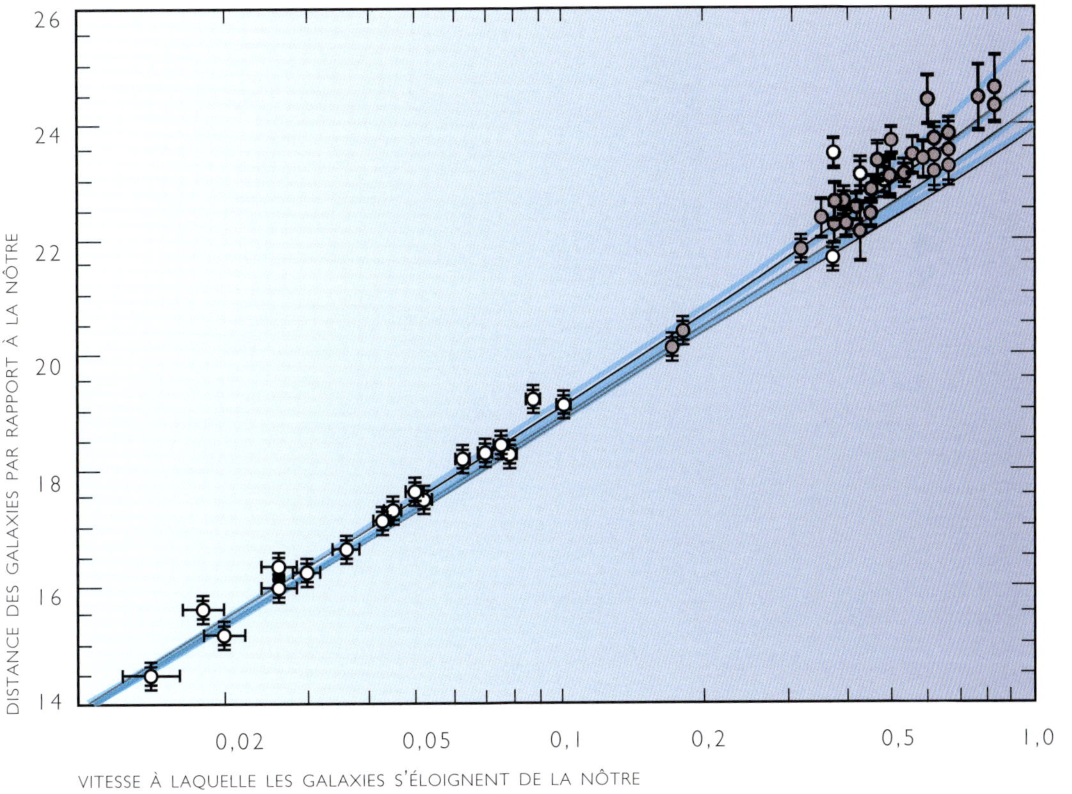

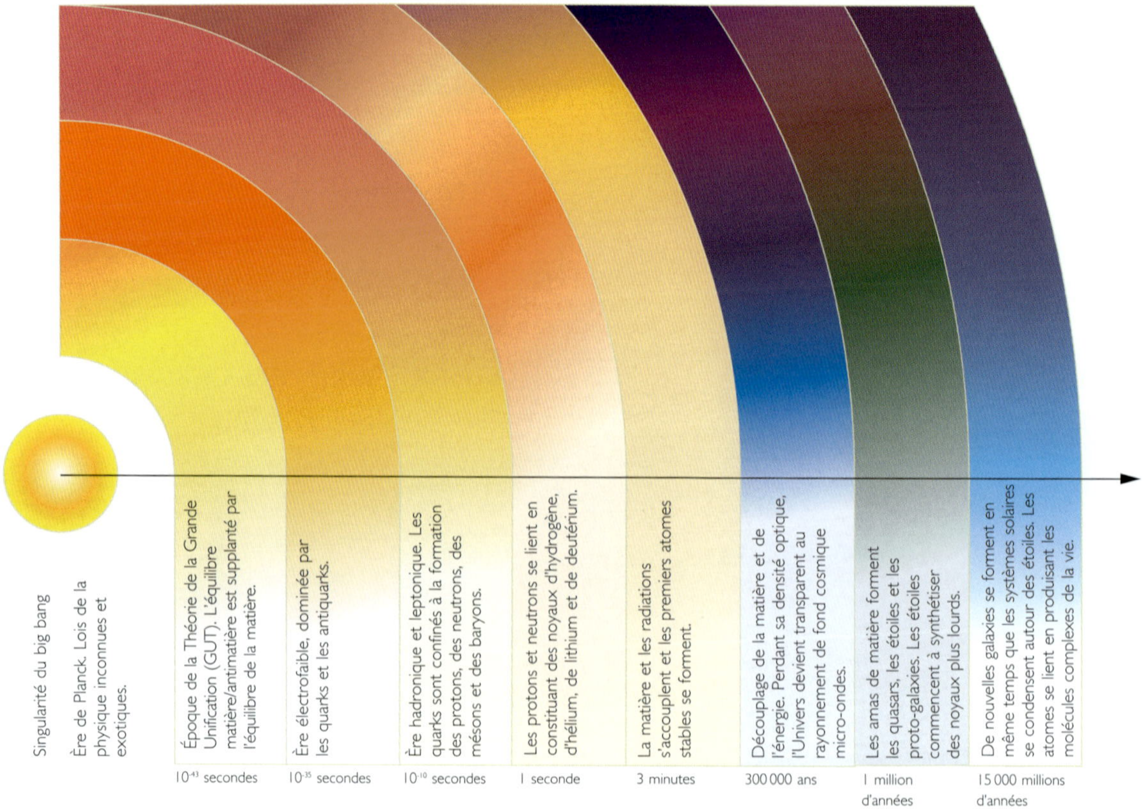

LA FOURNAISE DU BIG BANG

Si la relativité générale est exacte, l'Univers a commencé par l'état de température et de densité infinie qui a caractérisé la singularité du big bang. Plus l'Univers s'est étendu, plus la température de la radiation originelle a décru : un centième de seconde environ après le big bang, la température aurait été de l'ordre de 100 milliards de degrés, l'Univers étant alors surtout constitué de photons, d'électrons, de neutrinos (particules très légères) et de leurs antiparticules, ainsi que de quelques protons et neutrons. Au cours des trois minutes suivantes, l'Univers se refroidissant jusqu'à descendre à un milliard de degrés, les protons et les neutrons auraient commencé à se combiner en formant des noyaux d'hélium, d'hydrogène et d'autres éléments légers.

Des centaines de milliers d'années plus tard, la température n'étant plus que de quelques milliers de degrés, les électrons auraient assez ralenti pour que les noyaux lumineux puissent les capturer et constituer des atomes. Néanmoins, les éléments plus lourds qui nous composent – le carbone et l'oxygène – ne seraient apparus qu'au bout d'un milliard d'années, après que les étoiles aient eu le temps de brûler leur hélium central.

Le tableau d'un stade primordial de l'Univers à la fois dense et brûlant a été brossé pour la première fois par le professeur George Gamow en 1948, dans un article, corédigé avec Ralph Alpher, où il prédit que le rayonnement issu de cette fournaise primitive devait toujours exister de nos jours. Cette prédiction a été confirmée lorsque les physiciens Arno Penzias et Robert Wilson ont observé le rayonnement de fond cosmique micro-ondes en 1965.

colossale explosion ; d'où l'obscurité du ciel nocturne : aucune étoile n'a pu briller plus longtemps que pendant les dix ou quinze milliards d'années qui se sont écoulés depuis le big bang.

Nous partons du principe que tout événement est causé par un autre qui lui est antérieur, lequel est causé à son tour par un plus ancien : nous postulons l'existence d'une chaîne de causalité orientée vers le passé. Mais supposez que cette chaîne ait un commencement : imaginez qu'il y ait eu un événement initial. Par quoi aurait-il pu être causé ? C'était là une question que très peu de physiciens souhaitaient se poser : ils essayaient donc de l'éluder en affirmant, comme les Russes, que l'Univers n'avait pu avoir de commencement ou en soutenant que le problème de l'origine de l'Univers n'était pas du ressort de la science – que ce serait un problème métaphysique ou religieux. À mon sens, ce sont au contraire les exclusions de ce genre qui n'ont rien de scientifique : car, si les lois de la science avaient été suspendues au début de l'Univers, pourquoi auraient-elles été valides à d'autres moments ? Une loi n'est une loi que si elle vaut partout et toujours. *Nous devons nous efforcer de comprendre scientifiquement comment l'Univers a débuté : que nous soyons capables ou non de mener cette tâche à bien, nous ne saurions nous dispenser de nous y atteler.*

Si Penrose et moi-même avions démontré mathématiquement que l'Univers avait dû avoir un commencement, nos théorèmes ne donnaient guère d'informations sur la nature de ce commencement : ils suggéraient simplement que tout avait commencé lors du big bang, événement lors duquel l'Univers entier et tout ce qu'il contenait étaient comprimés en un point unique de densité infinie. Mais cette singularité prédite par la théorie de la relativité générale causait aussi la perte de cette théorie puisque celle-ci est incapable de prédire comment l'Univers a commencé : on aurait pu en déduire que le problème de l'origine de l'Univers n'était pas susceptible d'être résolu par la science.

Aucun scientifique n'aurait dû se réjouir d'une telle conclusion. Comme on l'a vu aux chapitres 1 et 2, la relativité générale s'effondre au voisinage du big bang parce qu'elle n'intègre pas le principe d'incertitude, part de hasard issue de la théorie des quanta qu'Einstein avait contestée en arguant que Dieu ne joue pas aux dés. Or tout semble indiquer au contraire que Dieu est un joueur invétéré : on peut comparer l'Univers à un gigantesque casino où des dés ou des roulettes sont mis en branle à la moindre occasion (Fig. 3.7). Vous croyez peut-être que les directeurs de casinos exercent un métier très périlleux en cela qu'ils risquent de perdre de l'argent chaque fois que quelqu'un lance des dés ou joue à roulette. Mais seul le résultat d'une mise particulière est imprévisible : au bout d'un grand nombre de mises, les probabilités de gains ou de pertes *peuvent* être prédites (Fig. 3.8). Les directeurs de casino sont certains de gagner à la longue : c'est pourquoi ils sont si riches. Seul celui qui accepte de jouer son va-tout sur quelques lancers de dés ou quelques tours de roulette a une chance de faire sauter la banque.

C'est pareil pour l'Univers. Quand il est très grand (comme aujourd'hui), les dés ont roulé si souvent que des résultats moyens peuvent faire l'objet de prédictions : c'est pourquoi les comportements des vastes systèmes sont prévisibles par les lois classiques. Quand il est très petit (comme immédiatement après le big bang), en revanche, les dès ont roulé si peu de fois que le principe d'incertitude joue un rôle capital.

Parce que l'Univers lance les dés en permanence pour voir ce qui va se produire ensuite, il n'a pas une histoire unique, comme on serait enclin à le penser. Il a au contraire toutes les histoires possibles, quand bien même certaines sont plus probables que d'autres : il doit exister une histoire de l'Univers dans laquelle Belize, l'ex-Honduras britannique, a remporté toutes les médailles d'or aux derniers Jeux olympiques, si improbable que cela paraisse.

Ces histoires multiples de l'Univers n'ont rien à voir avec la science-fiction : on les reconnaît désormais comme un fait scientifique. Ce concept a été formulé par Richard Feynman, physicien aussi réputé pour la valeur de ses travaux que pour l'originalité de ses manières.

On s'efforce actuellement de combiner la théorie de la relativité générale d'Einstein et ce concept feymanien d'histoires multiples au sein d'une théorie assez unifiée pour décrire tout ce qui se passe dans l'Univers : une telle théorie nous permettra de calculer comment l'Univers devrait évoluer pour peu qu'on sache comment ses histoires ont commencé. Mais il n'en reste pas moins que cette théorie complètement unifiée ne nous dira jamais en tant que telle comment l'Univers a commencé ou en quoi consistait son état initial : il faudrait pour cela connaître les « conditions limites » en vigueur aux frontières de l'Univers, c'est-à-dire aux bords de l'espace et du temps.

Si la frontière de l'Univers était un point d'espace-temps ordinaire, rien n'interdirait de considérer que le territoire situé au-delà de cette frontière fait partie de l'Univers. Si, à l'inverse, cette frontière consistait en un bord

(FIG. 3.7, ci-dessus, et FIG. 3.8, ci-contre)

Si un joueur mise sur le rouge pendant un grand nombre de lancers de dés, on peut prédire le retour de cette couleur avec une assez bonne précision du fait même que les probabilités de gains ou de pertes s'égalisent après des lancers consécutifs.
En revanche, il est impossible de prédire le résultat d'une mise particulière.

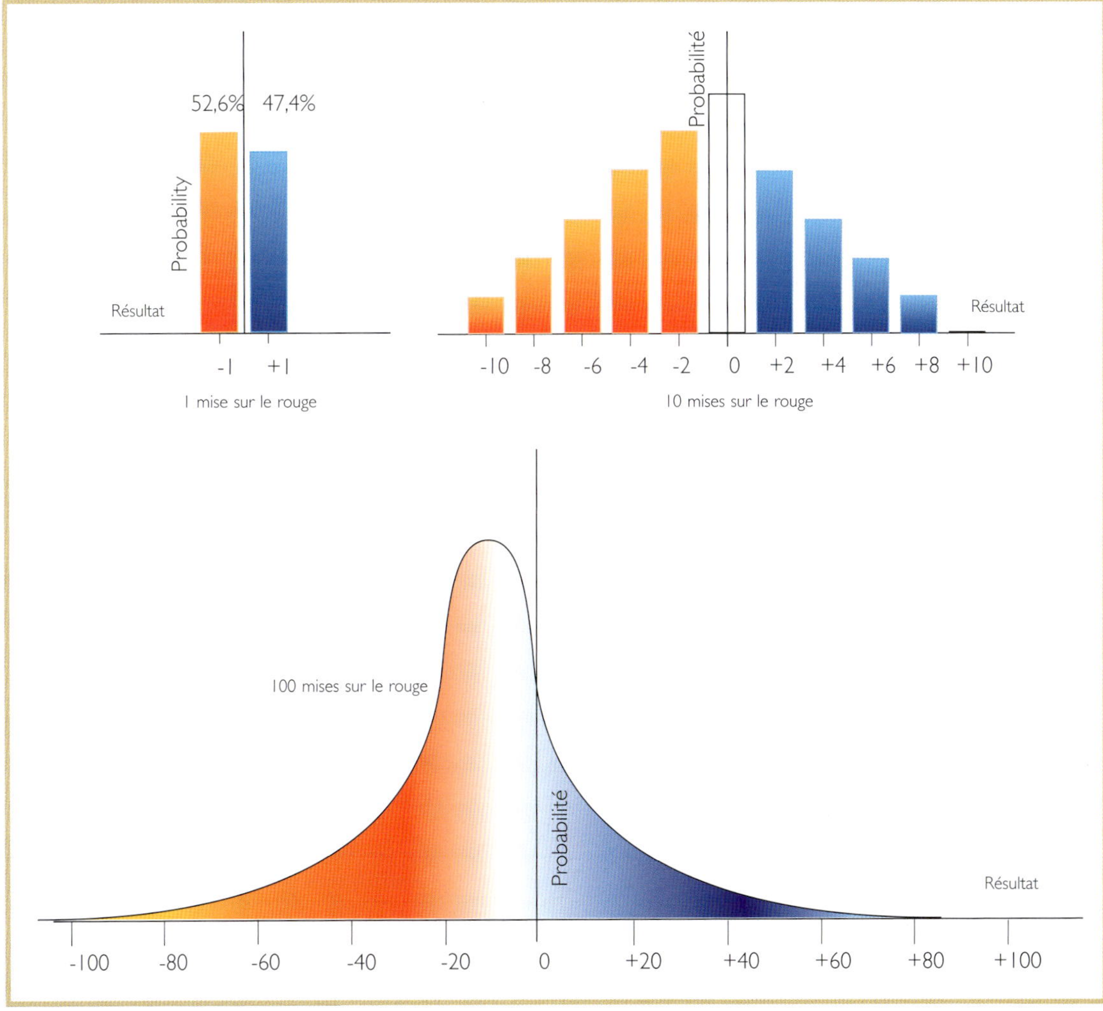
52,6%
47,4%
Probability
Résultat
-1
+1
1 mise sur le rouge
Probabilité
Résultat
-10
-8
-6
-4
-2
0
+2
+4
+6
+8
+10
10 mises sur le rouge
100 mises sur le rouge
Probabilité
Résultat
-100
-80
-60
-40
-20
0
+20
+40
+60
+80
+100

Si la frontière de l'Univers n'était qu'un simple point d'espace-temps, rien n'interdirait d'aller au-delà de ses limites.

biscornu où l'espace et le temps seraient écrasés et la densité infinie, il serait extrêmement difficile de définir des conditions limites significatives.

Avec mon collègue Jim Hartle, je me suis aperçu qu'il existe une troisième possibilité : il se peut aussi que l'Univers n'ait pas de limite dans l'espace ni dans le temps. À première vue, cette hypothèse allait directement à l'encontre de ce que Penrose et moi-même avions établi : nos théorèmes de singularité avaient montré que l'Univers doit avoir un commencement, autrement dit une limite temporelle. Néanmoins, comme je l'ai expliqué au chapitre 2, il existe un autre type de temps, dit temps imaginaire, qui est à angle droit du temps réel que vous et moi sentons s'écouler : si l'histoire de l'Univers dans le temps réel détermine son histoire dans le temps imaginaire, et *vice versa*, ces deux sortes d'histoires peuvent être tout à fait différentes. En particulier, l'Univers

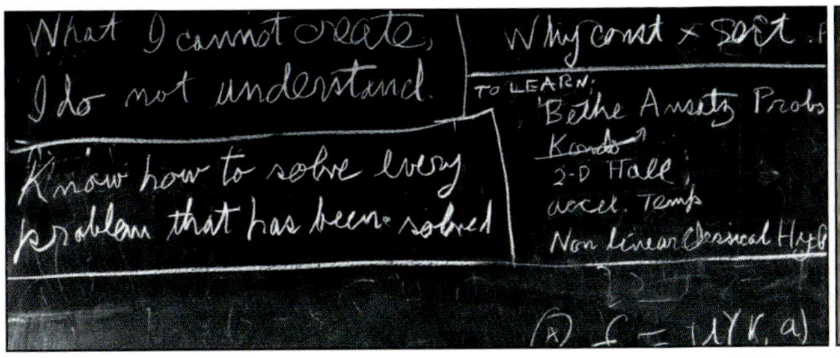

Tableau noir de Caltech lors du décès de Richard Feynman en 1988

Richard Feynman

HISTOIRES FEYNMANIENNES

Né à New York en 1918 dans le quartier de Brooklyn, Richard Feynman soutint son doctorat en 1942 à l'Université de Princeton après avoir étudié sous la direction de John Wheeler. Participant ensuite au Projet Manhattan, il devint aussi renommé pour sa personnalité exubérante et son tempérament facétieux (au laboratoire de Los Alamos, il adorait décrypter les codes top secret) que pour ses exceptionnels talents de physicien : ce fut l'un des principaux théoriciens de la bombe atomique, sa curiosité insatiable étant non seulement à l'origine de ses succès scientifiques mais l'incitant même à accomplir des exploits aussi étonnants que le déchiffrage des hiéroglyphes mayas.

Peu après la Seconde Guerre mondiale, il proposa une nouvelle conception de la mécanique quantique pour laquelle le prix Nobel lui fut décerné en 1965. Récusant l'hypothèse classique qui attribuait une histoire particulière à chaque particule, il suggéra que les particules se déplacent d'un lieu à un autre en suivant toutes les trajectoires spatio-temporelles possibles : à chacune de ces trajectoires devaient être associés deux nombres, l'un pour la taille (ou l'amplitude) de l'onde et l'autre pour sa phase (sa forme de crête ou de creux), la probabilité qu'une particule aille de A à B s'obtenant en additionnant les ondes corrélées à toutes les trajectoires possibles passant par A et B.

Dans le monde de tous les jours, il nous semble au contraire que les objets suivent une trajectoire unique entre leur point de départ et leur destination finale. Mais cette impression est compatible avec le concept d'histoires multiples dû à Feynman puisque, s'agissant des objets de grande dimension, sa règle consistant à assigner des nombres à chaque trajectoire garantit que toutes les trajectoires sauf une s'annulent quand leurs contributions se combinent.

En ce qui concerne le mouvement des objets macroscopiques, seul un chemin compte parmi l'infinité de ceux qui sont possibles, et c'est précisément cette trajectoire qui découle des lois classiques du mouvement newtonien.

n'a pas besoin de commencer ni de finir dans le temps imaginaire, qui se comporte exactement comme une autre direction spatiale ; il en découle que les histoires de l'Univers dans ce temps imaginaire peuvent être modélisées comme des surfaces courbes telles qu'un ballon, un plan ou une selle, mais qui auraient quatre dimensions au lieu de deux (Fig. 3.9).

Si les histoires de l'Univers s'étiraient à l'infini à la façon d'une selle ou d'un plan, il nous faudrait spécifier les conditions limites de cet infini ; mais on peut éviter de préciser ces conditions limites si l'on suppose que les histoires de l'Univers dans le temps imaginaire constituent des surfaces fermées, comme la surface de la Terre : la surface du globe terrestre n'a ni frontière ni bord – personne n'est jamais tombé de l'extrémité de notre monde.

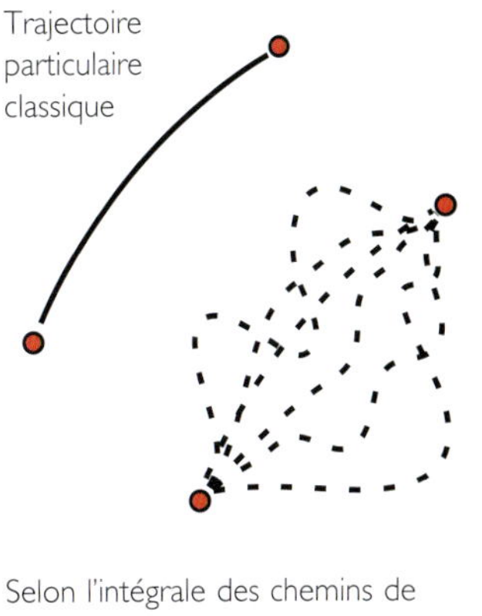

Selon l'intégrale des chemins de Feynman, une particule emprunte toutes les trajectoires possibles.

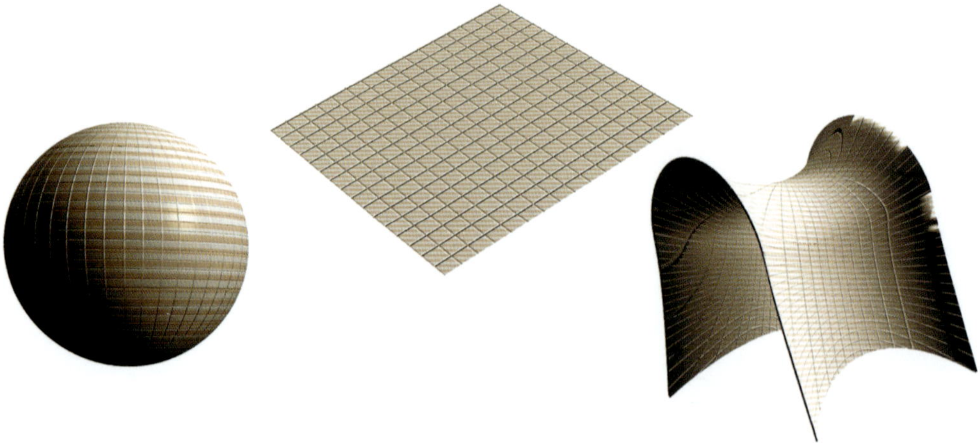

(Fig. 3.9) HISTOIRES DE L'UNIVERS

Si les histoires de l'Univers s'étiraient à l'infini à la façon d'une selle, il nous faudrait spécifier les conditions limites de cet infini. Si toutes les histoires de l'Univers dans le temps imaginaire constituent des surfaces fermées comme celle de la Terre, on peut éviter de préciser ces conditions limites.

LOIS ÉVOLUTIVES ET CONDITIONS INITIALES

Les lois de la physique prescrivent comment un état initial évolue avec le temps ; si on lance une pierre en l'air, par exemple, les mouvements ultérieurs de cette pierre sont déterminés avec précision par les lois de la gravité.

Mais on ne peut pas prédire où la pierre retombera à partir de ces seules lois : pour cela, on doit connaître également sa vitesse et sa direction quand elle échappe à notre main, c'est-à-dire les conditions initiales – ou les conditions limites – du mouvement de cet objet.

La cosmologie s'efforce de décrire l'évolution de l'ensemble de l'Univers à partir de ces lois physiques : c'est pourquoi on doit se demander en quoi consistaient les conditions initiales de l'Univers auquel il convient d'appliquer de telles lois.

L'état initial peut avoir eu un profond impact sur les caractéristiques fondamentales de l'Univers, peut-être même en déterminant les propriétés des particules élémentaires et des forces qui se sont avérées indispensables au développement de la vie biologique.

Une première proposition est la condition *pas de limite*, laquelle énonce que le temps et l'espace sont infinis et forment une surface fermée sans bord, exactement comme la Terre a une taille finie mais pas de bord. Cette proposition s'étaye sur le concept feynmanien d'histoires multiples, mais l'histoire d'une particule envisagée selon la somme de Feynman est désormais remplacée par un espace-temps complet, représentant l'histoire de l'Univers tout entier : la condition « pas de limite » restreignant précisément les histoires possibles de l'Univers aux espaces-temps illimités dans le temps imaginaire, on pourrait dire que la limite de l'Univers est qu'il n'ait pas de limite.

Les cosmologistes se demandent actuellement si les configurations initiales qui sont favorisées par la proposition « pas de limite », ainsi éventuellement que les arguments anthropiques faibles, sont susceptibles d'avoir engendré un Univers semblable à celui que nous observons.

Si les histoires de l'Univers dans le temps imaginaire forment bien des surfaces fermées, comme Hartle et moi-même en avons fait l'hypothèse, cela a des implications aussi importantes pour la philosophie que pour notre représentation d'où nous venons. L'Univers serait totalement clos sur lui-même : il n'y aurait plus alors à faire appel à un agent extérieur pour remonter l'horloge et mettre le monde en marche – à la place, toutes les composantes de l'Univers seraient déterminées par les lois de la science et les roulement de dès intrinsèques à l'Univers. Ce point de vue peut paraître présomptueux, mais c'est le mien et celui de nombreux autres scientifiques.

Même si la condition limite de l'Univers était qu'il n'ait pas de limite, il n'aurait pas une histoire unique : il aurait des histoires multiples, comme Feynman l'a suggéré. À chacune des surfaces fermées possibles correspondrait une certaine histoire dans le temps imaginaire, chaque histoire de ce temps imaginaire déterminant une histoire dans le temps réel – les possibilités offertes à l'Univers surabonderaient donc. Par quoi l'Univers particulier où nous vivons se distinguerait-il de tous les autres Univers possibles ? Il convient de souligner que, dans la plupart des histoires possibles de l'Univers, les galaxies et les étoiles indispensables au développement de nos organismes n'auraient pas pu se former : bien sûr, rien n'interdit d'imaginer que des êtres intelligents puissent apparaître sans étoiles ni galaxies, mais ce serait tout de même fort invraisemblable. Par conséquent, le fait même que nous soyons là pour nous demander : « Pourquoi l'Univers est-il tel qu'il est ? » restreint notre propre histoire en montrant qu'elle fait partie de la minorité des histoires dans lesquelles les galaxies et les étoiles existent.

Je viens de citer un exemple de ce qu'on appelle le « principe anthropique » : ce principe énonce que l'Univers doit être plus ou moins tel que nous le voyons parce que, s'il était différent, il n'y aurait

La surface du globe terrestre n'a ni frontière ni bord ; pourtant, personne n'est jamais tombé de l'extrémité de notre monde !

LE PRINCIPE ANTHROPIQUE

En gros, le principe anthropique pose que nous voyons l'Univers tel qu'il est, en partie au moins, parce que nous existons : c'est une perspective diamétralement opposée au rêve d'une théorie unifiée totalement prédictive selon laquelle les lois de la nature seraient achevées et le monde serait comme il est parce qu'il ne pourrait pas en aller autrement. Il y a plusieurs versions de ce principe anthropique, les plus faibles étant triviales et les plus forte, absurdes ; mais, si la plupart des scientifiques répugnent à se rallier à la version forte de ce principe, l'utilité de certains arguments anthropiques faibles est rarement contestée.

Le principe anthropique faible revient peu ou prou à expliquer dans quelle ère ou partie d'Univers nous *pourrions* vivre, parmi toutes celles qui sont possibles.

Par exemple, le big bang se serait produit il y a dix mille millions d'années environ parce que l'Univers doit être assez vieux pour que certaines étoiles aient eu le temps de produire les éléments – l'oxygène, le carbone, etc. – qui nous constituent, et assez jeune pour que quelques étoiles conservent assez d'énergie pour que la vie ait pu perdurer.

Dans le cadre de la proposition « pas de limite », on peut se servir de la règle de Feynman qui consiste à assigner des nombres à chaque histoire de l'Univers pour découvrir les propriétés de l'Univers qui sont susceptibles de prévaloir : dans ce contexte, le principe anthropique est complété par l'exigence que les histoires puissent abriter des formes de vie intelligentes. Bien entendu, le principe anthropique serait plus satisfaisant s'il était possible de démontrer qu'un certain nombre de configurations initiales de l'Univers étaient capables de produire un Univers semblable à celui que nous observons : cela indiquerait que l'état initial de la partie de l'Univers où nous nous trouvons ne procéda pas nécessairement d'une sélection rigoureuse.

(Fig. 3.10, à gauche)

Tout à gauche de l'illustration, on aperçoit les Univers fermés (**a**) qui se sont effondrés sur eux-mêmes au point de se refermer. À droite, apparaissent les Univers ouverts (**b**) dont l'expansion se poursuivra indéfiniment.
Les Univers critiques qui hésitent entre l'effondrement et la poursuite de l'expansion, comme **c1**, ou la double inflation de **c2** pourraient abriter des formes de vie intelligentes. Notre propre Univers (**d**) aurait plutôt tendance à continuer à s'étendre – pour l'instant au moins.

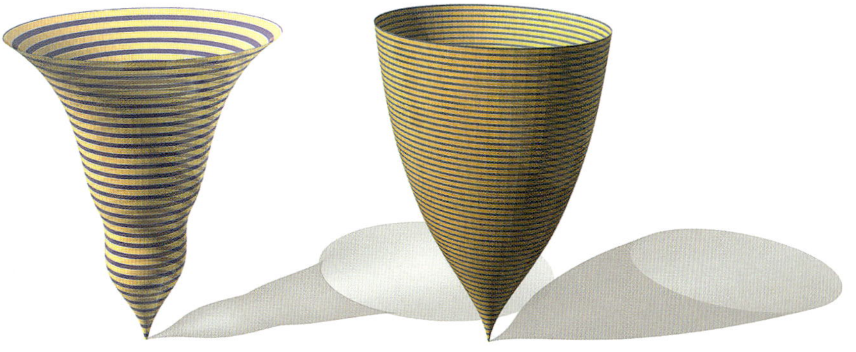

La double inflation pourrait abriter des formes de vie intelligentes.

Pour l'instant, notre propre Univers poursuit son expansion.

personne pour l'observer (Fig. 3.10). Beaucoup de scientifiques reprochent au principe anthropique d'être trop vague et d'avoir un trop faible pouvoir prédictif ; mais ce principe peut recevoir une formulation plus précise et il devient même essentiel dès lors qu'on traite de l'origine de l'Univers : selon la « théorie M » déjà évoquée au chapitre 2, l'Univers pourrait avoir un très grand nombre d'histoires possibles. La plupart ne seraient pas propices au développement de formes de vie intelligentes – elles seraient vides, trop brèves, trop incurvées ou présenteraient tel ou tel autre défaut. Mais, selon le concept d'histoire multiples qu'on doit à Richard Feynman, ces histoires inhabitées pourraient avoir un coefficient de probabilité très élevé.

En fait, peu importe de savoir combien de ces histoires ne comportent aucun être intelligent : il suffit de s'intéresser au sous-ensemble des histoires où une vie intelligente s'est développée. Il n'est pas nécessaire que ces créatures intelligentes ressemblent aux êtres humains : de petits extraterrestres verts feraient aussi bien l'affaire – il se pourrait même qu'ils conviennent mieux que nous, l'aptitude de l'espèce humaine à faire montre de comportements intelligents étant rien moins que prouvée.

On peut se rendre compte de la puissance du principe anthropique en pensant au nombre des directions spatiales. Nos expériences quotidiennes nous convainquent que nous vivons dans un espace tridimensionnel : la position de n'importe quel point localisé dans l'espace peut être représentée par trois nombres tels que la latitude, la

longitude et l'altitude par rapport au niveau de la mer, par exemple. Mais pourquoi l'espace est-il donc tridimensionnel ? Pourquoi n'y a-t-il pas deux dimensions seulement, ou quatre, ou un nombre quelconque de dimensions supplémentaires, comme dans les romans de science-fiction ? D'après la « théorie M », l'espace aurait neuf ou dix dimensions : six ou sept de ces dimensions seraient enroulées sur elles-mêmes à très petite échelle, seules les trois dimensions restantes étant vastes et presque plates (Fig. 3.11).

Pourquoi ne vivons-nous pas dans un Univers où huit dimensions sont enroulées à petite échelle et où deux dimensions plates seulement nous sont perceptibles ? Un animal bidimensionnel aurait les plus grandes difficultés à digérer les aliments qu'il aurait ingurgités : si un système digestif traversait le corps de cette créature, elle serait divisée en deux moitiés séparées ! On voit donc mal comment des êtres aussi complexes que nous auraient pu se développer dans ces conditions. Dans un Univers où quatre directions ou plus seraient à peu près plates, l'attraction gravitationnelle s'accroîtrait plus rapidement à mesure que deux corps se rapprocheraient : leurs orbites ne pouvant plus être stables, les planètes seraient aspirées par leurs soleils (Fig. 3.12A) ou dériveraient vers les ténèbres glaciales de l'espace intersidéral (Fig. 3.12B).

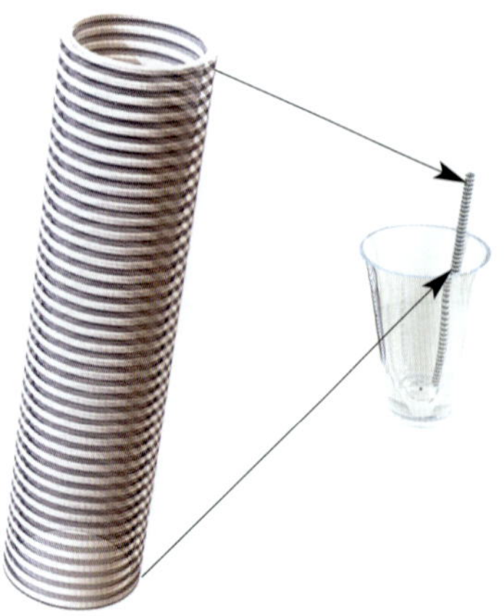

(FIG. 3.11)

Vue de loin, une paille n'a qu'une seule dimension : elle a l'aspect d'une ligne.

Fig. 3.12a

Fig. 3.12b

(FIG. 3.13)

La plus simple des histoires possibles dans un temps imaginaire illimité a la topologie d'une sphère. Elle détermine une histoire dans le temps réel qui s'étend sur un mode inflationnaire.

De même, les orbites des électrons autour des noyaux des atomes seraient si instables que la matière telle que nous la connaissons n'aurait pu se former. Bien que le concept d'histoires multiples autorise à penser qu'un nombre quelconque de directions presque plates puisse exister, seules les histoires comportant trois directions plates sont susceptibles d'abriter des êtres intelligents – c'est dans de telles histoires uniquement que la question « Pourquoi l'espace a-t-il trois dimensions ? » a une chance d'être posée.

La plus simple des histoires possibles du temps imaginaire a la topologie d'une sphère : elle est aussi arrondie que la surface de la Terre, mais avec deux dimensions de plus (Fig. 3.13). Elle détermine une histoire de l'Univers dans le temps réel dont vous et moi avons l'expérience : l'Univers y est structuré de telle sorte qu'il est identique à lui-même en tout point de l'espace et s'étend au fil du temps comme l'Univers où nous vivons, sauf que le taux d'expansion y est extrêmement rapide – il s'accélère en permanence. Ces phases d'expansion accélérées sont dites « inflationnaires », à l'instar de ces périodes de l'histoire économique où les hausses de prix atteignent des taux records.

Fig. 3.14 Énergie de la matière Énergie gravitationnelle

Contrairement à son homologue monétaire, l'inflation cosmique peut être tenue pour une très bonne chose : elle a été extrêmement propice à l'Univers. Seul un taux d'expansion initial fulgurant pouvait lisser tous les grumeaux et toutes les bosses de l'Univers primordial. Plus l'Univers s'étend, plus il emprunte de l'énergie au champ gravitationnel pour créer davantage de matière, et, parce que l'énergie positive de la matière est exactement compensée par l'énergie gravitationnelle négative, l'énergie totale est égale à zéro : chaque fois que la taille de l'Univers double, les énergies de la matière et de la gravitation doublent elles aussi, mais zéro multiplié par deux égale zéro. Si seulement le monde bancaire pouvait être aussi simple (Fig. 3.14) !

Si l'histoire de l'Univers dans le temps imaginaire formait une sphère parfaitement ronde, l'histoire à laquelle elle correspondrait dans le temps réel aurait produit un Univers où l'expansion se serait indéfiniment poursuivie sur un mode inflationnaire. Dans un Univers où l'inflation se serait ainsi perpé-

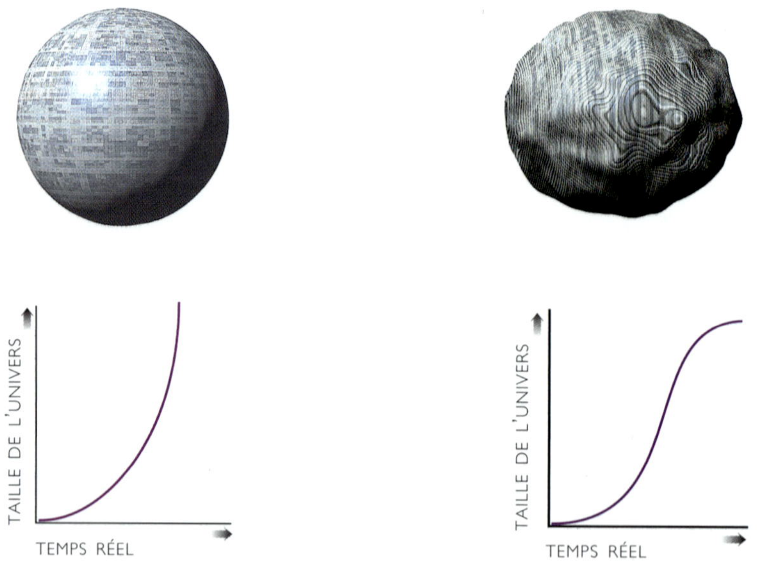

(Fig. 3.15) L'UNIVERS INFLATIONNAIRE

Selon le modèle du big bang chaud, la chaleur régnant dans l'Univers primordial n'eut pas le temps de se diffuser d'une région à l'autre. Néanmoins, il appert que la température du rayonnement de fond micro-ondes est constante, dans quelque direction qu'on regarde : autrement dit, l'état initial de l'Univers devait être tel que la température y était partout la même.

Tentant de modéliser les diverses conditions initiales qui auraient pu produire un Univers semblable au nôtre, d'aucuns ont suggéré que l'Univers primordial dut connaître une période d'expansion très rapide : cette expansion est dite « inflationnaire », ce qui signifie qu'elle se déroula à un rythme de plus en plus accéléré plutôt que selon le taux d'expansion décroissant qui s'observe actuellement. Une telle phase inflationnaire pourrait expliquer pourquoi l'aspect de l'Univers est uniforme dans toutes les directions : dans ce cas, la lumière aurait eu le temps de se propager d'une région à l'autre de l'Univers primordial.

L'histoire correspondante dans le temps imaginaire d'un Univers où l'expansion se poursuivrait indéfiniment sur un mode inflationnaire forme une sphère parfaitement ronde. Mais, dans notre propre Univers, l'expansion inflationnaire s'est ralentie après une fraction de seconde, les galaxies ayant pu ainsi se constituer.

Dans le temps imaginaire, il en découle que l'histoire de notre Univers consiste en une sphère dont le pôle Sud est légèrement aplati.

INDICE DES PRIX — INFLATION ET HYPERINFLATION

Juillet 1914	1,0
Janvier 1919	2,6
Juillet 1919	3,4
Janvier 1920	12,6
Janvier 1921	14,4
Juillet 1921	14,3
Janvier 1922	**36,7**
Juillet 1922	**100,6**
Janvier 1923	**2 785,0**
Juillet 1923	**194 000,0**
Novembre 1923	**726 000 000 000,0**

Un mark allemand en 1914

Dix mille marks 1923

Deux millions de marks 1923

Dix millions de marks 1923

Un milliard de marks 1923

tuée, la matière n'aurait pu se regrouper pour former des galaxies et des étoiles, et la vie (sans même parler des êtres intelligents que nous sommes) n'aurait pas pu se développer. Donc, bien que les histoires du temps imaginaire où l'Univers a une topologie parfaitement sphérique soient autorisées par le concept d'histoires multiples, elles ne sont guère intéressantes : celles consistant en des sphères légèrement aplaties au pôle Sud sont en revanche beaucoup plus pertinentes (Fig. 3.15).

Dans ce cas, l'histoire correspondante dans le temps réel subit d'abord une expansion accélérée de type inflationnaire, mais le ralentissement de cette expansion permet ensuite aux galaxies de se former ; et la vie intelligente peut se développer grâce au très léger aplatissement constatable au pôle Sud, car c'est à cette condition seulement qu'une énorme expansion initiale est possible. Les niveaux records d'inflation monétaire enregistrés dans l'Allemagne de l'entre-deux-guerres (les prix furent multipliés par plus d'un milliard) ne sont rien à côté de l'inflation que dut connaître notre Univers : il semblerait que sa taille ait augmenté d'au moins un milliard de milliards de milliards de milliards de fois en une fraction de seconde (Fig. 3.16).

(Fig. 3.16)
L'INFLATION EST PEUT-ÊTRE UNE LOI DE LA NATURE

Après la Première Guerre mondiale, la poussée inflationniste a été si forte en Allemagne que les prix ont été multipliés par cinq entre 1918 et février 1920. La phase d'hyperinflation débutant en juillet 1922, le mark s'est effondré, l'indice des prix grimpant si rapidement que les presses ne parvenaient pas à tourner assez vite pour compenser la déprécia-tion galopante de la monnaie : vers la fin de 1923, 300 usines de papier tournaient à plein régime et 150 imprimeries travaillaient jour et nuit pour fabriquer de nouveaux billets.

(Fig. 3.17)
HISTOIRES PROBABLES
ET IMPROBABLES

Les histoires lisses telles que (**a**) sont les plus probables, mais elles sont rares. Même si les histoires légèrement irrégulières (**b**) et (**c**) sont moins probables, elles sont si nombreuses qu'il semble bien que les histoires les plus vraisemblables de l'Univers doivent présenter de petits écarts par rapport au lissé.

En raison du principe d'incertitude, il existe plus d'une histoire de l'Univers où des formes de vie intelligentes ont pu apparaître : au contraire, nombre d'histoires de l'Univers dans le temps imaginaire représentables par toute une famille de sphères légèrement déformées correspondent chacune à une histoire du temps réel dans laquelle l'Univers connaît une phase d'inflation longue, mais non interminable. Il est donc permis de se demander laquelle de ces histoires autorisées est la plus probable, et il s'avère que les histoires les plus probables ne sont pas totalement lisses, mais comportent des crêtes et des creux infimes (Fig. 3.16). Les rides des histoires les plus probables sont réellement minuscules, les écarts par rapport au lissé n'étant que de l'ordre d'un sur cent mille. Si peu marquées que soient ces ondulations, nous sommes parvenus à les détecter sous la forme des infimes variations des rayonnements micro-ondes en provenance des diverses directions de l'espace : le satellite Cosmic Background Explorer (COBE) lancé en 1989 a dressé la carte céleste de ces micro-ondes.

Bien que les différences de températures soient indiquées par des couleurs différentes, toute la gamme des nuances entre le rouge et le bleu correspond à un écart d'un dix millième de degré à peine : cela prouve que les

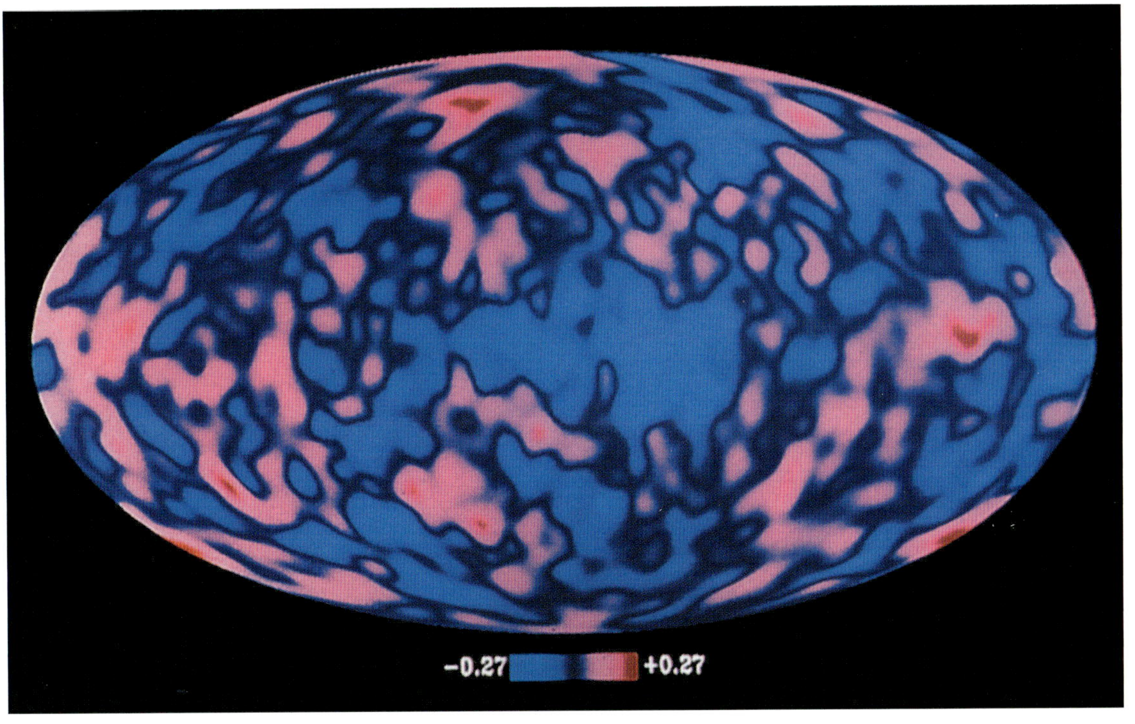

Carte complète du ciel, dressée par l'instrument DMR du satellite Cobe : elle atteste que le temps est plissé

variations devaient être assez marquées d'une région de l'Univers primordial à l'autre pour que le surcroît d'attraction gravitationnelle en vigueur dans les zones les plus denses ait suffi à interrompre l'expansion de toutes ces régions et les ait amenées à assez s'effondrer sous l'effet de leur propre gravité pour que la formation d'étoiles et de galaxies ait été possible. Donc, en principe au moins, la carte de COBE vaut pour toutes les structures de l'Univers.

Quel sera le comportement futur des histoires les plus probables de l'Univers qui sont compatibles avec l'apparition d'êtres intelligents ? Tout dépend, semble-t-il, de la quantité de matière que contient l'Univers. Si sa densité est supérieure à une certaine valeur critique, l'attraction gravitationnelle ralentira tellement les galaxies que celles-ci cesseront d'abord de s'éloigner les unes des autres, puis se rapprocheront au point de déclencher le big crunch qui mettra fin à l'histoire de l'Univers dans le temps réel (Fig. 3.18).

Si la densité de l'Univers est inférieure à cette valeur critique, la gravité sera trop faible pour stopper la fuite des galaxies. Toutes les étoiles épuiseront leur combustible nucléaire, et l'Univers deviendra de plus en plus vide et de plus en plus froid. Là aussi, par conséquent, tout finira un

(FIG. 3.18, ci-dessus)

Il est possible que l'Univers s'achève par un big crunch, gigantesque cataclysme à l'issue duquel toute la matière sera aspirée par un puits gravitationnel.

(FIG. 3.19, ci-contre)

Long et glacial hiver par lequel tout pourrait finir une fois que les dernières étoiles auront épuisé tout leur carburant nucléaire

jour, même si cette fin sera moins dramatique que celle du big crunch. En tout état de cause, l'Univers a encore quelques bons milliards d'années devant lui (Fig. 3.19) !

En plus de la matière, l'Univers contient une énergie, dite « énergie du vide », que même l'espace le plus vide en apparence semble receler. Conformément à la célèbre équation d'Einstein $E = mc^2$, cette énergie du vide a une masse, et elle exerce par conséquent un effet gravitationnel sur l'expansion de l'Univers. Il convient de remarquer que l'effet de cette énergie du vide s'oppose à celui de la matière : la matière ralentit l'expansion au point de pouvoir finir par l'interrompre et l'inverser, alors que l'énergie du vide tend au contraire à accélérer l'expansion, comme dans la phase d'inflation. En fait, cette énergie du vide agit exactement comme la constante cosmologique mentionnée au chapitre 1 : après avoir commencé par ajouter cette quantité mathématique à ses équations originelles quand il avait constaté en 1917 qu'elles n'admettaient pas de solution représentant un

Univers statique, Einstein avait déclaré que l'invention de cette constante cosmologique était « la plus grande erreur de [s]a vie » sitôt que l'expansion de l'Univers découverte par Hubble l'avait dispensé de la nécessité de procéder à cet ajout pour contrebalancer l'attraction de la matière.

Il n'est pas certain qu'Einstein ait fait erreur : comme on l'a vu au chapitre 2, on sait aujourd'hui que la théorie des quanta implique que l'espace regorge de fluctuations quantiques. Selon la théorie de la supersymétrie, les énergies positives et négatives infinies de ces fluctuations d'état de base s'annulent entre les particules de spin différent, mais on ne pouvait s'attendre pour autant à ce que ces énergies positives et négatives s'annulent si parfaitement qu'il ne subsiste même plus une quantité d'énergie du vide très faible, car l'Univers n'est pas dans un état supersymétrique : on n'en a pas moins été surpris de découvrir à quel point l'énergie du vide semble proche de zéro quand on a tenté de la déterminer il y a quelques années de cela ! Voilà peut-être un autre exemple de la puissance du principe anthropique

LA CONSTANTE COSMOLOGIQUE FUT-ELLE MA PLUS GRANDE ERREUR ?

Albert Einstein

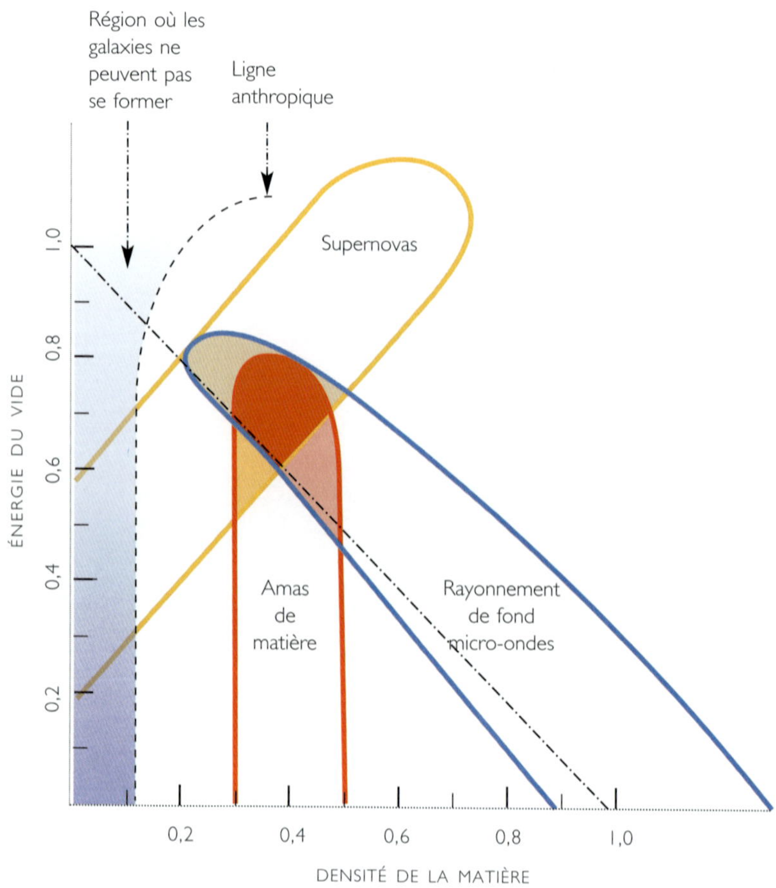

(Fig. 3.20)

Les observations combinées des supernovas lointaines, du rayonnement cosmique micro-ondes et de la distribution de la matière dans l'Univers fournissent une assez bonne estimation de l'énergie du vide et de la densité de la matière.

– une histoire au sein de laquelle l'énergie du vide prendrait une valeur plus élevée ne remplirait pas les conditions nécessaires à la formation des galaxies. Elle ne contiendrait donc pas d'êtres humains capables de se demander : « Pourquoi l'énergie du vide est-elle si basse ? »

On s'est efforcé de déterminer les quantités de matière et d'énergie du vide présentes dans l'Univers à partir de diverses observations : il est possible de tracer un schéma dont l'axe horizontal représente la densité de la matière et l'axe vertical mesure l'énergie du vide, la frontière de la région où la vie intelligente aurait pu se développer étant matérialisée par une ligne pointillée (Fig. 3.20).

Les observations des supernovae, des amas de matière et du rayonnement de fond micro-ondes correspondent chacune à des régions différentes de ce

« Je pourrais être enfermé dans une coquille de noix
et me regarder comme le roi d'un espace infini... »

Shakespeare,
Hamlet, Acte II, scène 2

schéma. Heureusement, ces trois régions ont une intersection commune : si la densité de la matière et l'énergie du vide se situent dans cette intersection, cela veut dire que l'expansion de l'Univers s'accélère à nouveau après une longue phase de ralentissement – un peu comme si l'inflation était une loi de la nature.

Dans ce chapitre, nous avons vu en quoi le comportement de notre vaste Univers peut être compris en termes de son histoire dans le temps imaginaire, qui forme une toute petite sphère légèrement aplatie. Cette sphère ressemble à la coquille de noix de Hamlet, à la différence près qu'elle encode tout ce qui se passe dans le temps réel : Hamlet avait raison, il se pourrait que nous soyons enfermés dans une coquille de noix et nous regardions cependant comme les rois d'un espace infini.

CHAPITRE 4

Prédire l'avenir

Comment les informations perdues dans les trous noirs peuvent réduire notre capacité de prédiction de l'avenir

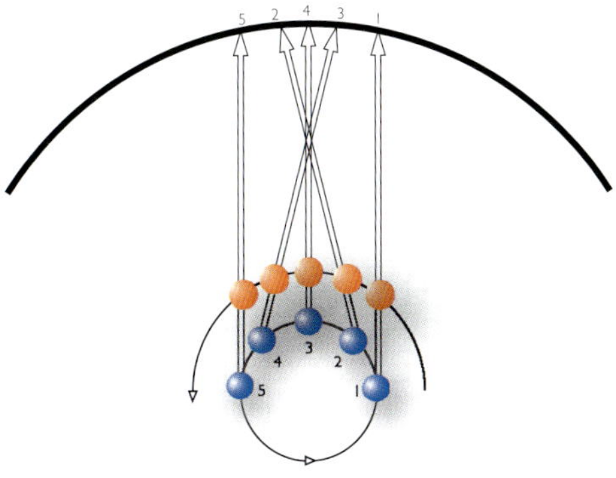

(FIG. 4.1)

Un observateur terrestre (en bleu) orbitant autour du Soleil aperçoit Mars (en rouge) sur la toile de fond des constellations.
Si complexes soient-il, les mouvements apparents des planètes dans la voûte céleste s'expliquent par les lois de Newton et n'influent en rien sur notre destinée.

Les êtres humains ont toujours rêvé de contrôler leur avenir, ou du moins d'être capables de prédire ce qui va arriver. C'est pourquoi l'astrologie est si populaire : elle affirme qu'il y a correspondance entre les événements terrestres et les déplacements célestes des planètes. En principe, cette hypothèse devrait se prêter à des tests scientifiques – en fait, elle pourrait l'être si les astrologues osaient faire des prédictions assez précises pour qu'elles risquent d'être infirmées par la réalité. Heureusement pour eux, leurs prédictions sont si vagues qu'elles sont conciliables avec n'importe quel résultat : des assertions du type « Vous aurez tendance à nouer des relations plus intenses avec votre entourage » ou « Votre situation financière pourrait s'améliorer » ne sont pas susceptibles d'être démenties.

Les scientifiques ne se défient pas seulement de l'astrologie parce qu'elle est scientifiquement infondée : ils lui reprochent surtout d'être incompatible avec d'autres théories, expérimentalement testées, elles. Quand Copernic et Galilée ont constaté que les planètes orbitent autour du Soleil plutôt qu'autour de la Terre, quand Newton a découvert les lois qui régissent les mouvements de tous ces corps, l'astrologie est devenue extrêmement invraisemblable. Pourquoi les positions des autres planètes dans la voûte céleste telle qu'on l'aperçoit depuis la Terre serait-elle corrélée aux macromolécules d'une planète mineure où sont apparues des formes de vie assez complexes pour qu'elles osent se qualifier d'intelligentes (Fig. 4.1) ? C'est pourtant ce que l'astrologie voudrait nous faire croire. Certaines des théories

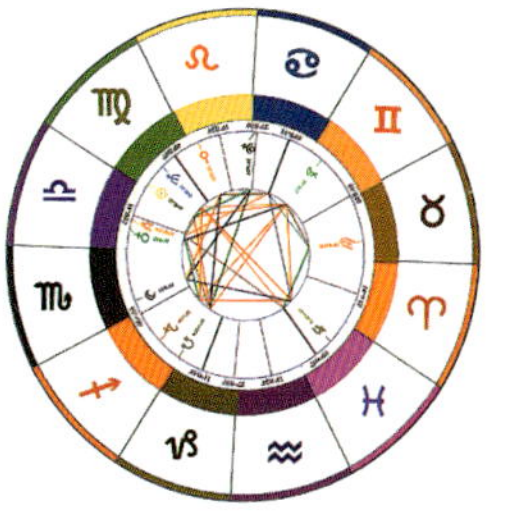

Mars étant ce mois-ci en Sagittaire, vous chercherez à mieux vous connaître. Mars incite à mener une existence conforme à ses aspirations personnelles plutôt qu'à celle d'autrui, et c'est ce qui vous arrivera.

Le 20, Saturne entre dans votre Maison solaire (travail et carrière). Vous assumerez donc vos responsabilités et gérerez mieux les relations difficiles.

Mais, à partir de la pleine Lune, le regard formidablement lucide que vous porterez sur votre vie vous transformera

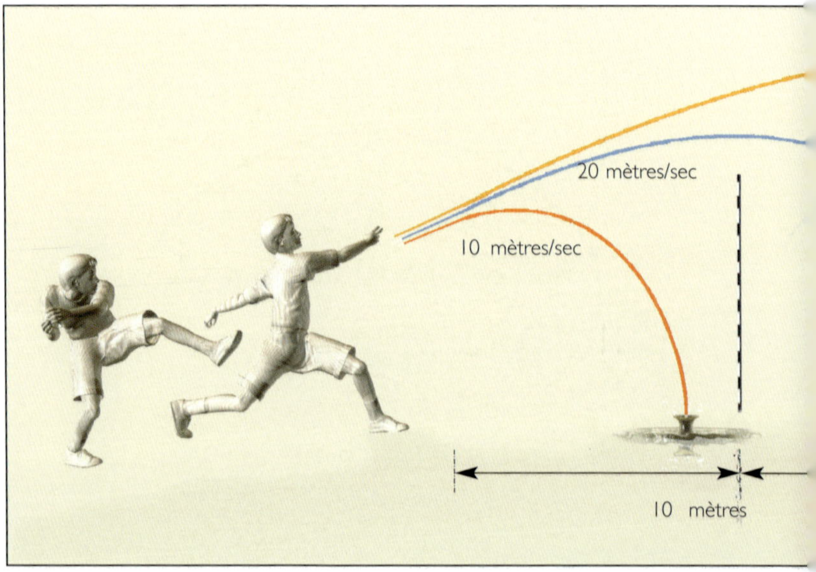

(FIG. 4.2)

Si l'on sait à partir d'où et à quelle vitesse une balle est lancée, on peut prédire où elle tombera.

exposées dans ce livre s'appuient sur des données expérimentales aussi fragiles que celles sur lesquelles l'astrologie prétend se fonder, mais nous croyons en elles parce qu'elles s'accordent avec des théories qui ont survécu à l'épreuve de la vérification.

Le succès des lois de Newton et d'autres théories physiques a donné naissance à la doctrine du déterminisme scientifique, pour la première fois formulée par le marquis Pierre Simon de Laplace au début du XIXe siècle. Selon lui, il aurait suffi de connaître les positions et les vitesses de toutes les particules de l'Univers à un moment donné pour que les lois de la physique permettent de prédire tous les états de l'Univers à n'importe quel autre moment du passé ou de l'avenir (Fig. 4.2).

Autrement dit, si le déterminisme scientifique était valide, nous devrions être capables en principe de prédire l'avenir sans le secours de l'astrologie. Dans la pratique, bien entendu, même une théorie aussi simple que celle de la gravité newtonienne produit des équations que nous ne savons pas résoudre de façon exacte pour plus de deux particules. De surcroît, les équations présentent souvent des propriétés « chaotiques » en ce que le plus petit changement de position ou de vitesse enregistré à un instant donné peut susciter des comportements totalement différents à des instants ultérieurs. Comme le film *Jurassic Park* l'a bien montré, une infime perturbation survenue quelque part peut provoquer un changement majeur n'importe où ailleurs : un papillon qui bat des ailes à Tokyo peut faire pleuvoir à New York !

(FIG. 4.3)

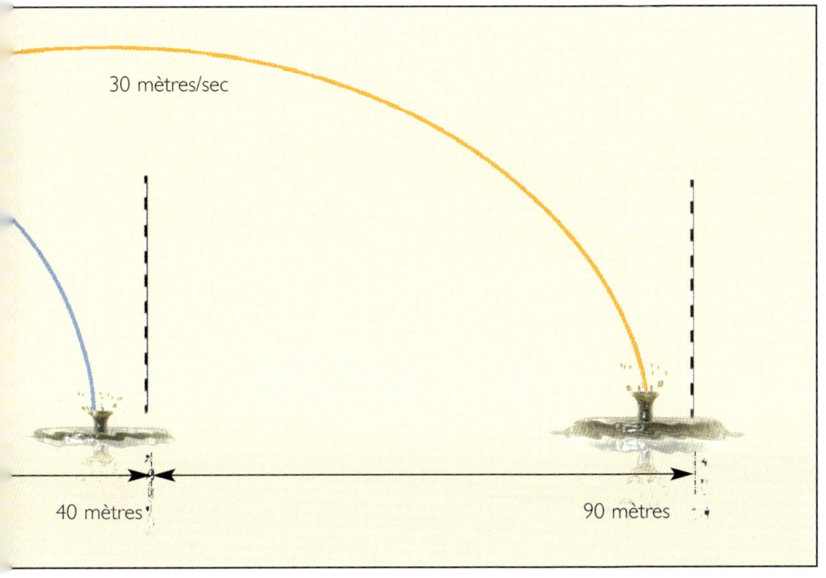

L'ennui, c'est que de telles séquences d'événements ne sont pas susceptibles de se répéter – la prochaine fois que le papillon battra des ailes, une multitude de facteurs différents influeront également sur le climat. C'est pourquoi les prévisions météorologiques sont si peu fiables.

Les lois de l'électrodynamique quantique auraient dû nous permettre en principe de calculer tous les phénomènes chimiques et biologiques. Pourtant, personne n'a encore réussi à prédire le comportement humain à partir d'équations mathématiques. En dépit de ces difficultés pratiques, la plupart des scientifiques ont continué à adhérer au principe rassurant de la prédictibilité de l'avenir.

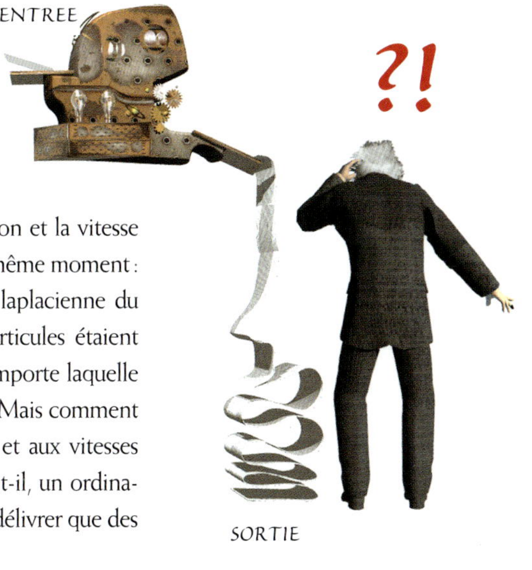

Au premier abord, le déterminisme peut aussi sembler menacé par le principe d'incertitude, puisque celui-ci stipule que la position et la vitesse d'une particule ne peuvent pas être mesurées avec précision à un même moment : plus une mesure est précise, moins l'autre l'est. Dans la version laplacienne du déterminisme scientifique, si les positions et les vitesses des particules étaient connues à un moment donné, il serait possible de déterminer n'importe laquelle de leurs positions ou de leurs vitesses antérieures ou postérieures. Mais comment aller de l'avant si le principe d'incertitude interdit aux positions et aux vitesses d'être connues simultanément avec exactitude ? Si performant soit-il, un ordinateur dans lequel on aura introduit des données pourries ne pourra délivrer que des prédictions foireuses.

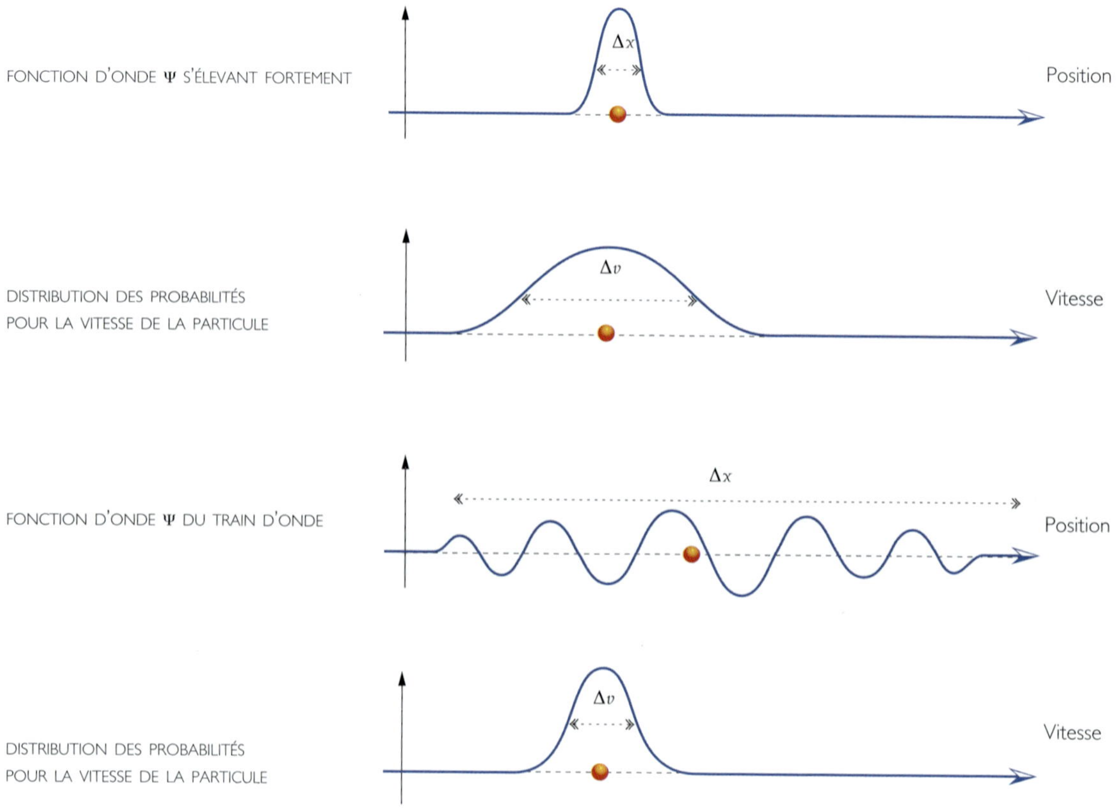

(Fig. 4.4)

La fonction d'onde détermine les probabilités que la particule aie des positions et des vitesses différentes, telles que ΔX et ΔV obéissent au principe d'incertitude.

Néanmoins, le déterminisme a *bel et bien* été rétabli sous une forme remaniée dans la nouvelle théorie, dite mécanique quantique, qui a intégré le principe d'incertitude. En gros, on peut dire que, dans la mécanique quantique, la moitié seulement de ce qui était tenu pour prédictible dans la conception classique de Laplace peut faire l'objet de prédictions précises : même si une particule n'a pas de position ou de vitesse nettement définies selon la théorie des quanta, son état *peut* être représenté par une « fonction d'onde » (Fig. 4.4).

Une fonction d'onde est un nombre qui, pour chaque point de l'espace, donne la probabilité qu'une particule occupe cette position, la cadence à laquelle la fonction d'onde évolue d'un point à l'autre indiquant les vitesses probables de particules différentes. Certaines fonctions d'onde s'élèvent brusquement en un point particulier de l'espace : il ne subsiste plus alors qu'un faible degré d'incertitude quant à la position de la particule. Mais il appert aussi que, dans de tels cas de figure, la fonction d'onde évolue rapidement près de ce point : elle monte d'un côté et descend de l'autre, ce qui

signifie que la distribution des probabilités pour la vitesse est largement étalée, c'est-à-dire que la vitesse est très incertaine. Quand les ondes forment un train continu, en revanche, l'incertitude est grande quant à la position, mais faible pour ce qui est de la vitesse. Ainsi, la description d'une particule par une fonction d'onde ne comporte pas de position ou de vitesse strictement définie, ce qui satisfait au principe d'incertitude : *seule* la fonction d'onde peut être rigoureusement définie. On ne peut même pas supposer que la particule a une vitesse et une position connues de Dieu, mais si bien cachées que nous serions incapables de les mesurer : car de telles théories « à variable cachée » prédisent des résultats qui ne sont pas confirmés par les observations. Dieu lui-même étant lié par le principe d'incertitude, il ne peut connaître à la fois la position et la vitesse d'une particule – il ne connaît que la fonction d'onde.

La cadence à laquelle la fonction d'onde évolue dans le temps est donnée par l'équation de Schrödinger (Fig. 4.5). Si la fonction d'onde est connue

(Fig. 4.5)
L'ÉQUATION DE SCHRÖDINGER

L'évolution dans le temps de la fonction d'onde ψ est déterminée par l'opérateur hamiltonien H, qui est associé à l'énergie du système physique considéré.

(Fig. 4.6)

Dans l'espace-temps plat de la relativité restreinte, des observateurs se déplaçant à des vitesses différentes disposent de mesures du temps différentes, mais il est possible d'introduire l'une ou l'autre de ces mesures du temps dans l'équation de Schrödinger pour prédire comment la fonction d'onde évoluera.

à un moment donné, cette équation de Schrödinger peut permettre de calculer son aspect à n'importe quel autre moment du passé ou de l'avenir. Par conséquent, il y a encore du déterminisme dans la théorie des quanta, mais il est réduit : au lieu de pouvoir prédire à la fois les positions et les vitesses, nous ne pouvons plus prédire que la fonction d'onde, laquelle permet de prédire les positions ou bien les vitesses, mais pas de les mesurer toutes les deux avec précision. Dans la théorie des quanta, la capacité de faire des prédictions exactes est donc réduite de moitié par rapport à ce qu'elle était dans la vision du monde classique de Laplace ; et c'est en ce sens restreint qu'il est possible de soutenir que cette théorie est déterministe.

Toutefois, utiliser cette équation de Schrödinger pour faire évoluer la fonction d'onde dans un temps non encore advenu (ou pour prédire ses aspects futurs) revient à postuler implicitement que le temps s'écoule uniformément partout et toujours. C'était assurément vrai dans la physique newtonienne : définissant le temps comme un absolu, elle postulait que chaque événement de l'histoire de l'Univers pouvait être étiqueté au moyen d'un nombre appelé « temps », un peu comme si une série d'étiquettes temporelles traçait une ligne interrompue entre un passé infini et un futur infini – cette conception du temps étant conforme au « bon sens », la plupart des gens y adhèrent, la majorité des physiciens y compris. Or, en 1905, comme on l'a vu, ce concept de temps absolu a été récusé par la théorie de la relativité restreinte, selon laquelle le temps n'est plus une quantité indépendante qui existerait en soi, mais l'une des directions d'un continuum quadridimensionnel

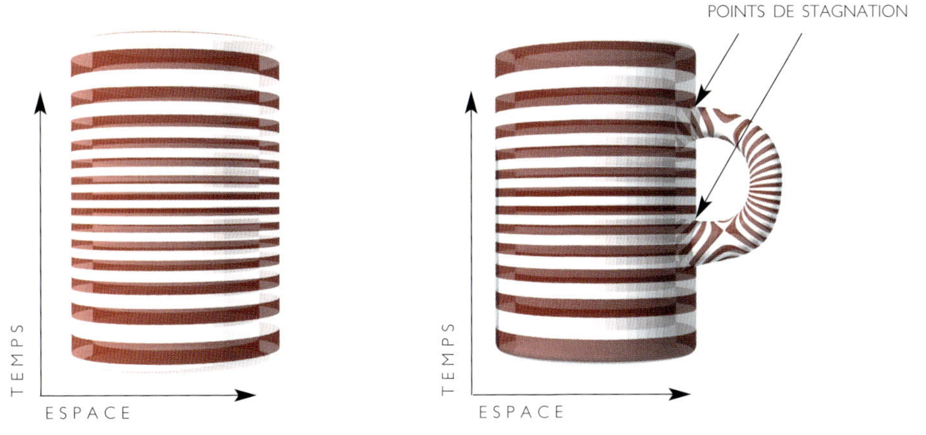

(FIG. 4.7) LE TEMPS S'IMMOBILISE

Toute mesure du temps comporterait inévitablement des points de stagnation là où l'anse s'attacherait au cylindre principal : le temps s'immobilisant en ces points, il ne s'accroîtrait ici dans aucune direction. L'équation de Schrödinger ne permettrait donc pas de prédire l'évolution d'une fonction d'onde.

dit « espace-temps ». Selon la relativité restreinte, des observateurs différents se déplaçant à des vitesses différentes suivent des trajets différents dans l'espace-temps : parce que le temps mesuré par chaque observateur dépend du trajet qu'il suit, des observateurs différents mesurent des intervalles de temps différents entre un événement et un autre (Fig. 4.6).

Dans la relativité restreinte, il n'y a donc plus de temps absolu ou unique permettant d'étiqueter les événements. Mais l'espace-temps de la relativité restreinte est plat : il en découle que le temps mesuré par tout observateur se déplaçant librement s'accroît uniformément dans l'espace-temps de moins l'infini dans le passé infini à plus l'infini dans le futur infini. Parce qu'il est possible d'introduire n'importe laquelle de ces mesures du temps dans l'équation de Schrödinger pour faire évoluer la fonction d'onde, on peut dire que la version quantique du déterminisme est inhérente à la relativité restreinte.

La situation diffère selon la théorie de la relativité générale, puisque l'espace-temps cesse alors d'être plat : il est courbé et distordu par la matière et l'énergie qu'il contient. Dans notre système solaire, la courbure de l'espace-temps est si négligeable, à un niveau macroscopique au moins, qu'elle n'interfère pas avec notre conception usuelle du temps : dans ce contexte, il est toujours possible de déterminer l'évolution d'une fonction d'onde en introduisant notre mesure du temps dans l'équation de Schrödinger. Mais, si l'on admet que l'espace-temps peut être incurvé, il faut admettre aussi qu'il peut être structuré de telle sorte que le temps ne s'accroisse pas uniformément pour tout observateur, comme on l'escompte d'une mesure du temps raisonnable. Par exemple, supposez que l'espace-temps ait

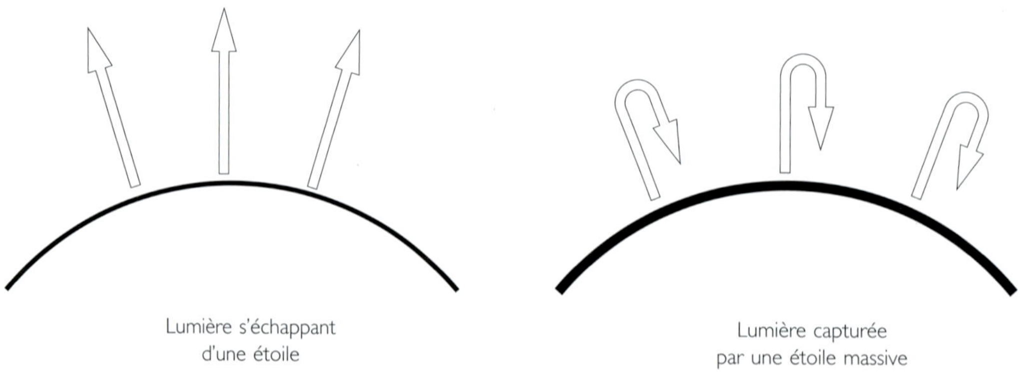

FIG. 4.9

la topologie d'un cylindre vertical (Fig. 4.7) : la hauteur de ce cylindre mesurerait un temps qui s'accroîtrait pour tout observateur en allant de moins l'infini à plus l'infini. Imaginez maintenant que l'espace-temps ressemble plutôt à un cylindre muni d'une anse (ou d'un « trou de ver ») qui s'écarterait en haut de ce volume avant de s'y rattacher par en bas ; dans ce cas, toute mesure du temps comporterait inévitablement des points de stagnation là où l'anse s'attacherait au cylindre principal : le temps s'immobilisant en ces points, il ne s'accroîtrait ici pour aucun observateur. Dans un tel espace-temps, l'équation de Schrödinger ne permettrait pas de déterminer l'évolution d'une fonction d'onde. Prenez garde aux trous de ver : on ne sait jamais ce qui peut en sortir !

Les trous noirs sont la raison pour laquelle nous pensons que le temps ne s'accroît pas pour tout observateur. Le premier à traiter de ces objets fut le professeur de Cambridge John Michell, qui leur consacra un article en 1783. Si l'on tire une particule ou un boulet de canon verticalement depuis la surface de la Terre, écrivit-il, leur ascension sera freinée par la gravité et ils cesseront donc de s'élever avant de finir par retomber (Fig. 4.8) ; mais, si la vitesse d'ascension initiale est plus grande que la valeur critique dite « vitesse d'échappement », cette particule ou ce boulet fileront vers l'espace, la gravité n'étant plus capable de les arrêter. Cette vitesse d'échappement est d'environ douze kilomètres par seconde pour la Terre et d'à peu près cent kilomètres par seconde pour le Soleil.

LE TROU NOIR DE SCHWARZSCHILD

En 1916, l'astronome allemand Karl Schwarzschild découvrit une solution à la théorie de la relativité d'Einstein qui décrivait un trou noir sphérique. Son œuvre a révélé une implication particulièrement étonnante de la relativité générale : Schwarzschild montra que, si la masse d'une étoile est concentrée dans une région assez petite, le champ gravitationnel qui s'exerce à la surface de cet astre devient si intense que même la lumière ne peut plus s'échapper – c'est ce qu'on appelle un trou noir, région d'espace-temps entourée par un horizon d'événement d'où plus rien (même la lumière) ne peut atteindre un observateur lointain.

Pendant longtemps, la plupart des physiciens, Einstein y compris, n'ont pas cru que des configurations de matière si extrêmes puissent exister dans l'Univers réel. Mais on sait aujourd'hui que, dès lors qu'une étoile assez massive dépourvue de mouvement de rotation a épuisé tout son carburant nucléaire, si complexe que soit sa forme et sa structure interne, elle s'effondre inévitablement sur elle-même et finit par se transformer en un trou noir de Schwarzschild parfaitement sphérique. Ne dépendant que de la masse de l'étoile effondrée, le rayon (**R**) de l'horizon d'événement d'un trou noir est rendu par la formule :

$$R = \frac{2GM}{c^2}$$

Dans cette formule, le symbole **C** représente la vitesse de la lumière, **G** la constante de Newton et **M** la masse du trou noir. Un trou noir ayant la même masse que notre Soleil, par exemple, aura un rayon à peine supérieur à 6 kilomètres.

Ces deux vitesses sont de loin supérieures à celle que peut atteindre un boulet de canon, mais très inférieures à la vitesse de la lumière, qui avoisine trois cent mille kilomètres par seconde : c'est pourquoi la lumière s'échappe sans difficulté de la Terre ou du Soleil. Or Michell suggéra que des étoiles beaucoup plus massives que le Soleil pourraient avoir des vitesses d'échappement supérieures à la vitesse de la lumière (Fig. 4.9) : nous ne verrions pas de telles étoiles, remarqua-t-il, parce que la lumière qu'elles émettraient serait retenue par leurs champs gravitationnels – elles constitueraient des « étoiles sombres », c'est-à-dire des trous noirs.

Ces « étoiles sombres » imaginées par Michell étaient régies par la physique newtonienne, selon laquelle le temps était un absolu qui s'écoulait indépendamment des événements : elles n'influaient donc pas sur la capacité de prédiction de l'avenir inhérente à la vision du monde de Newton. Mais la théorie de la relativité générale a radicalement modifié la donne en stipulant que les étoiles massives courbent l'espace-temps.

En 1916, peu après que cette théorie eut été pour la première fois formulée par Einstein, Karl Schwarzschild (qui mourut cette même année d'une maladie contractée sur le front russe) découvrit une solution aux équations de champ de la relativité générale qui décrivait un trou noir, mais on n'a compris que bien plus tard la nature de ce qu'il venait de décrire, tout autant que l'importance de sa découverte : Einstein ne crut jamais aux trous noirs et son incrédulité était partagée par presque toute la vieille garde des spécialistes de la relativité générale.

FIG. 4.8

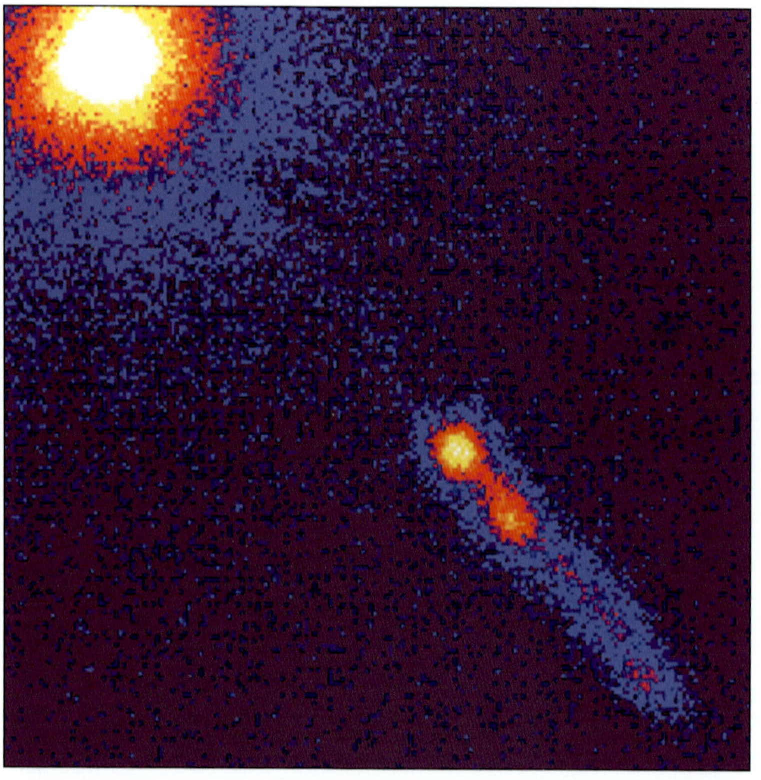

(Fig. 4.10)

Première de toutes les radiosources quasi stellaires découvertes, le quasar 3C273 émet des ondes extrêmement puissantes à partir d'une région minuscule. Une luminosité si intense n'est explicable que si de la matière est ici aspirée par un trou noir.

JOHN WHEELER

Né en 1911 à Jacksonville, en Floride, John Archibald Wheeler a soutenu sa thèse de doctorat consacrée à la dispersion de la lumière par les atomes d'hélium en 1933, à la Johns Hopkins University. Collaborant en 1938 avec le physicien danois Niels Bohr, il affina avec lui la théorie de la fission nucléaire avant de se tourner vers l'étude de l'électrodynamique en même temps que son étudiant de troisième cycle Richard Feynman, tous deux participant ensuite au Projet Manhattan après l'entrée en guerre des États-Unis.

Vers le début des années 1950, inspiré par l'étude de Robert Oppenheimer sur l'effondrement gravitationnel des étoiles massives (1938), Wheeler s'intéressa à la théorie de la relativité générale d'Einstein à une époque où la plupart des scientifiques préféraient étudier la physique nucléaire : la relativité générale n'était pas considérée alors comme pertinente pour le monde physique. Mais Wheeler rénova ce champ à lui seul ou presque, tant par ses recherches que par son enseignement – il fut le premier à donner un cours sur la relativité à Princeton.

En 1969, il a forgé le terme de « trou noir » pour qualifier cet état effondré de la matière à la réalité duquel si peu de monde croyait. À la suite de Werner Israel, il a conjecturé que les trous noirs n'ont pas de cheveux, voulant dire par là que l'état effondré d'une étoile massive dépourvue de rotation pourrait être bel et bien décrit par la solution de Schwarzschild.

Je me souviens de m'être rendu en France pour y annoncer que la théorie des quanta autorisait à penser que les trous noirs ne sont pas complètement noirs : mon séminaire était tombé à plat parce que presque personne à Paris ne croyait encore en l'existence des trous noirs. Estimant que ce vocable avait des connotations sexuelles équivoques dans leur langue, mes collègues français avaient proposé de le remplacer par « astre occlu », autrement dit étoile cachée. Néanmoins, aucune des appellations de rechange proposées à cette époque n'a autant parlé à l'imagination du public que ce terme de « trou noir » forgé en 1967 par John Archibald Wheeler, physicien américain qui a inspiré bon nombre des travaux contemporains en ce domaine.

Les travaux théoriques sur les trous noirs et les observations astronomiques visant à les détecter se sont multipliés après la découverte des quasars en 1963 (Fig. 4.10), et il en a émergé le tableau suivant : je vais décrire maintenant l'histoire vraisemblable d'une étoile d'une masse vingt fois supérieure à celle du Soleil. De telles étoiles se forment à partir de nuages de gaz semblables à ceux de la nébuleuse d'Orion (Fig. 4.11). Plus ces nuages se contractent sous l'effet de leur propre gravité, plus les gaz se réchauffent, leur température finissant par devenir assez brûlante pour que s'amorce une réaction de fusion nucléaire capable de convertir l'hydrogène en hélium : la chaleur dégagée par ce processus crée une pression centrifuge qui, en contrebalançant l'effet gravitationnel, empêche l'étoile de se contracter davantage. Restant très longtemps dans cet état, cet astre brûle ensuite de l'hydrogène et émet de la lumière pendant la majeure partie de sa vie.

(FIG. 4.11)

Les étoiles se forment dans des nuages de gaz et de poussières semblables à ceux de la nébuleuse d'Orion.

Le champ gravitationnel d'une telle étoile influe sur les trajectoires des rayons lumineux qu'elle émet. Il est possible par exemple de tracer un graphique où le temps est porté en ordonnée et la distance par rapport au centre de l'étoile en abscisse, (Fig. 4.12) la surface de l'étoile étant représentée par deux lignes verticales disposées de part et d'autre du centre. On peut choisir de mesurer le temps en secondes et la distance en secondes-lumière (la distance que la lumière parcourt en une seconde) : si on utilise ces unités, la vitesse de la lumière est de 1, ce qui veut dire que cette vitesse est de 1 seconde-lumière par seconde. Loin de l'étoile et de son champ gravitationnel, la trajectoire des rayons lumineux est inclinée de 45° par rapport à la verticale ; plus près de l'étoile, cependant, la courbure de l'espace-temps induite par sa masse modifie les trajectoires des rayons lumineux – l'angle par rapport à la verticale est plus fermé.

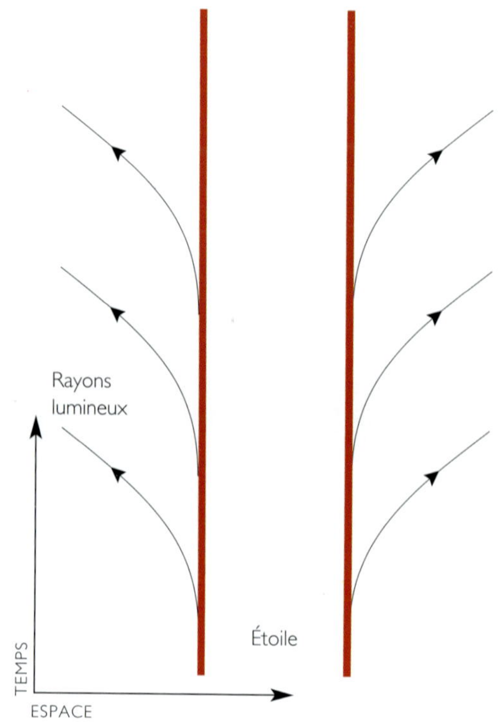

FIG. 4.12

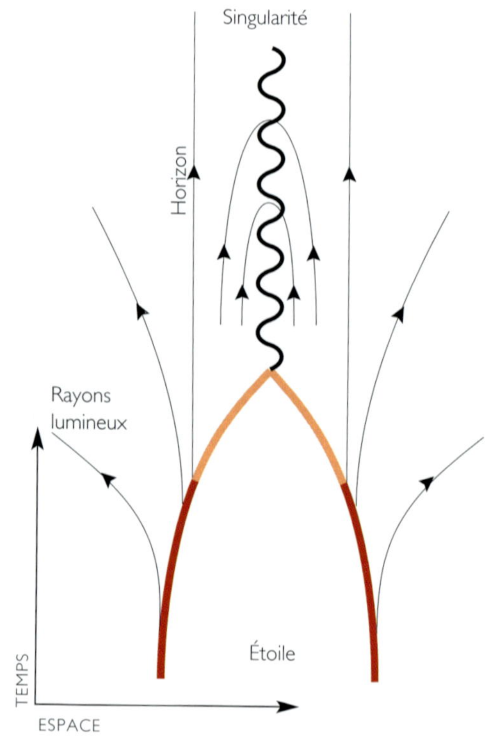

FIG. 4.13

(FIG. 4.12)
Espace-temps entourant une étoile qui n'est pas en train de s'effondrer sur elle-même. les rayons lumineux (ici figurés par les lignes verticales rouges) peuvent s'échapper de la surface de l'étoile. Loin de cette étoile, les rayons sont inclinés de 45° par rapport à la verticale; plus près, la courbure de l'espace-temps induite par la masse de l'étoile modifie leurs trajectoires: l'angle par rapport à la verticale est plus fermé.

La transformation de l'hydrogène en hélium étant plus rapide dans les astres massifs que dans le Soleil, les étoiles de ce type peuvent avoir consumé tout leur hydrogène au bout de quelques centaines de millions d'années seulement. Elles sont alors confrontées à une crise: elles peuvent transformer leur hélium en éléments plus lourds tels que le carbone et l'oxygène, mais ces réactions nucléaires dégagent trop peu d'énergie pour que la pression thermique contrebalance l'effet gravitationnel. Ces étoiles perdent donc de la chaleur et commencent à rapetisser: si leur masse est plus de deux fois supérieure à celle du Soleil, elles continuent à s'effondrer sur elles-mêmes jusqu'à ce que leur diamètre se réduise à zéro et que leur densité devienne infinie – elles forment une « singularité » (Fig. 4.13). Dans le graphique précité (celui où le temps est rapporté à la distance depuis le centre), les trajectoires des rayons lumineux provenant de la surface de l'étoile commencent

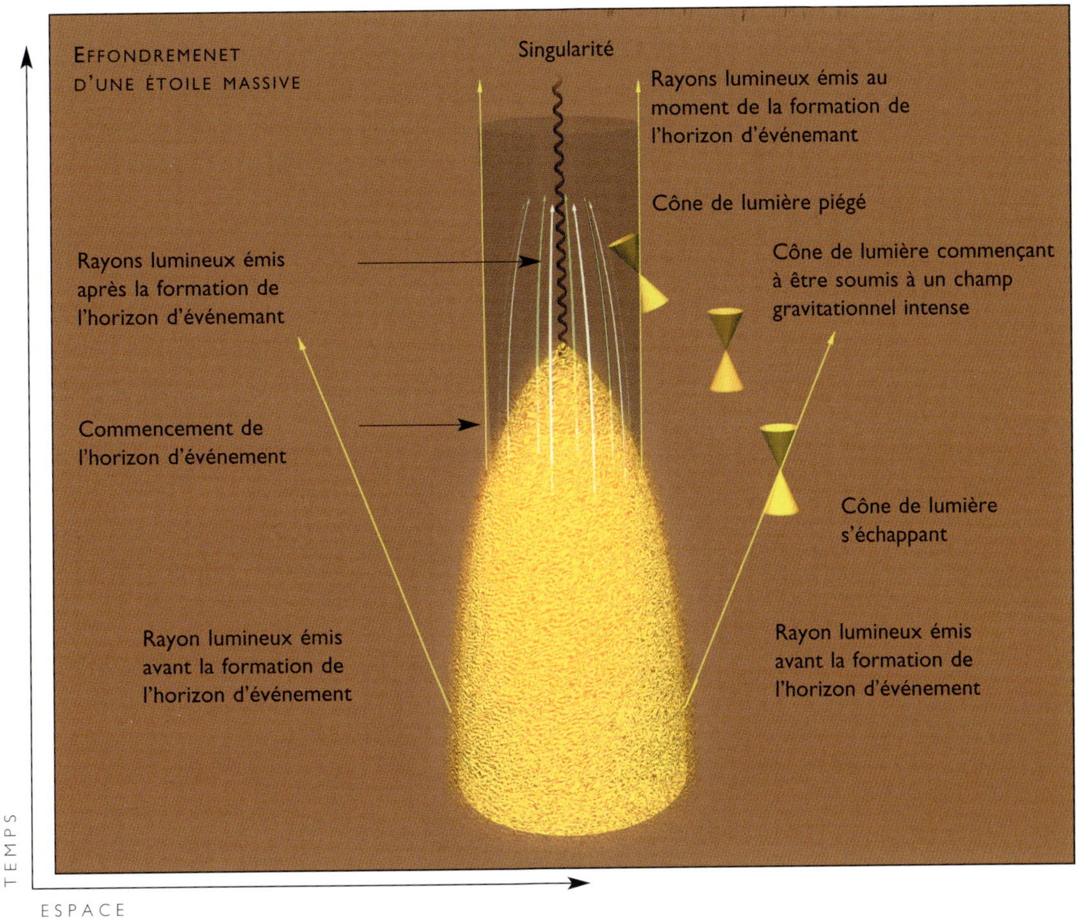

par former des angles de plus en plus fermés à mesure que celle-ci se contracte, puis ces trajectoires deviennent totalement verticales sitôt que l'étoile atteint un certain rayon critique : cette verticalité signifie que la lumière plane à une distance constante du centre de l'étoile sans jamais réussir à s'en éloigner. Cette trajectoire critique de la lumière balaie une surface dite « horizon d'événement », qui sépare la région de l'espace-temps d'où la lumière peut s'échapper de celle dont elle ne le peut plus : tout rayon lumineux émis par une étoile qui a franchi cet horizon d'événement est ramené vers l'intérieur par la courbure de l'espace-temps. Un tel astre est devenu ce que Michell appelait une « étoile sombre », c'est-à-dire un trou noir.

Comment détecter un trou noir si aucune lumière ne peut en sortir ? La réponse, c'est qu'un trou noir continue à exercer la même attraction gravita-

L'horizon – ou la frontière extérieure – d'un trou noir est formé par des rayons lumineux que ne parviennent pas à s'échapper de ce trou noir : ils se contentent de planer à une distance constante de son centre.

(FIG. 4.13, à gauche)
Si l'étoile s'effondre sur elle-même (les lignes rouges se rejoignant alors en un point donné), la courbure devient si importante que les rayons lumineux proches de la surface sont infléchis vers l'intérieur. Un trou noir – c'est-à-dire une région de l'espace-temps d'où la lumière ne peut plus s'échapper – se forme.

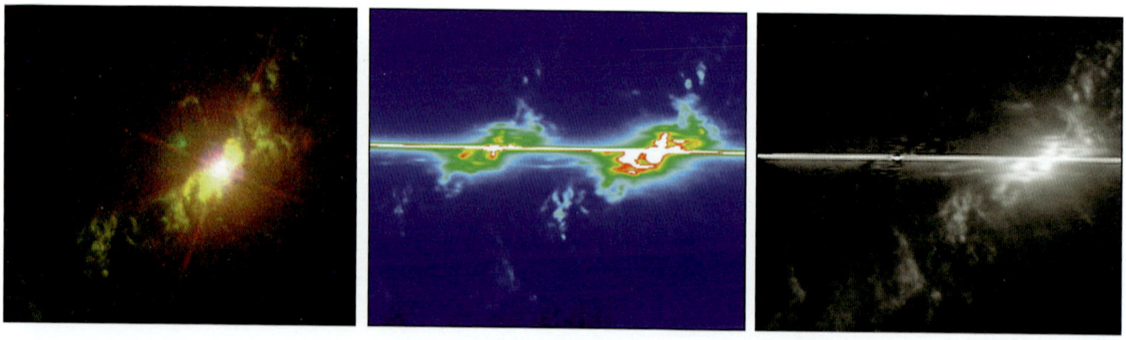

(Fig. 4.15)

TROU NOIR AU CENTRE D'UNE GALAXIE

À gauche : La galaxie NGC 4151, dévoilée par la caméra planétaire à grand champ. **Au centre** : La ligne horizontale traversant l'image provient de la lumière générée par le trou noir situé au centre de NGC 4151. **À droite** : Image montrant à quel point les émissions d'oxygène sont rapides. Toutes ces données concourent à indiquer que NGC 4151 contient un trou noir cent millions de fois plus massif environ que le Soleil. Informations obtenues sur le site Internet du télescope spatial Hubble.

(Fig. 4.14)

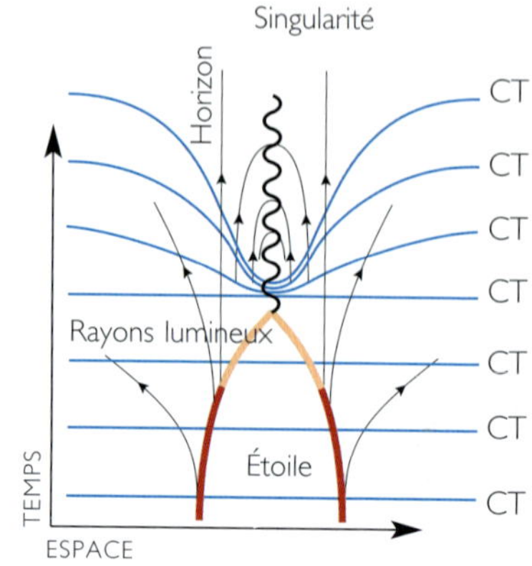

(CT – Lignes du temps constant)

tionnelle sur les objets environnants que le corps stellaire qui s'est effondré. Si le Soleil était un trou noir et avait fait en sorte de le devenir sans rien perdre de sa masse, les planètes qui l'entourent orbiteraient toujours autour de lui comme elle le font actuellement.

Toute matière orbitant autour d'un objet massif invisible peut donc signaler la présence d'un trou noir. On a déjà observé de tels systèmes, les plus impressionnants consistant vraisemblablement dans les trous noirs géants qui se trouvent au centre des galaxies et des quasars (Fig. 4.15).

Les propriétés des trous noirs dont il vient d'être question ne soulèvent pas de grands problèmes par rapport au déterminisme. Le temps s'interromprait pour tout astronaute qui tomberait dans un trou noir et atteindrait la singularité, mais la relativité générale stipule qu'on est libre de mesurer le temps à des vitesses différentes en des lieux différents : on pourrait donc accélérer la montre de l'astronaute à mesure qu'il s'approcherait de la singularité, en faisant en sorte qu'elle enregistre en permanence un intervalle de temps infini. Sur le graphique temps/distance précité, les surfaces des valeurs constantes de ce nouveau temps seraient toutes groupées au centre, au-dessous du point où la singularité apparaîtrait ; néanmoins, elles resteraient compatibles avec la mesure normale du temps en vigueur dans l'espace-temps presque plat qui s'étendrait loin du trou noir (Fig. 4.14).

On pourrait introduire ce temps dans l'équation de Schrödinger afin de calculer l'évolution postérieure d'une fonction d'onde dont l'aspect initial serait connu : le déterminisme serait ainsi préservé. Il convient de noter toutefois qu'une partie de cette fonction d'onde finirait par passer à l'intérieur du trou noir et ne pourrait donc plus être observée de l'extérieur : un observateur assez sensé pour ne pas tomber dans un trou noir serait par là même dans l'incapacité de calculer l'aspect antérieur d'une fonction d'onde au moyen de l'équation de Schrödinger – il ne pourrait y parvenir qu'en connais-

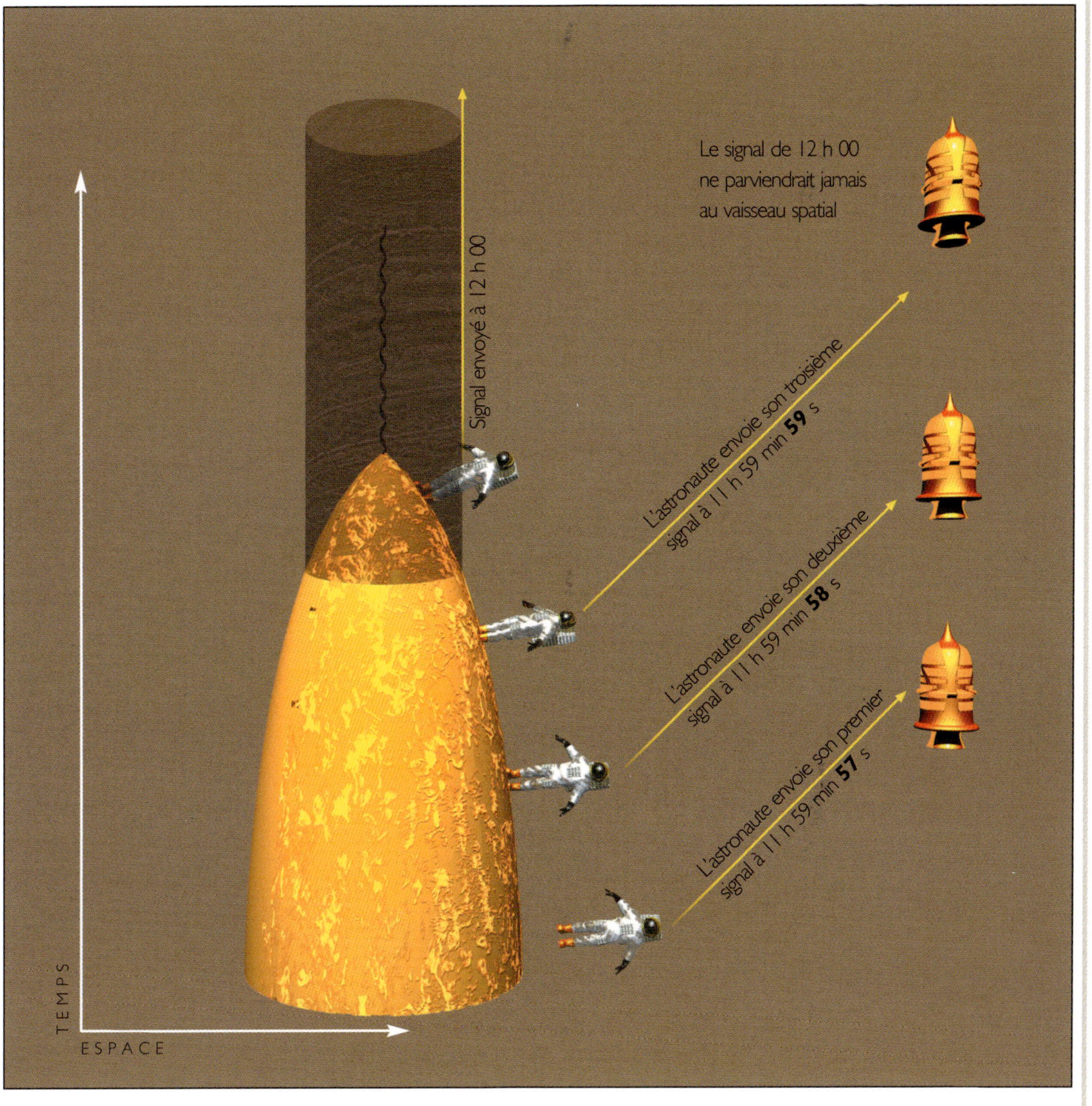

L'illustration ci-dessus montre un astronaute qui atterrit sur une étoile en train de s'effondrer à 11 h 59 min 57 s et atteint sa surface pendant qu'elle passe au-dessous du rayon critique où la gravité devient si forte qu'aucun signal ne plus s'échapper: il envoie des signaux avec sa montre à un vaisseau spatial orbitant à intervalles réguliers autour de cet astre.

Quelqu'un qui observerait cette étoile de loin ne la verrait jamais franchir l'horizon d'événement en-deça duquel elle se transformerait en trou noir. Au lieu de cela, l'étoile donnerait l'impression de se maintenir juste à l'extérieur du rayon critique, et toute montre posée sur sa surface ralentirait puis s'arrêterait.

La conclusion « pas de cheveux »

TEMPÉRATURE D'UN TROU NOIR

Un trou noir émet une radiation comme si c'était un corps chaud doté d'une température (T) ne dépendant que de sa masse. Plus précisément encore, la température est donnée par la formule suivante :

$$T = \frac{\hbar c^3}{8\pi \; k G M}$$

Dans cette formule, le symbole **c** représente la vitesse de la lumière, $\hbar$ la constante de Planck, **G** la constante gravitationnelle de Newton et $\mathbf{k}_{\beta}$ la constante de Boltzmann.

Enfin, **M** représente la masse du trou noir, dont la température sera d'autant plus élevée qu'il sera petit. D'après cette formule, la température d'un trou noir de quelques masses solaires n'est que d'un millionième de degré environ au-dessus du zéro absolu.

sant la partie de la fonction d'onde qui se retrouverait à l'intérieur du trou noir… Ce serait là en effet que les informations afférentes à ce qui serait tombé dans le trou noir seraient contenues, ces informations étant potentiellement d'autant plus nombreuses qu'un trou noir d'une masse et d'une rotation données peut s'être formé à partir d'un très grand nombre de collections de particules différentes – quand John Wheeler avait résumé cette conclusion en disant qu'« un trou noir n'a pas de cheveux », mes collègues français étaient devenus encore plus soupçonneux !

Le déterminisme a néanmoins fait problème quand j'ai découvert que les trous noirs ne sont pas totalement noirs. Comme on l'a vu au chapitre 2, la théorie quantique implique que les champs ne peuvent pas être exactement égaux à zéro même dans le « vide » : car ils auraient alors à la fois une valeur ou une position précises (zéro) et une vitesse ou un taux de changement précis (zéro également), alors que le principe d'incertitude interdit à la position et à la vitesse d'être simultanément définies avec précision. Tous les champs doivent comporter à la place un certain nombre de fluctuations du vide (de même que le pendule du chapitre 2 était inévitablement le siège de fluctuations dites de point zéro) susceptibles de recevoir des interprétations qui diffèrent en apparence, mais s'avèrent en fait mathématiquement équivalentes : si l'on se réclame du positivisme, on est donc en droit de choisir la représentation la plus propice à la résolution du problème en question. Or une approche particulièrement utile, en l'occurrence, est celle qui consiste à se représenter ces fluctuations du vide comme des paires de particules virtuelles qui apparaissent ensemble en tel ou tel point de l'espace-temps, se séparent, puis se rassemblent à nouveau avant de s'annihiler mutuellement – ces particules sont dites « virtuelles » parce qu'elles ne sont pas observables directement : seuls leurs effets indirects *peuvent* être mesurés, et ils s'accordent remarquablement avec les prédictions théoriques (Fig. 4.16).

En présence d'un trou noir, il est possible qu'un membre seulement d'une paire de particules virtuelles tombe dans la singularité tandis que l'autre s'échappe dans l'infini (Fig. 4.17) : pour un observateur situé à distance, les particules qui se seraient échappées sembleraient avoir été émises par le trou noir. En fait, le spectre d'un trou noir correspond exactement à celui qu'on pourrait attendre d'un corps chaud : la température est proportionnelle au champ gravitationnel de l'horizon – ou de la frontière – du trou noir. Autrement dit, la température d'un trou noir dépend de sa taille.

Un trou noir de quelques masses solaires aurait une température d'un millionième de degré environ au-dessus du zéro absolu, la température d'un trou noir plus gros étant plus basse encore : toute radiation quantique issue de tels

(Fig. 4.17)

En haut: Particules virtuelles apparaissant et s'annihilant mutuellement, près de l'horizon d'événement d'un trou noir.
Un membre seulement d'une paire de particules tombe au fond du trou noir pendant que la particule jumelle est libre de s'échapper. À l'extérieur de l'horizon d'événement, les particules qui parviennent à s'échapper semblent être émises par le trou noir.

(Fig. 4.16)

À gauche: Paires de particules apparaissant dans l'espace vide, y existant brièvement puis s'annihilant mutuellement.

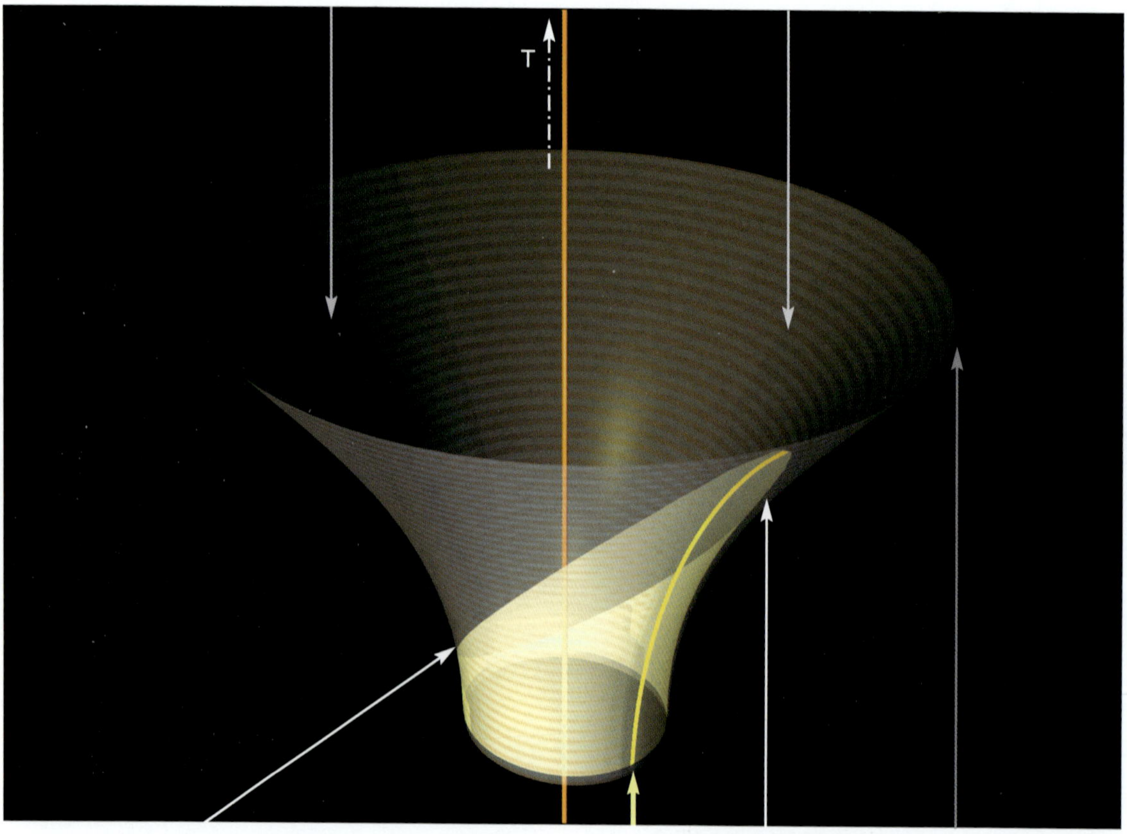

(Fig. 4.18)

La solution de de Sitter aux équations de champ de la relativité générale décrit un Univers qui s'étend sur un mode inflationnaire. Le temps est ici orienté vers le haut, la taille de l'Univers correspondant à la direction horizontale : les distances spatiales augmentent si vite que la lumière émise par les galaxies lointaines ne nous atteint jamais et qu'il existe ici un horizon d'événement qui, comme celui d'un trou noir, est la frontière d'une région inobservable.

trous noirs serait donc totalement noyée dans le rayonnement de 2,7° que la fournaise du *big bang* a partout laissé – ce rayonnement de fond cosmique a été déjà évoqué au chapitre 2. Il serait possible en revanche de détecter les radiations émanant des trous noirs beaucoup plus petits et plus chauds, mais ils semblent plutôt rares autour de nous – c'est dommage, car j'aurais peut-être le prix Nobel si on découvrait un ! Mais l'existence de ces sortes de radiations est quand même indirectement attestée par ce qu'on sait de l'Univers primordial : comme on l'a vu au chapitre 3, on estime que, au tout début de son histoire, l'Univers a subi une expansion accélérée de type « inflationnaire ». L'expansion propre à cette période aurait été si rapide que certains objets seraient trop éloignés de nous pour que leur lumière ait eu le temps de nous atteindre : parce que l'Univers se serait étendu trop démesurément et trop vite pendant que cette lumière voyageait vers nous, il existerait un horizon de l'Univers qui, comme l'horizon d'un trou noir, séparerait la région d'où la lumière peut nous atteindre de celle dont elle ne le peut pas (Fig. 4.18).

Des arguments similaires incitent à penser qu'un rayonnement thermique devrait provenir de cet horizon, à l'instar de celui qui est issu de l'horizon d'un trou noir, et l'on sait que tout rayonnement thermique se caractérise par un spectre de fluctuations de densité spécifique. Dans ce cas, ces fluctuations de densité se seraient étendues en même temps que l'Univers : leur échelle de longueur ayant fini par devenir plus longue que la taille de l'horizon d'événement, elles y auraient été bloquées, on ne pourrait plus les observer aujourd'hui que sous la forme des petites variations de température du rayonnement de fond cosmique laissé par l'Univers primordial. Or les observations de ces variations s'accordent parfaitement avec les profils des fluctuations thermiques prédites.

Même si l'hypothèse du rayonnement des trous noirs s'appuie sur des données observationnelles quelque peu indirectes, tous ceux qui ont étudié ce problème conviennent que d'autres théories déjà soumises au test de l'observation tendent à confirmer la réalité de ce phénomène : il en découle d'importantes conséquences pour le déterminisme. Toute radiation émise par un trou noir se traduisant par une perte d'énergie, le trou noir perdra de sa masse et rétrécira, ce rétrécissement élevant sa température et accroissant son taux de radiation jusqu'à ce que sa masse finisse par devenir nulle : bien qu'on ne sache pas calculer ce qui se passe quand ce point est atteint, il semble raisonnable de conclure que le trou noir devrait disparaître totalement. Qu'advient-il alors de la partie de la fonction d'onde qui était passée à l'intérieur du trou noir et de l'information qu'elle contenait sur ce qui était tombé à l'intérieur de la singularité ? La première idée qui vient à l'esprit, c'est que cette partie de la fonction d'onde, ainsi que l'information qu'elle transporte, devrait ressortir du trou noir quand celui-ci finit par disparaître. Mais aucune information n'est transportée gratuitement, comme le montrent les notes de téléphone.

Tout transport d'information nécessite une dépense d'énergie, et il reste très peu d'énergie aux stades finaux de l'existence d'un trou noir. Le seul mode de sortie plausible de l'information stockée à l'intérieur d'un trou noir consisterait donc à en émerger continûment en même temps que la radiation qu'il

(Fig. 4.19)

L'énergie positive emportée par le rayonnement thermique issu de l'horizon réduit la masse du trou noir : plus sa masse diminue, plus la température du trou noir s'élève et plus son taux de rayonnement augmente, ce qui a pour effet d'accélérer la réduction de sa masse. On ne sait pas ce qui se produit quand la masse devient infime, mais le résultat le plus vraisemblable est que le trou noir finit par disparaître complètement.

émet, plutôt que d'attendre cette étape ultime ; néanmoins, si on s'en tient au tableau d'un membre d'une paire de particules virtuelles qui tombe dans le trou noir pendant que l'autre s'en échappe, on ne saurait escompter que la particule qui a réussi à s'échapper soit corrélée à celle qui a été engloutie, ou transmette une information à son sujet. Ainsi, la seule réponse possible semblerait être que l'information contenue dans la partie de la fonction d'onde passée à l'intérieur du trou noir s'est perdue (Fig. 4. 19).

Une telle perte d'information aurait des répercussions capitales sur le déterminisme. En premier lieu, on a vu que, même si la fonction d'onde était connue après la disparition du trou noir, il ne serait pas possible de faire rétrograder l'équation de Schrödinger pour calculer en quoi cette fonction consistait avant que le trou noir se soit formé : car le résultat dépendrait partiellement du morceau de fonction d'onde perdu dans le trou noir. Nous avons l'habitude de penser que le passé peut être connu avec exactitude ; mais, si de l'information est perdue dans les trous noirs, il n'en va pas du tout de la sorte : n'importe quoi aurait pu se produire !

En général, les astrologues et ceux qui les consultent s'intéressent davan-

(FIG. 4.20)

D'après l'« expérience de pensée » Einstein-Podolsky-Rosen, l'observateur qui a mesuré le spin d'une première particule ignore la direction du spin de la seconde particule.

tage à la prédiction de l'avenir qu'à la reconstitution du passé. À première vue, on pourrait croire que la perte de la partie de la fonction d'onde tombée au fond du trou noir ne devrait pas empêcher de prédire l'évolution de la partie restée à l'extérieur, mais il s'avère en réalité que cette perte interfère bel et bien avec la capacité de prédiction, comme on peut s'en apercevoir si l'on se penche sur « l'expérience de pensée » proposée dans les années 1930 par Einstein, Boris Podolsky et Nathan Rosen.

Imaginez qu'un atome radioactif en train de se désintégrer émette deux particules qui partent dans des directions opposées et aient des spins opposés : l'expérimentateur qui n'observe qu'une seule de ces particules ne peut pas prédire si son spin sera orienté vers la droite ou vers la gauche ; mais, s'il mesure que le spin d'une de ces deux particules est orienté vers la droite, il peut prédire avec certitude que l'autre particule aura un spin orienté vers la gauche, et inversement (Fig. 4. 20). Pour Einstein, cette expérience prouvait que la théorie des quanta était ridicule : même si la seconde particule s'était retrouvée de l'autre côté de notre galaxie, l'orientation de son spin aurait été immédiatement connue… Pourtant, la plupart des physiciens estiment que

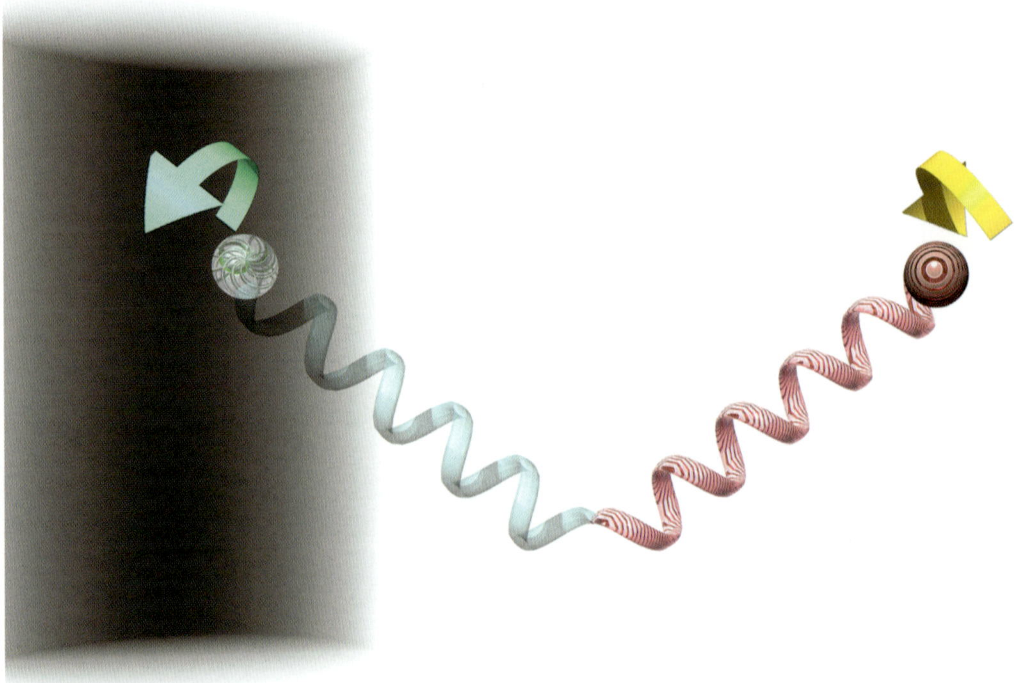

(Fig. 4.21)

Une paire de particules virtuelles a une fonction d'onde qui permet de prédire que ses deux membres auront des spins opposés. Mais, si l'une de ces particules est absorbée par un trou noir, il est impossible de prédire avec certitude le spin de la particule restante.

c'était Einstein qui était confus, et non la théorie des quanta, car cette expérience EPR ne montre pas qu'une information peut se transmettre plus vite que la lumière – il serait ridicule de le prétendre. Parce qu'on ne peut pas *décider* laquelle des deux particules s'avérera avoir un spin orienté vers la droite après mesure, on ne peut pas affirmer que la particule la plus éloignée de l'observateur ait un spin orienté vers la gauche.

En fait, cette « expérience de pensée » décrit parfaitement ce qui se produit quand une radiation est émise par un trou noir. La paire de particules virtuelles a une fonction d'onde qui permet de prédire que ses deux membres auront des spins exactement opposés (Fig. 4.21) : ce que nous aimerions faire, c'est prédire le spin et la fonction d'onde de la particule sortante, ce qui serait possible si la particule absorbée pouvait être observée ; mais cette particule est passée à l'intérieur du trou noir, où son spin et sa fonction d'onde ne peuvent pas être mesurés. Pour cette raison, il est impossible de prédire le spin ou la fonction d'onde de la particule qui s'échappe. Elle peut avoir des fonctions

(Fig. 4.22)

Les trous noirs peuvent être vus comme des intersections de p-branes se croisant dans les dimensions supplémentaires de l'espace-temps. Les informations afférentes aux états internes des trous noirs seraient stockées sur ces p-branes sous forme d'ondes.

d'onde et des spins différents, caractérisés par des probabilités diverses, mais son spin ou sa fonction d'onde ne saurait être unique : il semblerait par conséquent que notre pouvoir de prédiction de l'avenir soit réduit à nouveau. Selon Laplace, il était possible de prédire à la fois les positions et les vitesses des particules, et cette conception classique avait dû être modifiée quand le principe d'incertitude avait montré que les positions et les vitesses des particules ne peuvent pas être mesurées simultanément avec précision ; toutefois, il restait possible de mesurer la fonction d'onde et de prédire son évolution future à partir de l'équation de Schrödinger, ce qui permettait de continuer à faire des prédictions fiables sur une certaine combinaison de position et de vitesse – c'est-à-dire, sur la moitié seulement de ce que Laplace tenait pour prédictible. Or on peut prédire avec certitude que les particules ont des spins opposés, mais, si une particule tombe dans un trou noir, il n'y a plus rien qu'on puisse prédire avec certitude quant à la particule restante : *aucune* mesure extérieure au trou noir n'est prédictible avec certitude. Notre capacité de faire des prédictions

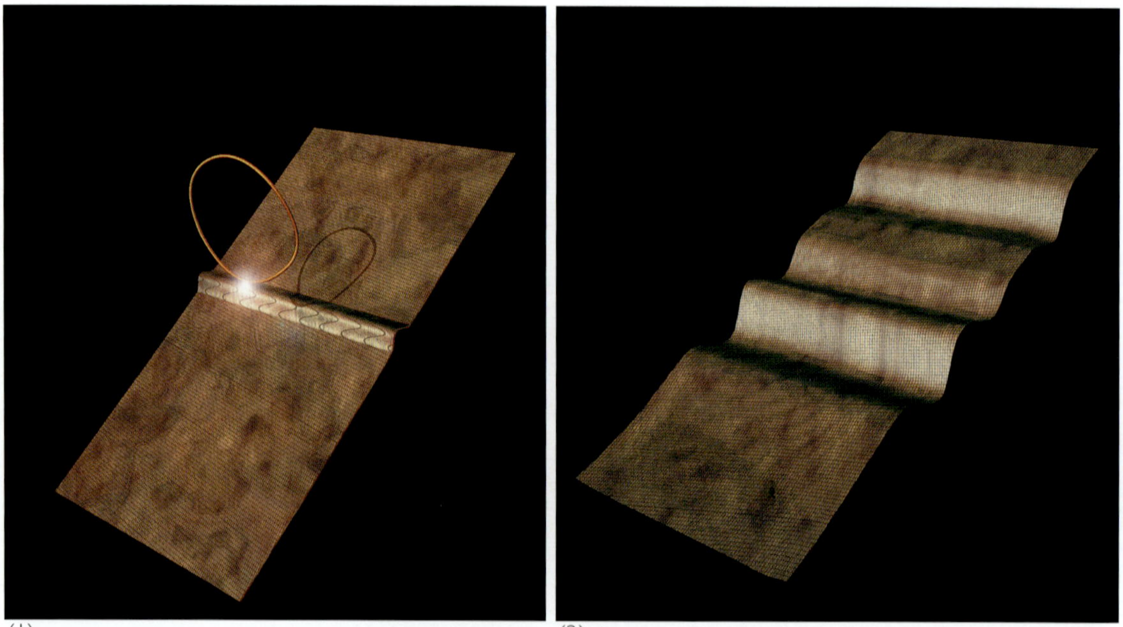

(Fig. 4.23)

Une particule tombant dans un trou noir peut être vue comme la boucle fermée d'une corde atteignant une p-brane (**1**) et y provoquant la formation d'ondes (**2**) qui se rencontrent en amenant une partie de cette p-brane à se détacher sous la forme d'une corde fermée (**3**) correspondant à la particule émise par ce trou noir.

fiables serait ainsi réduite à zéro : pour ce qui est de la faculté de prédire l'avenir, l'astrologie ne ferait peut-être pas pire que les lois de la science !

Cette nouvelle réduction du déterminisme déplaisant à beaucoup de physiciens, certains ont suggéré que l'information avalée par le trou noir pourrait refaire surface d'une manière ou d'une autre. Pendant des années, cette hypothèse est restée un vœu pieux, puis Andrew Strominger et Cumrun Vafa ont décrit en 1996 comment cette information pourrait être préservée : selon eux, les trous noirs seraient constitués d'un certain nombre de briques élémentaires, dites p-branes.

Les p-branes, vous vous en souvenez peut-être, peuvent être décrites comme des feuilles qui se déplaceraient dans les trois dimensions de l'espace, ainsi que dans sept dimensions supplémentaires que nous ne remarquerions pas (Fig. 4.22).

Dans certains cas, il est possible de démontrer que le nombre d'ondes qui se formeraient sur les p-branes serait exactement identique à la quantité d'informations que le trou noir devrait contenir. Si des particules atteignent les p-branes, elles y provoquent la formation d'ondes supplémentaires ; de même, si les ondes diversement orientées qui parcourent les p-branes se rencontrent

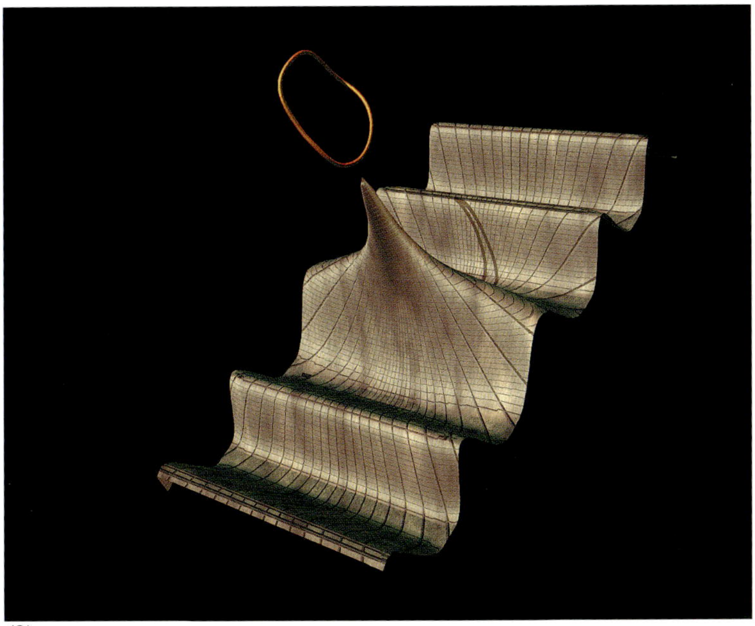

(3)

en un point donné, elles créent de même un pic si marqué qu'un morceau de la p-brane se détache et s'éloigne comme une particule – ce qui revient à dire que les p-branes pourraient absorber et émettre des particules à la façon des trous noirs (Fig. 4.23).

Les p-branes constituent une théorie pertinente : même si l'on ne croit pas en l'existence de ces petites feuilles qui se déplaceraient dans un espace-temps plat, il n'en reste pas moins que les trous noirs se comportent comme s'ils avaient une structure feuilletée – ils seraient comparables à de l'eau, qui contient des milliards de molécules H_20 entre lesquelles existent des interactions complexes, et ce modèle du liquide fluide est des plus efficaces. En fait, la modélisation mathématique des trous noirs comme composés de p-branes donne des résultats similaires à l'approche fondée sur les particules virtuelles décrite plus haut : d'un point de vue positiviste, ce modèle est aussi bon que l'autre pour certaines classes de trous noirs au moins – pour ces types de trous noirs, le taux d'émission prédit est exactement semblable, qu'il soit modélisé à l'aide des p-branes ou des particules virtuelles. Néanmoins, une différence importante subsiste : dans le modèle des p-branes, l'information afférente ce qui tombe à l'intérieur

du trou noir est stockée dans la fonction d'onde parce que les p-branes ondulent. Les p-branes sont assimilées à des feuilles en mouvement dans un espace-temps *plat* : c'est pourquoi le temps s'écoulerait uniformément du passé vers l'avenir, les trajectoires des rayons lumineux ne seraient pas courbées et l'information contenue dans ces ondes ne serait pas perdue – elle finirait par émerger du trou noir en même temps que la radiation émise par les p-branes.

Selon ce modèle des p-branes, il serait toujours possible de calculer les aspects postérieurs d'une fonction d'onde au moyen de l'équation de Schrödinger. Rien ne serait perdu et le temps s'écoulerait sans heurt, le déterminisme restant complet au sens quantique du terme.

Alors, lequel de ces tableaux est correct ? Une partie de la fonction d'onde se perd-elle dans les entrailles des trous noirs ou bien la totalité de l'information est-elle restituée, comme le modèle des p-branes le suggère ? C'est l'une des questions majeures de la physique théorique contemporaine. Pour la plupart des spécialistes, ce travail récent a démontré que l'information n'est pas perdue : le monde serait sûr et prédictible, rien d'inattendu n'y survenant ; mais ce n'est pas certain non plus, car, si on prend la théorie de la relativité générale au sérieux, on doit admettre que l'espace-temps lui-même est susceptible de former un nœud dans les plis duquel de l'information pourrait se perdre. Quand le vaisseau spatial *Enterprise* est passé par un trou de ver, un événement totalement inattendu s'est produit. Je le sais, car j'étais à bord et jouais au poker avec Newton, Einstein et Data – je n'en ai pas cru mes yeux, regardez ce qui est apparu sur mes genoux.

CHAPITRE 5

PROTÉGER LE PASSÉ

Le voyage dans le temps est-il possible ?
Une civilisation avancée aurait-elle les moyens de modifier le passé ?

Attendu que Stephen W. Hawking (ayant déjà perdu un pari à ce sujet pour avoir omis la clause de la généricité) a toujours la ferme conviction que les singularités nues sont une abomination qui devrait être proscrite par les lois de la physique,

Et attendu que John Preskill et Kip Thorne (ayant gagné le pari précédent) continuent à tenir les singularités nues pour des objets gravitationnels quantiques qui pourraient exister, sans qu'aucune singularité leur tienne lieu de vêture, en s'offrant par là même à la vue de l'Univers tout entier,

Hawking engage donc le pari, accepté par Preskill/Thorne, selon lequel

> *Si une forme quelconque de matière ou de champ classique qui s'avère incapable de devenir une singularité dans un espace-temps plat est couplée à la relativité générale via les équations classiques d'Einstein, il s'ensuit*

Qu'une évolution dynamique à partir de conditions génériques initiales *(c'est-à-dire, d'un ensemble ouvert de données initiales)* ne peut jamais produire une singularité nue *(une géodésique nulle, incomplète dans le passé, partant de T 1)*.

La partie perdante récompensera la partie gagnante en lui offrant un vêtement destiné à dissimuler la nudité du vainqueur, pièce d'habillement sur laquelle devra être brodé un message reconnaissant nettement la victoire dudit vainqueur.

John P. Preskill Kip S. Thorne

Stephen W. Hawking John P. Preskill & Kip S. Thorne

Pasadena, Californie, 5 février 1997

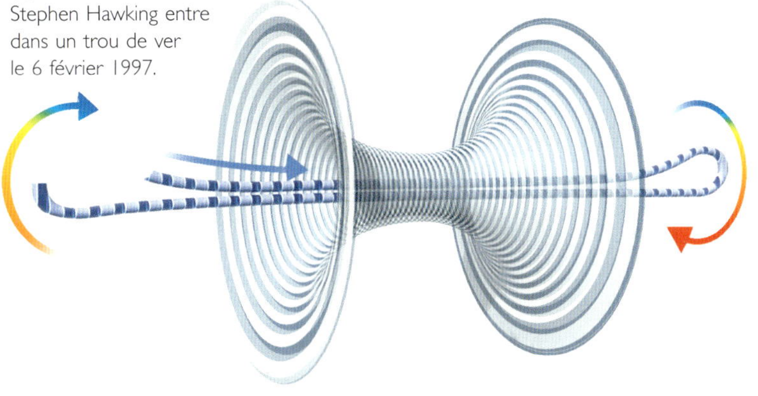

Mon ami et collègue Kip Thorne, avec qui j'ai engagé un certain nombre de paris (voir ci-contre), n'est pas du genre à s'aligner sur la physique établie sous le prétexte que tout le monde le fait : il a eu le très grand courage d'être le premier scientifique sérieux à discuter de la possibilité pratique du voyage dans le temps.

Spéculer ouvertement sur le voyage dans le temps expose à deux genres d'aléas : on risque d'être accusé de gaspiller scandaleusement l'argent public en s'adonnant à des recherches ridicules ; ou bien vos recherches peuvent être classées comme « secret défense ». Après tout, comment se protéger contre ceux qui seraient tentés d'utiliser une machine à remonter le temps à mauvais escient ? Ils pourraient essayer de modifier le cours de l'histoire pour devenir les maîtres du monde. Travailler sur un sujet aussi politiquement incorrect dans le milieu de la physique demande beaucoup d'audace – le plus souvent, nous maquillons nos travaux en employant un jargon technique qui est le code secret du voyage dans le temps.

Kip Thorne

Vaisseau spatial continuant à décrire une boucle dans un espace-temps distordu
Vaisseau spatial entrant dans un espace-temps distordu
Vaisseau spatial revenant à 11 h 45, soit un quart d'heure avant d'avoir décollé
Vaisseau spatial décollant à 12 h 00

Fig. 5.1

Toutes les discussions contemporaines sur le voyage dans le temps sont fondées sur la théorie de la relativité générale. Comme on l'a vu, les équations d'Einstein ont conféré une dynamique à l'espace et au temps en montrant comment ils sont courbés et distordus par la matière et l'énergie de l'Univers : selon la relativité générale, le temps personnel mesuré par le bracelet-montre d'un individu devrait toujours s'accroître, comme dans la théorie newtonienne ou dans l'espace-temps plat de la relativité restreinte. Mais nous allons maintenant envisager la possibilité que l'espace-temps soit assez gauchi pour que vous puissiez vous envoler à bord d'un vaisseau spatial et revenir avant même d'avoir décollé (Fig. 5.1).

Cela pourrait se produire si des régions différentes de l'espace et du temps étaient reliées par des « trous de ver », ces tubes d'espace-temps mentionnés au chapitre 4. Dans ce cas, votre vaisseau spatial pourrait s'engouffrer dans un trou de ver et en sortir à son autre extrémité, située dans un lieu et un temps différent (Fig. 5.2).

S'ils existaient, les trous de ver résoudraient le problème de la limitation des vitesses spatiales : il faudrait des dizaines de milliers d'années pour traverser notre galaxie à bord d'une fusée voyageant moins vite que la lumière, comme la relativité l'exige ; mais, en coupant par un trou de ver, vous pourriez aller vous baguenauder le matin de l'autre côté de la Voie lactée et être de retour pour le dîner. On a même démontré que, si les trous de ver existent réellement, vous pourriez les utiliser aussi pour revenir avant d'être parti : vous pourriez être tenté par exemple de faire exploser votre fusée sur son aire de lancement avant même d'y avoir embarqué... C'est une variante du paradoxe du grand-père – que se passerait-il si vous reveniez tuer votre grand-père avant que votre père ait été conçu ? (Fig. 5.3)

Bien entendu, ce n'est un paradoxe que si vous tenez pour acquis que vous seriez libre de faire n'importe quoi après avoir voyagé dans le temps. Le problème du libre arbitre ne sera pas abordé dans ces pages : nous nous conten-

(Fig. 5.2) Seconde variation sur le paradoxe des jumeaux

(1)
Si les deux extrémités d'un trou de ver étaient proches, vous pourriez y entrer et en sortir en même temps.

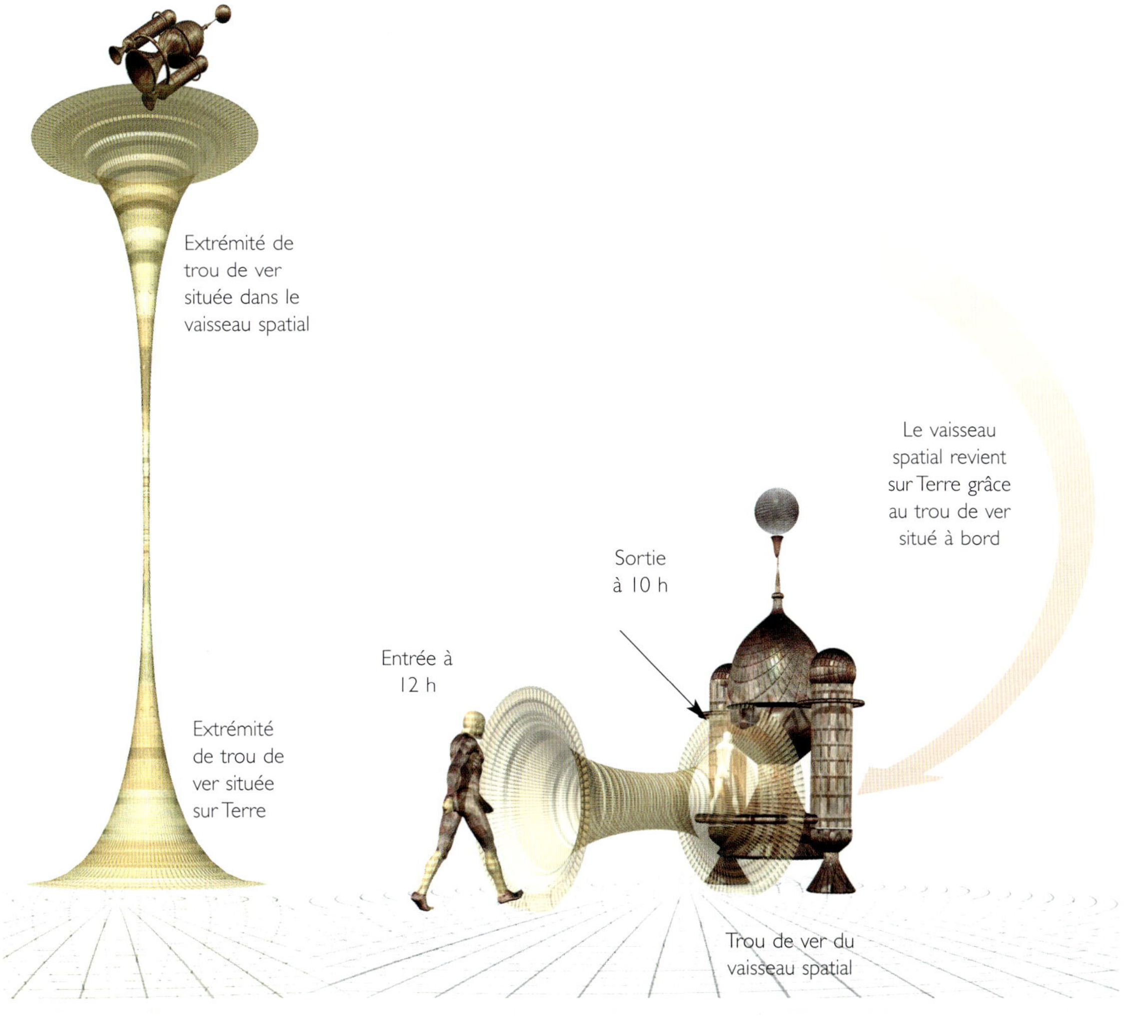

(2)
On peut imaginer d'emprunter l'extrémité d'un trou de ver pour faire un long voyage à bord d'un vaisseau spatial pendant que son autre extrémité reste sur Terre.

(3)
Consécutivement au paradoxe des jumeaux, quand le vaisseau spatial revient, moins de temps s'est écoulé pour l'extrémité qu'il contient que pour l'extrémité qui est restée sur Terre. Si vous pénétriez dans l'extrémité terrestre, vous pourriez donc sortir du vaisseau spatial à une époque antérieure.

(Fig. 5.3)
Une balle tirée à travers un trou de ver débouchant sur une époque antérieure peut-elle exercer un effet sur le tireur ?

terons de nous demander si les lois de la physique autorisent ou non à supposer que l'espace-temps puisse être assez gauchi pour qu'un corps macroscopique tel qu'un vaisseau spatial parvienne à remonter dans son propre passé. D'après la théorie d'Einstein, un vaisseau spatial se déplace nécessairement à une vitesse inférieure à la vitesse locale de la lumière et suit inévitablement une trajectoire spatio-temporelle qu'on pourrait qualifier de « semblable au temps » ; formulée en termes techniques, la question devient donc : l'espace-temps comporte-t-il ou non des courbes semblables au temps qui se referment sur elles-mêmes – ou qui reviennent interminablement à leur point de départ ? Je désignerai ces trajectoires par l'appellation de « boucles temporelles ».

On peut répondre à cette question à trois niveaux. Le premier est celui de la relativité générale d'Einstein, qui postule que l'Univers a une histoire bien définie où l'incertitude ne joue aucun rôle. Nous disposons à cet égard d'un tableau assez complet, même si cette théorie classique n'est que partiellement exacte : comme on l'a vu, la matière est sujette à l'incertitude via les fluctuations quantiques.

La question du voyage dans le temps peut être formulée aussi à un deuxième niveau, celui de la théorie semi-classique. Dans cette optique, le comportement de la matière est régi par la théorie des quanta – il est incertain et soumis à des fluctuations quantiques –, bien que l'espace-temps soit nettement défini et classique ; le tableau est ici moins complet, mais on sait au moins comment procéder.

CORDES COSMIQUES

Les cordes cosmiques sont de longs et lourds objets à section transversale minuscule qui pourraient avoir été produits aux tout premiers stades de l'Univers. Aussitôt après s'être formées, ces cordes cosmiques auraient été encore plus étirées par l'expansion de l'Univers, si bien qu'un seul de ces filaments s'étendrait aujourd'hui d'un bout à l'autre de notre Univers observable.

L'existence des cordes cosmiques est suggérée par les théories contemporaines des particules, qui prédisent que, tant que l'Univers était très chaud, la matière avait une disposition symétrique beaucoup plus proche de celle de l'eau liquide (qui a une structure symétrique : elle est identique à elle-même en tout point et dans toutes les directions) que de celle des cristaux de glace, qui ont une structure discrète.

Quand l'Univers s'est refroidi, la symétrie de la phase antérieure aurait pu se briser différemment d'une région à l'autre : par voie de conséquence, la matière cosmique se serait installée elle aussi dans des états de base différents. Les cordes cosmiques seraient des configurations de matière qui se trouveraient aux frontières de ces régions : leur formation aurait donc inévitablement découlé de l'incompatibilité des états de base propres à ces régions différentes.

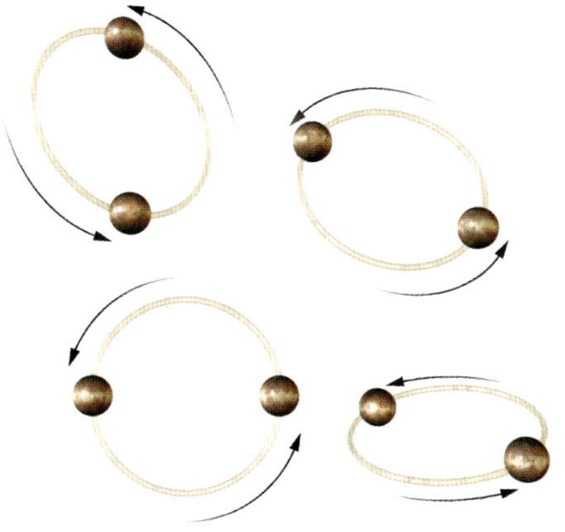

(FIG. 5.4)
L'espace-temps comporte-t-il ou non des boucles semblables au temps qui se referment sur elles-mêmes en revenant interminablement à leur point de départ ?

Enfin, il y a toute la théorie de la gravitation quantique, de quelque façon qu'on la définisse. Selon cette théorie, non seulement la matière, mais le temps et l'espace également, sont incertains et fluctuent, et il n'est même pas sûr qu'on soit en droit de s'interroger sur la possibilité du voyage dans le temps. Le mieux qu'on puisse faire consiste peut-être à se demander comment les habitants des régions où l'espace-temps est à peu près classique et dénué d'incertitude interpréteraient leurs mesures. Penseraient-ils que le voyage dans le temps est une réalité dans les régions où la gravité est forte et les fluctuations quantiques importantes ?

Commençons par la théorie classique : l'espace-temps plat de la relativité restreinte (de la relativité sans gravité) exclut le voyage dans le temps tout autant que les espaces-temps incurvés (lesquels étaient connus depuis la fin du XIXe siècle). Quand Kurt Gödel, le père du célèbre théorème (voir l'encadré), s'était aperçu en 1949 que l'espace-temps peut regorger de matière en rotation et comporter des boucles temporelles en chacun de ses points, Einstein avait été très choqué par cette découverte ! (Fig. 5.4)

La solution de Gödel nécessitait l'introduction d'une constante cosmologique qui n'existe peut-être pas dans la nature, et d'autres solutions ont dispensé ensuite de recourir à ce paramètre. Exemple particulièrement intéressant : deux cordes cosmiques qui se frôlent à grande vitesse.

On ne doit pas confondre les cordes cosmiques avec celles de la théorie des

LE THÉORÈME D'INCOMPLÉTUDE DE GÖDEL

En 1931, le mathématicien Kurt Gödel a démontré son célèbre théorème d'incomplétude sur la logique mathématique. Selon ce théorème, tout système formel d'axiomes tel que les mathématiques contemporaines contient toujours des énoncés qui ne peuvent être ni prouvés ni réfutés à partir des axiomes qui définissent ce système : en d'autres termes, Gödel a montré qu'il y a des problèmes qui ne sont susceptibles d'être résolus par aucun ensemble de règles ou de procédures.

Le théorème de Gödel a assigné des limites fondamentales aux mathématiques. Il a fortement choqué la communauté scientifique en sapant la croyance, jusque-là généralisée, selon laquelle les mathématiques constituaient un système cohérent et autosuffisant, fondé sur la logique uniquement.

Ce théorème de Gödel, ainsi que le principe d'incertitude de Heisenberg et la théorie du chaos, sont au cœur même des limitations qui ont été apportées à la connaissance scientifique depuis le début du XXe siècle.

cordes, même si elles ne sont pas non plus sans rapport : ce sont des objets qui ont une longueur mais dont la section transversale est minuscule. Leur existence a été prédite par certaines théories des particules élémentaires. L'espace-temps extérieur à une corde cosmique isolée est plat, mais un morceau a disparu, l'extrémité pointue de cette partie manquante touchant la corde ; il ressemble à un cône : prenez un grand cercle de papier et découpez-y un segment configuré comme une tranche de tarte, en faisant en sorte que l'angle de ce morceau parte du centre du cercle, puis jetez la pièce que vous venez de découper et assemblez les bords coupés de la pièce restante avec de la colle de façon à former un cône. C'est ainsi que l'espace-temps où cette corde cosmique existe peut être représenté (Fig. 5.5).

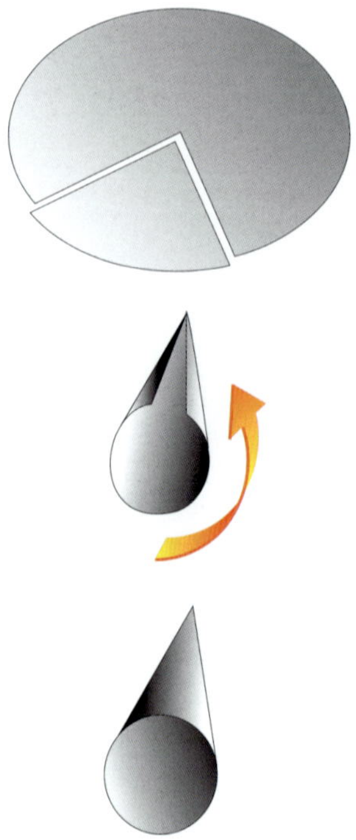

Fig. 5.5

Parce que la surface de ce cône est constituée par la même feuille de papier plate (moins le morceau retiré) que celle où vous aurez fait ce découpage, vous pourrez continuer à la qualifier de « plate » partout ailleurs qu'au sommet de cette figure : vous constaterez qu'une courbure s'est formée à ce sommet parce que le cercle entourant le sommet a une circonférence plus petite que tout cercle tracé à une distance égale du centre du rond de papier initial. Autrement dit, le cercle entourant le sommet est plus petit que ce qu'on attendrait d'un cercle de rayon égal tracé dans un espace-temps plat pour la simple raison qu'il lui manque un segment (Fig. 5.6).

Dans le cas d'une corde cosmique, le morceau d'espace-temps plat retiré raccourcit de même les cercles qui entourent la corde sans influer sur le temps ni sur les distances mesurées le long de cette corde : l'espace-temps qui entoure une corde cosmique isolée ne contient aucune boucle temporelle permettant de voyager dans le passé. Toutefois, si une seconde corde cosmique se déplace relativement à cette première corde, sa direction temporelle combinera les directions spatiales et temporelles de la première : le morceau retiré pour constituer cette seconde corde raccourcira à la fois les distances spatiales et les intervalles temporels observés par quiconque voyagerait le long de la première corde (Fig. 5.7). Si ces cordes cosmiques se déplaçaient l'une par rapport à l'autre à une vitesse proche de celle de la lumière, l'économie de temps réalisée au voisinage de ces deux cordes pourrait être si grande que tout voyageur serait en mesure de rentrer chez lui avant même d'être parti. Il suffirait de suivre ces boucles temporelles pour voyager dans le passé.

La matière contenue dans l'espace-temps d'une corde cosmique a une densité d'énergie positive et est compatible avec la physique que nous connaissons. Néanmoins, le gauchissement qui produit la boucle temporelle s'étend à l'infini

FIG. 5.6

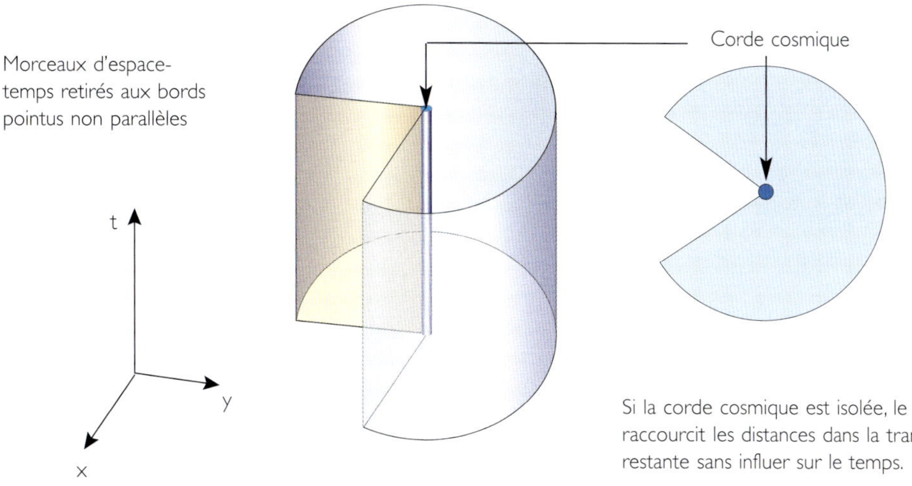

Si la corde cosmique est isolée, le morceau retiré raccourcit les distances dans la trame de corde restante sans influer sur le temps.

FIG. 5.7

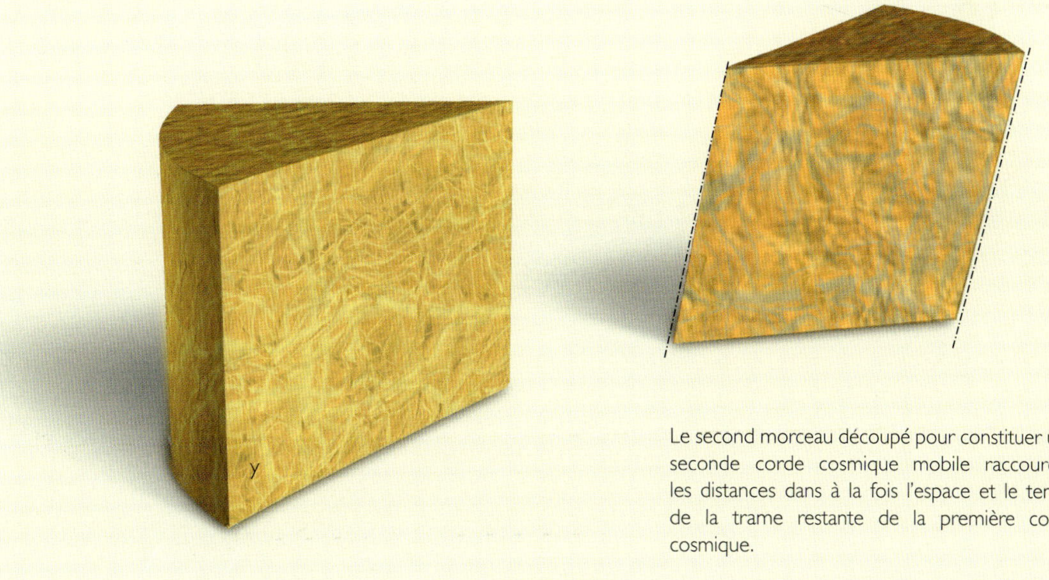

Le second morceau découpé pour constituer une seconde corde cosmique mobile raccourcira les distances dans à la fois l'espace et le temps de la trame restante de la première corde cosmique.

HORIZON NON INFINIMENT ENGENDRÉ DU VOYAGE DANS LE TEMPS

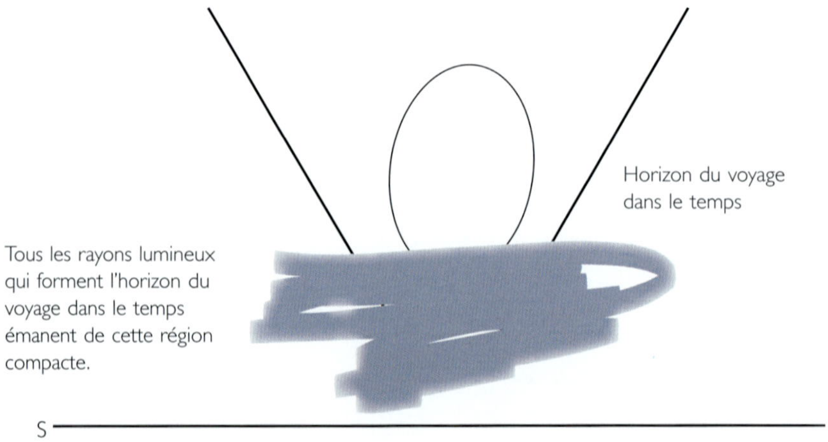

(FIG. 5.8)
Même une civilisation beaucoup plus avancée que la nôtre ne pourrait distordre l'espace-temps que dans une région finie. L'horizon du voyage dans le temps, c'est-à-dire la frontière de la partie de l'espace-temps où il serait possible de remonter dans le passé, serait formé par des rayons lumineux issus de régions finies.

dans l'espace tout en remontant dans le temps jusqu'à un passé infini : il faut donc que de tels espaces-temps aient été créés avec un temps où il aurait été d'emblée possible de voyager. Or, nous n'avons aucune raison de croire que notre propre Univers ait comporté un tel gauchissement dès sa création. Rien n'indique non plus que des explorateurs venus de l'avenir nous aient déjà rendu visite. Je supposerai par conséquent qu'aucune boucle temporelle n'existait dans un passé lointain, ou, plus précisément encore, dans le passé d'une certaine surface d'espace-temps que j'appellerai S. La question est donc : une civilisation avancée pourrait-elle construire une machine à remonter le temps ? Serait-elle capable de modifier l'espace-temps dans le futur de S (au-dessus de la surface S dans le graphique) de telle sorte que des boucles temporelles soient déjà apparues dans une région finie ? J'écris « une région finie » parce que, si avancée soit une civilisation, elle ne pourrait vraisemblablement contrôler qu'une partie finie de l'Univers.

Dans le domaine scientifique, trouver la bonne formulation d'un problème permet souvent de le résoudre. Je viens de donner un bon exemple de cette démarche : pour définir ce que j'entends par « machine à remonter un temps fini », je me suis moi-même reporté à mes travaux antérieurs... Le voyage dans le temps est possible dans une région de l'espace-temps où existent des boucles temporelles, c'est-à-dire des trajectoires qui se déplacent à une vitesse inférieure à celle de la lumière tout en revenant vers le lieu et le temps d'où elles sont parties consécutivement au gauchissement de l'espace-temps. Ayant supposé qu'aucune boucle temporelle n'existait dans le passé lointain, je ne puis faire autrement que postuler l'existence d'un « horizon » du voyage dans le temps, c'est-à-dire d'une frontière séparant la région pourvue de boucles temporelles de celle qui n'en a pas (Fig. 5.8).

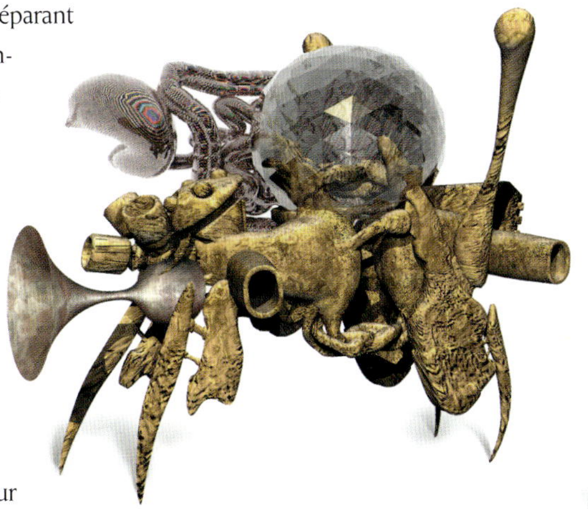

La question est donc : une civilisation avancée pourrait-elle construire une machine à remonter le temps ?

Les horizons du voyage dans le temps ressemblent plus ou moins aux horizons des trous noirs : si celui d'un trou noir est formé par les rayons lumineux qui ne tombent pas au fond de ce trou noir, celui du voyage dans le temps est formé par des rayons lumineux sur le point de se rejoindre. Pour ce qui est des machines à remonter le temps, le critère que je retiens est donc ce que j'ai appelé « l'horizon non infiniment engendré » (*finitely generated horizon*) : il s'agit d'un horizon formé par des rayons de lumière tous issus d'une région limitée, c'est-à-dire ne provenant pas de l'infini ni d'une singularité, mais émanant d'une région finie qui contient des boucles temporelles – type même de région que notre civilisation avancée est censée créer.

Si l'on adopte cette définition en la tenant pour l'empreinte signalétique d'une machine à remonter le temps, on a l'avantage de pouvoir se servir de l'outil mathématique au moyen duquel Roger Penrose et moi-même avons étudié les singularités et les trous noirs. Sans même avoir besoin de recourir aux équations d'Einstein, je suis en mesure de démonter que, d'une manière générale, tout horizon « non infiniment engendré » contiendra un rayon de lumière qui finira effectivement par se rejoindre – ce rayon reviendra interminablement au même point. Chaque fois que la lumière repassera par ce point, son décalage vers le bleu augmentera, les images devenant de plus en plus bleues ; et les crêtes d'onde d'une impulsion lumineuse se rapprocheront de plus en plus à mesure que la lumière se déplacera de plus en plus rapidement dans ses propres intervalles de temps. En fait, une particule lumineuse n'aurait ici qu'une histoire finie, définie par sa propre mesure du temps, sans cesser pour autant de tourner perpétuellement sur elle-même dans une région finie où elle n'atteindrait jamais aucune singularité de courbure.

(Fig. 5.9, ci-dessus)
Danger du voyage dans le temps.

(Fig. 5.10, ci-contre)
La prédiction selon laquelle les trous noirs émettent un rayonnement et voient leur masse se réduire implique que, suite aux fluctuations quantiques, l'énergie négative passe à l'intérieur du trou noir en franchissant son horizon. Pour que la taille d'un trou noir diminue, il faut que la densité d'énergie sur l'horizon soit négative, particularité indispensable pour pouvoir construire une machine à remonter le temps.

Si une particule lumineuse parvenait au bout de son histoire en un temps fini, cela ne prêterait pas à conséquence, mais je peux prouver aussi que certaines trajectoires se déplaçant à une vitesse inférieure à celle de la lumière n'auraient qu'une durée finie : elles pourraient correspondre aux histoires des observateurs qui se seraient laissé emprisonner dans une région finie avant qu'un horizon s'y constitue et y décriraient des circuits si accélérés qu'ils parviendraient à atteindre la vitesse de la lumière en un temps fini. Si une splendide extra-terrestre descendue d'une soucoupe volante vous propose d'entrer dans sa machine à remonter le temps, ne vous laissez donc pas embarquer à la légère : vous risqueriez de vous laisser enfermer dans l'une de ces histoires qui se répètent indéfiniment tout en ayant une durée finie (Fig. 5.9).

Ces résultats ne dépendent pas des équations d'Einstein, mais seulement de la façon dont l'espace-temps aurait dû être gauchi pour produire des boucles temporelles dans une région finie. Il n'en reste pas moins qu'il faut se demander de quel genre de matière une civilisation avancée devrait disposer pour être capable de déclencher des gauchissements de l'espace-temps utilisables par une machine à remonter un temps de taille finie. La densité d'énergie de cette matière pourrait-elle être partout positive, comme dans l'espace-temps de la corde cosmique décrit plus haut ? L'espace-temps d'une corde cosmique ne satisfait pas à mon exigence de l'apparition de boucles temporelles dans une région finie, mais vous pourriez croire qu'il en va de la sorte pour la simple raison que les cordes cosmiques sont infiniment longues : après tout, pourquoi ne serait-il pas possible de construire une machine à remonter un temps fini qui utiliserait les boucles finies d'une corde cosmique sans que la densité d'énergie cesse d'être partout positive ? N'en déplaise à Kip et à tous les amateurs de voyages dans le passé, il serait pour cela indispensable que la densité d'énergie ne soit pas partout positive, car je peux prouver également que la construction d'une machine à remonter un temps fini nécessiterait de disposer d'une énergie négative.

La densité d'énergie étant toujours positive dans la théorie classique, toute machine à remonter un temps de taille finie est régie à ce niveau. Néanmoins, la situation diffère selon la théorie semi-classique, qui stipule que la matière a un comportement quantique dans un espace-temps classique et précisément défini. Comme on l'a vu, le principe d'incertitude de la théorie des quanta implique que les champs fluctuent toujours vers le haut ou le bas même dans un espace vide en apparence et que leur densité d'énergie est infinie : il faut donc soustraire une quantité infinie pour aboutir à la densité d'énergie finie qui caractérise l'Univers, et cette soustraction peut laisser une densité d'énergie négative, localement au moins – même dans un espace plat, on peut découvrir des états quantiques au sein desquels la densité d'énergie est localement négative, bien que l'énergie totale soit positive.

FIG. 5.11

Il est donc permis de se demander si ces valeurs négatives peuvent assez gauchir l'espace-temps pour que la construction d'une machine à remonter un temps fini soit envisageable, mais tout montre qu'elles ont obligatoirement cet effet... Comme on l'a vu au chapitre 4, les fluctuations quantiques impliquent que même l'espace le plus vide en apparence regorge de paires de particules virtuelles qui apparaissent ensemble, se séparent puis se rassemblent à nouveau avant de s'annihiler mutuellement (Fig. 5.10) ; or l'énergie des membres de ces paires de particules virtuelles est négative pour l'un et positive pour l'autre : en présence d'un trou noir, la particule dotée d'une énergie négative pourra y tomber tandis que celle dotée d'une énergie positive s'échappera dans l'infini, où elle prendra l'aspect d'une radiation emportant l'énergie positive du trou noir – bien que seules les particules dotées d'une énergie négative absorbées par un trou noir diminuent sa masse et le fassent lentement évaporer tout en rétrécissant son horizon (Fig. 5.11).

La matière ordinaire dotée d'une densité d'énergie positive exerce un effet d'attraction gravitationnelle et provoque une déformation de l'espace-temps qui incurvent les trajectoires des rayons lumineux au point de les faire converger – exactement comme la boule placée au centre de la feuille de caoutchouc (cf. le chapitre 2) en attirait de plus petites disposées à la périphérie de cette feuille : leurs trajectoires étaient incurvées dans la direction de la boule centra-

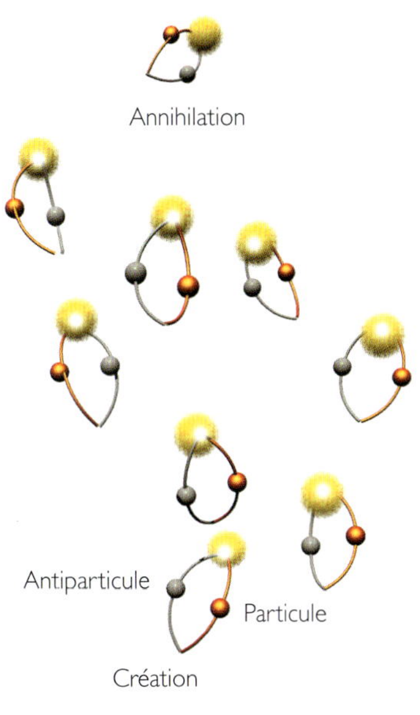

FIG. 5.10

le et non dans la direction inverse, ce qui aurait pu inciter à conclure que l'aire de l'horizon d'un trou noir est susceptible de s'accroître au fil du temps, mais pas de diminuer. Pour que l'horizon d'un trou noir diminue, la densité d'énergie de cet horizon doit être négative et déformer l'espace-temps de telle sorte que les rayons lumineux divergent ; c'est quelque chose que j'ai commencé à comprendre en allant me coucher, peu après la naissance de ma fille – je ne donnerai pas de date, mais sachez que j'ai maintenant un petit-fils.

Mon petit-fils, William Mackenzie Smith.

L'évaporation des trous noirs montre que, au niveau quantique, la densité d'énergie peut être parfois assez négative pour gauchir l'espace-temps dans une direction propice à l'utilisation d'une machine à remonter le temps : on peut donc imaginer qu'une civilisation très avancée parvienne à créer une densité d'énergie assez négative pour disposer d'une machine à remonter le temps utilisable par des objets macroscopiques tels que des vaisseaux spatiaux. Néanmoins, une différence importante subsiste entre l'horizon d'un trou noir, lequel est formé par des rayons lumineux perpétuellement en mouvement, et l'horizon d'une machine à remonter le temps, qui contiendrait des rayons lumineux fermés parce que tournant perpétuellement sur eux-mêmes : parce que l'énergie d'état de base de toute particule qui suivrait cette trajectoire fermée serait interminablement ramenée au même point, on pourrait s'attendre à ce que la densité d'énergie soit infinie sur l'horizon – sur cette frontière de la machine à remonter le temps qui délimiterait la région à l'intérieur de laquelle il serait possible de voyager dans le passé. Les modélisations explicites de certains cadres spatiaux-temporels assez simples pour permettre des calculs exacts sont à cet égard des plus éloquentes : tout individu ou toute sonde spatiale qui tenterait de traverser cet horizon pour entrer dans une machine à remonter le temps serait anéanti par une bouffée de radiations mortelles (Fig. 5.12). Bref, l'avenir du voyage dans le temps serait des plus noirs – à moins qu'on ne doive dire plutôt d'un blanc aveuglant ?

La densité d'énergie de la matière dépendant de l'état dans lequel elle se trouve, une civilisation avancée réussirait peut-être à disposer d'une densité d'énergie finie à la frontière d'une machine à remonter le temps en « congelant » ou en éliminant les particules virtuelles qui tourneraient indéfiniment au sein de boucles fermées. Mais il n'est pas certain pour autant qu'une telle machine à remonter le temps serait stable : la moindre perturbation – par exemple, celle causée par quelqu'un qui franchirait l'horizon pour entrer dans la machine – risquerait de provoquer une remise en circulation des particules virtuelles génératrice d'une puissante décharge de radiations. C'est une

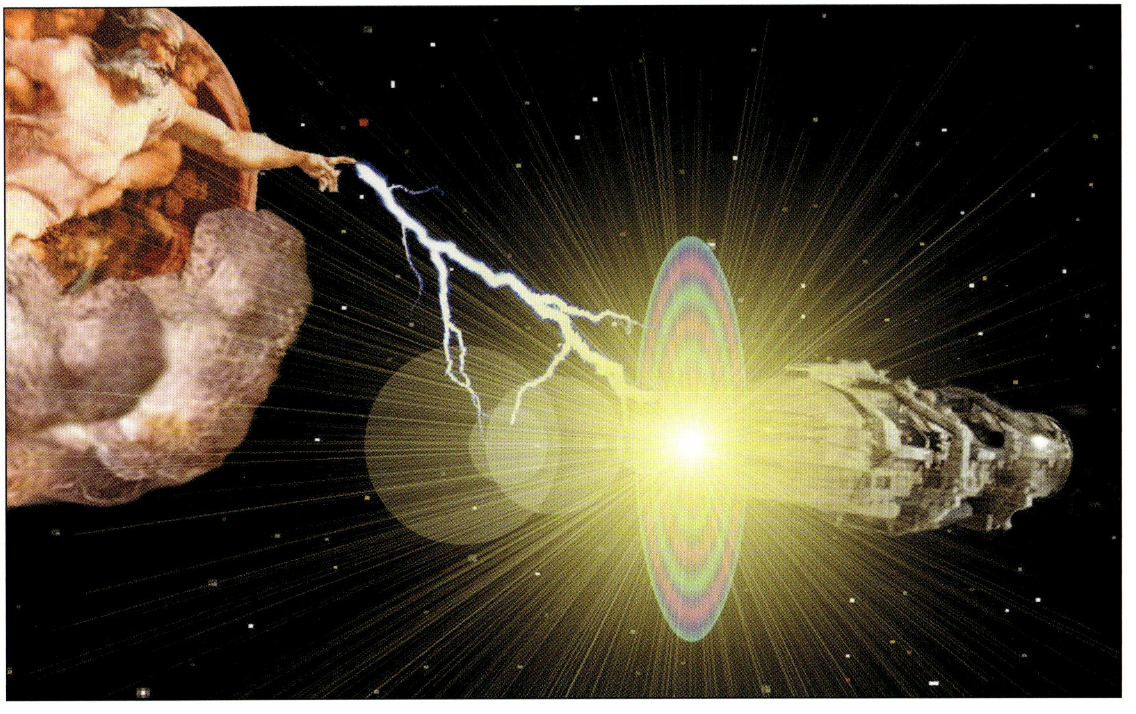

(FIG. 5.12)
Quiconque traverserait l'horizon du voyage dans le temps risquerait d'être anéanti par une bouffée de radiations mortelles.

question à laquelle les physiciens aimeraient pouvoir réfléchir sans susciter des rires méprisants : même s'il s'avérait que le voyage dans le temps ne soit pas possible, il serait important que nous comprenions pourquoi.

Pour que cette question puisse recevoir une réponse définitive, il faut prendre en compte les fluctuations non seulement des champs de matière, mais de l'espace-temps lui-même. D'une part, tout porte à croire que ces fluctuations devraient induire une sorte d'« effet de flou » dans les trajectoires des rayons lumineux aussi bien que dans l'ordonnancement du temps en tant que tel – on pourrait envisager notamment que les trous noirs laissent filtrer des radiations parce que les fluctuations quantiques de l'espace-temps exigent que l'horizon ne soit pas exactement défini ; d'autre part, il sera difficile de préciser en quoi les effets des fluctuations de l'espace-temps consistent exactement tant que la théorie de la gravitation quantique ne sera pas achevée. Mais le concept feynmanien de « somme sur les histoires » évoqué au chapitre 3 peut quand même nous fournir quelques indices précieux.

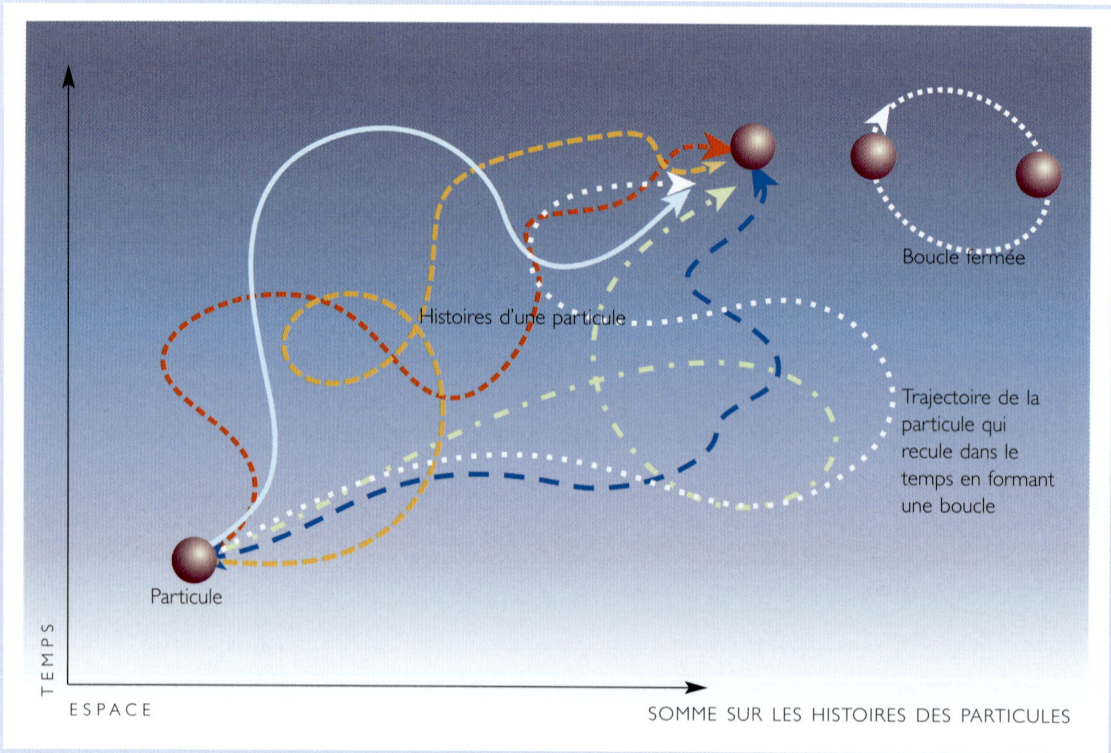

(FIG. 5.13)
La somme sur les histoires de Feynman doit inclure des histoires dans lesquelles les particules reculent et avancent dans le temps, certaines de ces histoires constituant même des boucles fermées dans le temps et l'espace.

Chacune de ces histoires consiste en un espace-temps courbe qui contient des champs de matière. Parce que nous sommes censés faire la somme de toutes les histoires possibles, et pas seulement de celles qui s'accordent avec certaines équations, cette somme doit inclure des espaces-temps assez gauchis pour qu'on puisse y voyager dans le passé (Fig. 5.13). La question devient donc : pourquoi le voyage dans le temps n'est-il pas partout attesté ? On peut répondre à cela que des voyages dans le temps se produisent bel et bien à un niveau microscopique sans que nous en ayons conscience. Si on applique le concept feynmanien de somme sur les histoires à une particule, il faut inclure les histoires dans lesquelles cette particule voyage plus vite que la lumière et remonte dans le temps : dans certaines de ces histoires, la particule tournera interminablement en boucle fermée dans le temps et dans l'espace – ce serait comme dans le film *Un jour sans fin*, où un journaliste est contraint de revivre sans cesse la même journée(Fig. 5.14).

Bien que des particules aux histoires fermées en boucle n'aient été observées par aucun détecteur de particules, on a pu mesurer expérimentalement leurs effets indirects : tout d'abord, un léger décalage de la lumière émise par les atomes

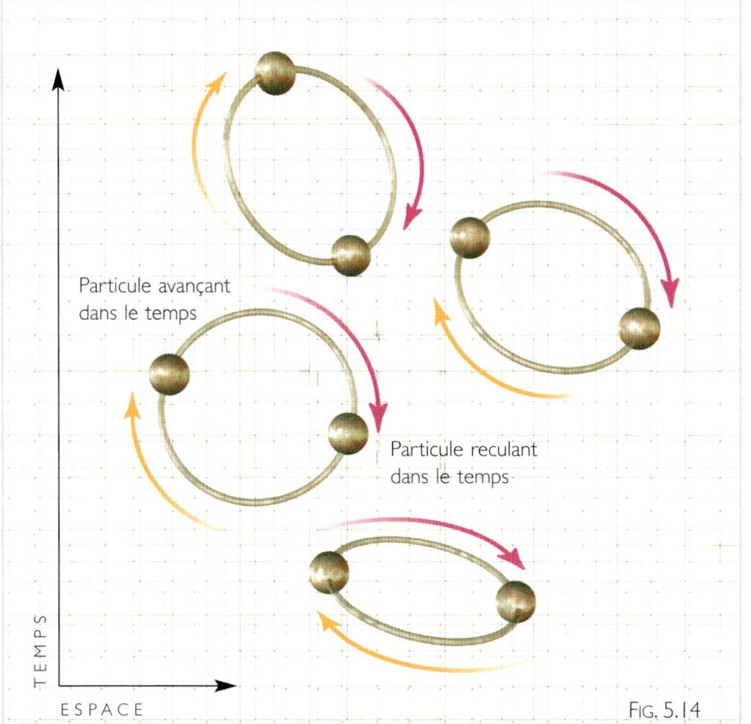

FIG. 5.14

d'hydrogène est causé par les électrons tournant à l'intérieur de boucles fermées ; ensuite, une petite force s'exerce entre des plaques de métal parallèles chaque fois que le nombre des histoires fermées en boucle susceptibles de se dérouler entre ces plaques est légèrement inférieur à celui en vigueur dans la région extérieure – c'est une interprétation alternative de l'effet Casimir. L'existence des histoires fermées en boucle est donc confirmée par plusieurs expériences (Fig. 5.15).

On pourrait contester que les histoires des particules fermées en boucle aient quelque chose à voir avec le gauchissement de l'espace-temps en faisant valoir qu'elles ont cours même dans des cadres aussi stables que l'espace plat. Mais on a découvert récemment que les phénomènes physiques peuvent souvent être décrits de deux façons également valides : on peut aussi bien dire qu'une particule se déplace en boucle fermée dans un cadre immobile donné que soutenir que cette particule reste immobile et que c'est l'espace et le temps qui fluctuent autour d'elle. Il s'agit juste de savoir si vous faites la somme des trajectoires de la particule d'abord et celle des espaces courbes ensuite, ou si vous procédez à l'envers.

FIG. 5.15

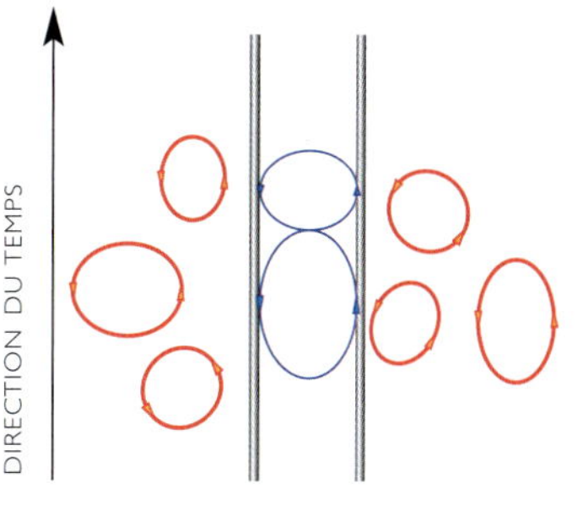

Boucles fermées

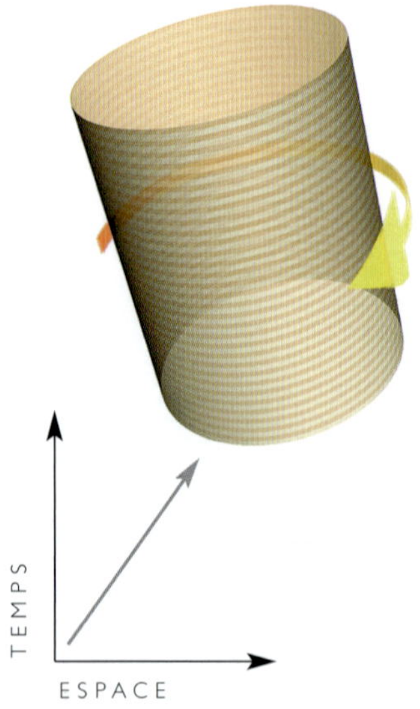

(Fig. 5.16)
L'Univers einsteinien ressemble à un cylindre : il est fini dans l'espace et constant dans le temps. Parce qu'il a une taille finie, il peut tourner sur l'un de ses axes à une vitesse partout inférieure à celle de la lumière.

HYPOTHÈSE DE PROTECTION DE LA CHRONOLOGIE

Les lois de la physique interdisent aux objets macroscopiques de voyager dans le temps

Il semble donc que la théorie des quanta permette le voyage dans le temps à une échelle microscopique, ce qui ne cadre guère avec les desseins des amateurs de science-fiction qui rêvent de remonter dans le passé pour tuer leur grand-père ; si bien que la question doit être reformulée en ces termes : se peut-il que la probabilité de la somme sur les histoires soit maximale au voisinage des espaces-temps comportant des boucles temporelles macroscopiques ?

On peut creuser ce problème en étudiant la somme sur les histoires des champs de matière d'une série de cadres d'espaces-temps de plus en plus compatibles avec les boucles temporelles ; un exemple simple que j'ai analysé avec mon étudiant Michael Cassidy a confirmé que, comme on pouvait s'y attendre, quelque chose de très spectaculaire se passe quand la première boucle temporelle apparaît.

Les cadres d'espaces-temps de la série que nous avons étudiée étaient étroitement apparentés à ce qu'on peut appeler l'Univers einsteinien : j'entends par là ce modèle d'espace-temps auquel Einstein a adhéré quand il croyait que l'Univers était statique et immuable dans le temps, c'est-à-dire ni en expansion ni en contraction (voir le chapitre 1). Dans l'Univers einsteinien, le temps va du passé infini au futur infini, bien que les directions spatiales soient finies et refermées sur elles-mêmes, comme la surface de la Terre mais avec une dimension de plus : cet espace-temps peut être figuré comme un cylindre dont l'axe le plus long correspondrait à la direction temporelle et la section transversale aux trois directions spatiales (Fig. 5.16).

Cet Univers einsteinien ne représente pas l'Univers où nous vivons parce qu'il n'est pas en expansion, mais il est malgré tout très commode pour discuter du voyage dans le temps : il a l'avantage d'être assez simple pour qu'on puisse calculer la somme de ses histoires. Oubliez le voyage dans le temps pour l'instant, et pensez à la matière contenue dans un Univers einsteinien tournant sur l'un de ses axes : si vous vous trouviez sur cet axe, vous pourriez rester au même point dans l'espace, exactement comme si vous vous teniez au centre d'un manège de chevaux de bois. Mais, si vous étiez ailleurs, vous vous déplaceriez dans l'espace tout en tournant autour de cet axe : plus vous seriez éloigné de l'axe, plus vous vous déplaceriez vite (Fig. 5.17). Donc, si l'Univers était infini dans toutes ses directions spatiales, les points assez éloignés de l'axe devraient tourner plus vite que la lumière ; mais, parce que l'Univers einsteinien est fini dans ses directions spatiales, il y a une vitesse de rotation critique au-dessous de laquelle aucune partie de l'Univers ne tourne plus vite que la lumière.

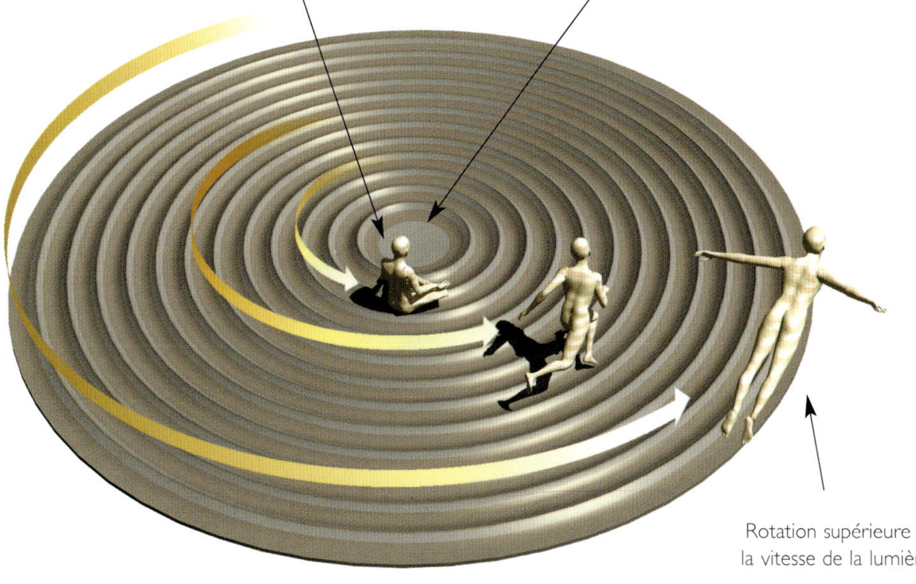

(FIG. 5.17)
Dans un espace plat, une rotation stricte s'effectuera à une vitesse supérieure à celle de la lumière loin de l'axe.

Maintenant, réfléchissez à la somme sur les histoires des particules de cet Univers einsteinien en rotation. Quand la rotation est lente, une particule peut emprunter de multiples chemins en utilisant une quantité d'énergie donnée : la somme sur les histoires de toutes les particules ici existantes a une large amplitude, ce qui signifie que la probabilité de ce cadre spatio-temporel serait élevée dans la somme sur les histoires de tous les espaces-temps courbes – c'est-à-dire, parmi les histoires les plus probables. Mais, lorsque la vitesse de rotation de cet Univers einsteinien s'approche de la valeur critique et que ses bords extérieurs se déplacent à une vitesse proche de celle de la lumière, il n'y a plus qu'une seule trajectoire particulaire qui est autorisée par la physique classique sur ces bords, à savoir celle qui se déplace à la vitesse de la lumière : la somme sur les histoires des particules étant petite, la probabilité de ces cadres spatio-temporels sera basse dans la somme sur les histoires de tous les espaces-temps courbes, ce qui revient à dire que ces histoires sont les moins probables.

(FIG. 5.18) MODÈLE DOTÉ DE COURBES SEMBLABLES AU TEMPS

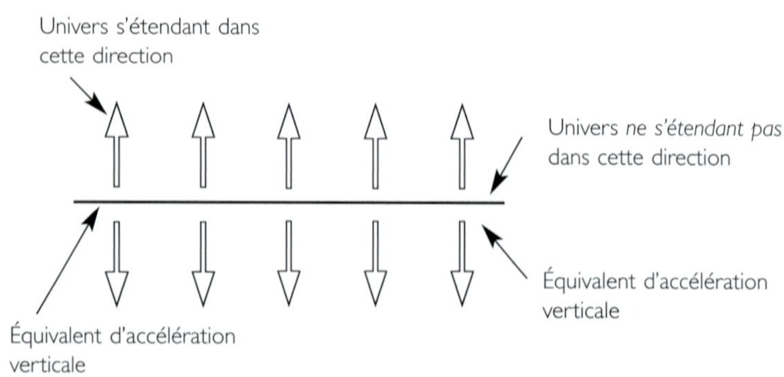

Qu'est-ce que les Univers einsteiniens en rotation ont à voir avec le voyage dans le temps et les boucles temporelles ? Ils équivalent mathématiquement à d'autres modèles d'espace-temps qui admettent les boucles temporelles : ces modèles consistent dans des Univers qui s'étendent dans deux directions spatiales – ils ne s'étendent pas dans la troisième direction spatiale, qui est périodique : je veux dire par là que, si vous franchissez une certaine distance dans cette direction, vous reviendrez à votre point de départ. Mais il appert aussi que votre vitesse dans les première ou deuxième directions spatiales sera accélérée chaque fois que vous décrirez ce genre de circuit dans la troisième direction (Fig. 5.18).

Si l'accélération est faible, aucune boucle temporelle ne se forme. Mais il n'en va pas de même dans la série des cadres d'espaces-temps où la vitesse est de plus en plus accélérée : ici, des boucles temporelles apparaissent à partir d'une certaine accélération critique, et il n'est pas étonnant que cette valeur critique corresponde à la vitesse de rotation critique des Univers einsteiniens. Parce que les calculs des sommes sur les histoires de ces types d'espaces-

temps sont mathématiquement équivalents, on peut conclure que la probabilité de tels espace-temps devient nulle quand ils s'approchent du gauchissement indispensable à la formation de boucles temporelles : autrement dit, la probabilité qu'un gauchissement suffisant permette d'utiliser une machine à remonter le temps est égale à zéro. L'hypothèse de Protection de la Chronologie est ainsi corroborée : il semblerait que les lois de la physique interdisent aux objets macroscopiques de voyager dans le temps.

La probabilité que Kip puisse remonter dans le temps pour tuer son grand-père est de $10^{-10^{60}}$. *Autrement dit, elle est inférieure à un sur dix suivi d'un million de milliards de milliards de milliards de milliards de milliards de milliards de zéros.*

Bien que les boucles temporelles soient autorisées par la somme sur les histoires, les probabilités sont extrêmement faibles : au vu des arguments dualistes déjà mentionnés, j'estime que la probabilité que Kip Thorne puisse remonter dans le temps pour tuer son grand-père est inférieure à un sur dix suivi d'un million de milliards de milliards de milliards de milliards de milliards de milliards de zéros.

C'est une probabilité infime, mais, si vous regardez bien la photo de Kip, vous remarquerez peut-être un léger flou sur les bords : il correspond à la possibilité très faible que quelque saligaud venu du futur l'ait rendu inexistant en tuant son grand-père !

Ayant tous les deux la passion du jeu, Kip et moi-même aurions été prêts à miser sur une cote de ce genre. L'ennui, c'est que nous ne pouvons plus parier l'un contre l'autre depuis que nous sommes dans le même camp, et je ne veux parier qu'avec lui – toute autre personne risquerait de venir d'un futur où le voyage dans le temps serait une réalité.

Vous pensez peut-être que la rédaction de ce chapitre participe du complot que le gouvernement ourdit à seule fin d'étouffer les voyages dans le temps : il se peut que vous ayez raison…

CHAPITRE 6

NOTRE AVENIR : STAR TREK OU NON ?

Comment et pourquoi la vie biologique et électronique
se complexifiera de plus en plus

(Fig. 6.1) Croissance démographique

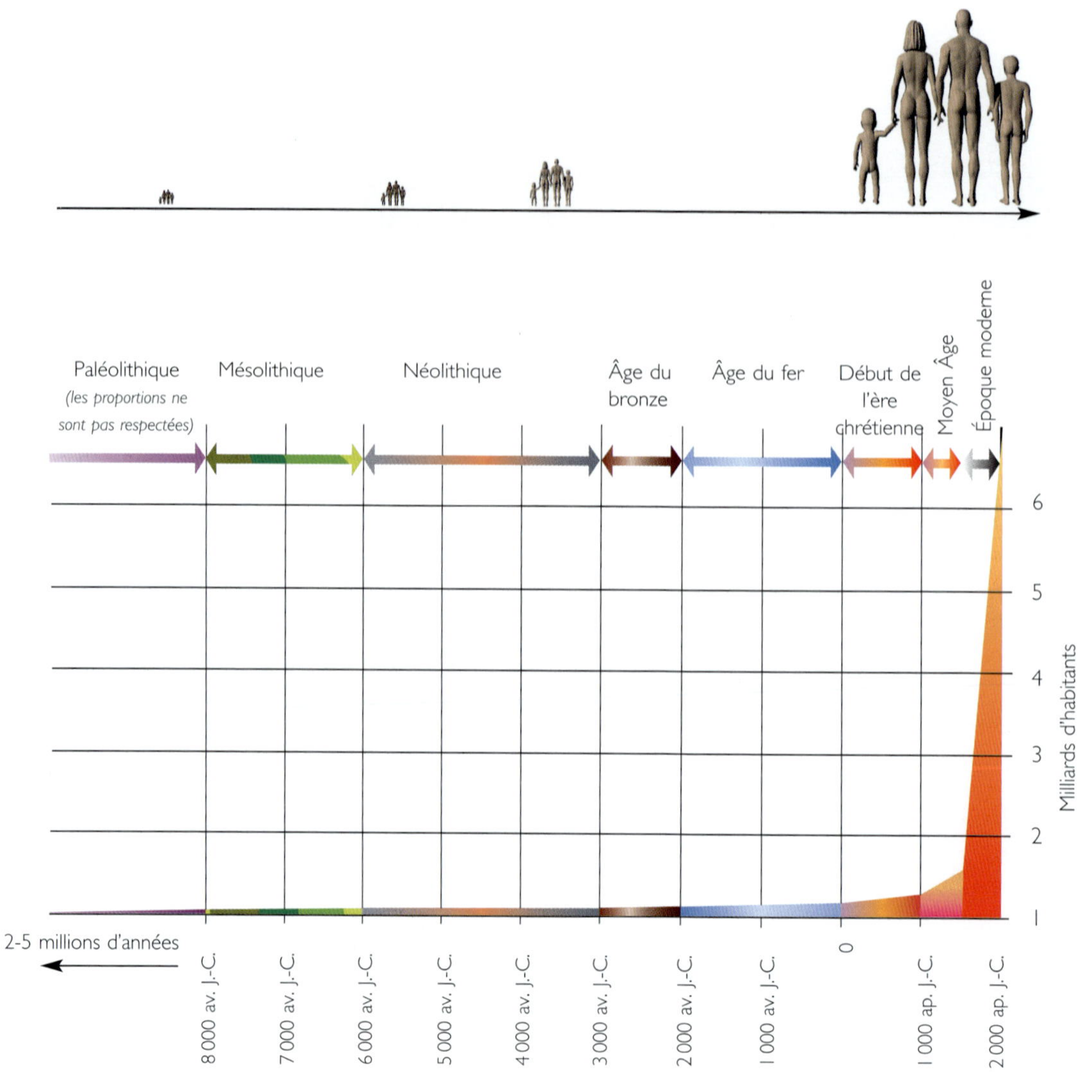

Newton, Einstein, le commandant Data et moi-même en train de jouer au poker dans un épisode de Star Trek.

Le succès de *Star Trek* tient à la vision de l'avenir rassurante que propose cette série. Comptant moi-même parmi ses fans, je n'ai eu aucun mal à me convaincre d'avoir tenu un rôle dans un épisode durant lequel je ne doute pas d'avoir joué au poker avec Newton, Einstein et le commandant Data. Je les battais tous, mais il y a eu une alerte rouge qui m'a empêché d'empocher mes gains.

Star Trek dépeint une société très en avance sur la nôtre par sa science, sa technologie et son organisation politique (sur ce dernier plan, ce n'est guère difficile !). De grands changements générateurs de tensions et de bouleversements majeurs semblent s'être produits entre notre époque et ce futur ; mais la science, la technologie et l'organisation de cette société sont censées avoir atteint un niveau proche de la perfection.

Pourrons-nous atteindre cet état final stable de la science et de la technologie ? Au cours de la dizaine de milliers d'années qui nous séparent de la dernière période glaciaire, le genre humain n'est pas parvenu une seule fois à posséder des connaissances définitives et une technologie durable. Des reculs se sont produits, comme aux sombres temps médiévaux qui ont fait suite à la chute de l'Empire romain, mais la population mondiale (paramètre qui mesure l'aptitude technologique à préserver la vie et à subvenir aux besoins alimentaires) s'est régulièrement accrue, seules des tragédies comme celle de la Peste noire ayant suscité quelques ratés (Fig. 6.1).

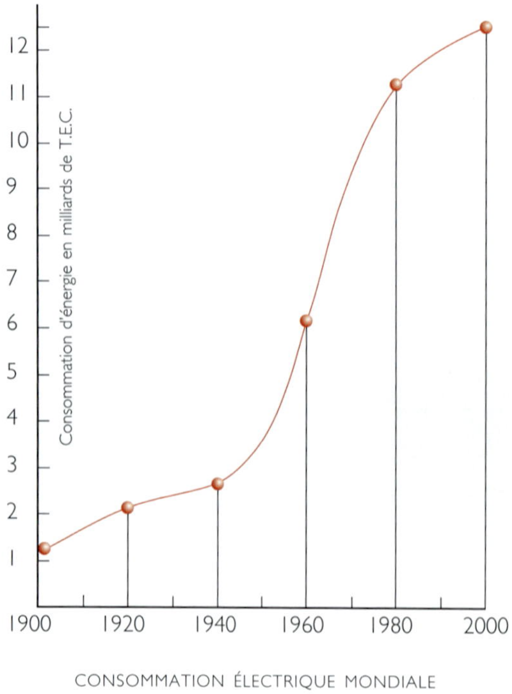

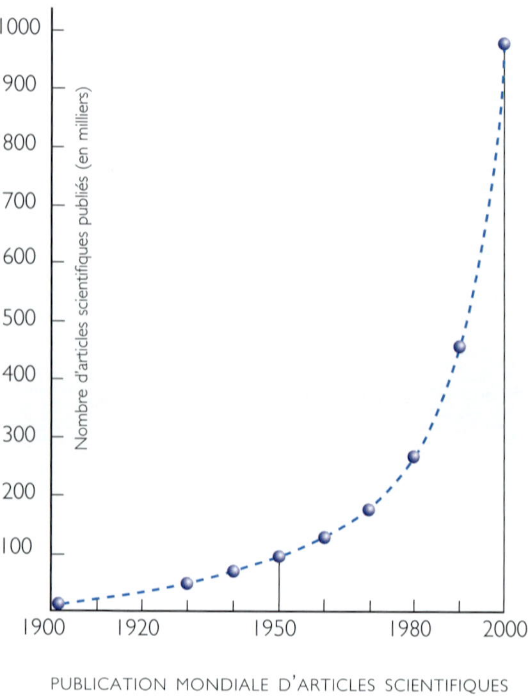

(Fig 6.2.)
À gauche: Énergie totale consommée dans le monde, exprimée en milliards de T.E.C. (1 tonne d'équivalent charbon = 8,13 mégawatts/heure).

À droite: Nombre d'articles scientifiques publiés chaque année dans le monde, gradués verticalement par milliers : on en dénombrait 9 000 en 1900, 90 000 en 1950 et 900 000 en l'an 2000.

Depuis deux cents ans, la croissance démographique est même devenue exponentielle : le taux d'augmentation ne varie pas d'une année à l'autre, le pourcentage actuel étant de l'ordre de 1,9 %. Ça n'a l'air de rien, mais cela veut dire que la population mondiale double tous les quarante ans.

Les innovations technologiques les plus récentes peuvent également se mesurer à l'aune de la consommation d'électricité et du nombre d'articles scientifiques publiés : là encore, la croissance est exponentielle, le doublement s'effectuant en moins de quarante ans (Fig. 6.2). Rien n'indique que le progrès scientifique et technologique ralentira puis s'interrompra dans un avenir proche – et il est certain que cela ne se produira pas non plus à l'époque de *Star Trek*, série qui n'est pas censée se passer dans un futur très lointain. Mais, si les taux actuels de croissance démographique et d'augmentation de la consommation d'électricité ne diminuent pas, nos descendants de l'an 2600 devraient se tenir épaule contre épaule sur une Terre vraisemblablement chauffée au rouge par leur consommation électrique.

Si vous rangiez tous les nouveaux livres qui sortent des presses sur un

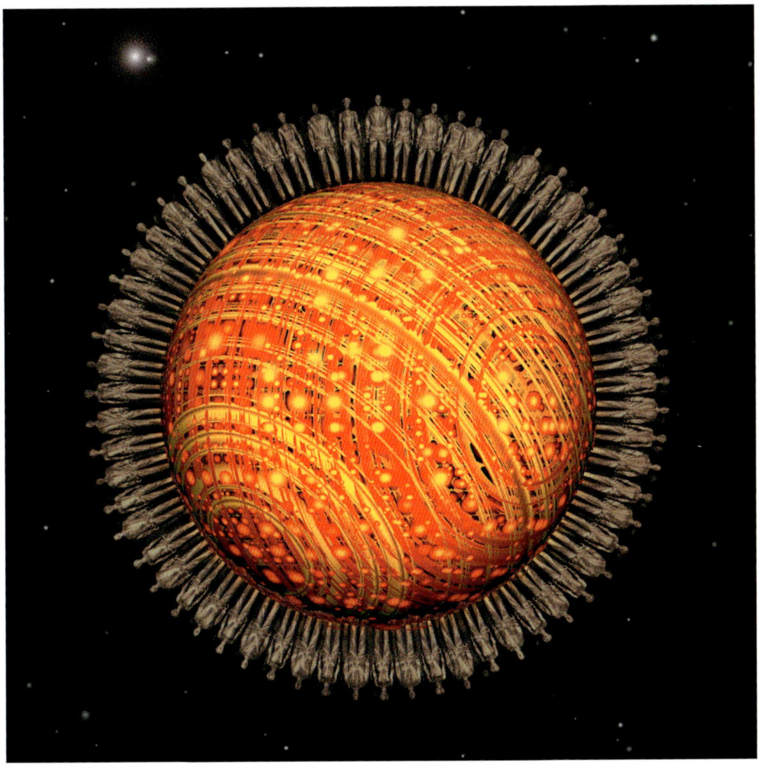

Vers l'an 2600, nos descendants devraient se tenir épaule contre épaule sur une Terre vraisemblablement chauffée au rouge par leur consommation électrique.

même rayon, vous devriez avancer à la vitesse de cent quarante-cinq kilomètres à l'heure rien que pour vous maintenir au bout de la rangée. En 2600, il est évident que les nouvelles œuvres artistiques et scientifiques seront diffusées par voie électronique plutôt que sous la forme matérielle de livres et de papier… mais, si cette croissance exponentielle se poursuivait au même rythme, les travaux de physique théorique se succéderaient au rythme de dix par seconde, et plus personne n'aurait le temps de lire ces communications.

Il est clair que l'actuelle croissance exponentielle ne saurait se prolonger indéfiniment : alors, que va-t-il advenir ? Il est possible qu'une catastrophe dans le genre d'une guerre nucléaire anéantisse toute l'humanité : selon une hypothèse particulièrement morbide, nous n'avons pas encore été contactés par des extra-terrestres pour la simple raison que toute civilisation parvenue à notre stade de développement aurait inéluctablement tendance à sombrer dans une instabilité fatale… Étant optimiste par nature, je me refuse à croire que l'espèce humaine puisse en arriver à se détruire juste au moment où les choses commencent à devenir si intéressantes.

(Fig. 6.3)
Tout le scénario de *Star Trek* repose sur le mode de propulsion supraluminique de l'*Enterprise*. Mais, si l'Hypothèse de Protection de la Chronologie est exacte, nous devrons nous contenter d'explorer notre galaxie dans des vaisseaux spatiaux se déplaçant à une vitesse inférieure à celle de la lumière.

Dans *Star Trek*, la science est beaucoup plus avancée que de nos jours, mais elle est essentiellement statique. Au vu de ce qu'on sait aujourd'hui des lois de base qui régissent l'Univers, il n'est pas exclu que cette vision de l'avenir soit réaliste. Comme je le montrerai au chapitre suivant, il se pourrait bien que nous découvrions une « théorie ultime » dans un avenir relativement proche : si elle voyait le jour, nous saurions si le rêve de la « propulsion distorsion » employée dans *Star Trek* est susceptible ou non de se réaliser. En l'état actuel de nos connaissances, nous serions contraints d'explorer notre galaxie avec une lenteur d'escargot, à bord de vaisseaux spatiaux se déplaçant moins vite que la lumière ; mais, parce que nous ne disposons pas encore d'une théorie complètement unifiée, il n'est pas interdit d'imaginer qu'un tel mode de propulsion finira par être utilisé (Fig. 6.3).

Nous connaissons déjà les lois qui valent dans toutes les situations, à l'exception des plus extrêmes : les lois auxquelles obéit l'équipage de l'*Enterprise*, sinon ce vaisseau spatial en tant que tel. Mais je ne crois pas pour autant que nous atteindrons jamais un état stable dans les usages que nous ferons de ces lois ni dans la complexité des systèmes qu'elles nous permettront de produire ; c'est de cette complexité que je traiterai dans la suite de ce chapitre.

Pour le moment, le corps humain est le système le plus complexe que nous connaissions. Il semblerait que la vie soit apparue dans les océans primitifs qui couvraient le globe terrestre il y a quatre milliards d'années de cela. Mais nous ignorons les détails de ce scénario : tout ce qu'on peut dire, c'est que des collisions aléatoires entre atomes ont peut-être donné naissance à des macromolécules capables de se reproduire et de s'assembler au sein de structures plus complexes… Notre seule certitude, c'est que l'ADN – molécule de la plus haute complexité – existe depuis trois milliards et demi d'années.

L'ADN est le support de toutes les formes de vie terrestres. Sa structure en double hélice semblable à un escalier en colimaçon a été découverte par Francis Crick et James Watson au Cavendish Laboratory de Cambridge en 1953. Les deux brins de la molécule d'ADN sont reliés par des paires d'acides nucléiques qui forment des sortes de marches d'escalier, et il existe quatre types d'acides nucléiques (la cytosine, la guanine, la tyrosine et l'adénosine) dont les divers positionnements codent toutes les informations génétiques indispensables à la reproduction de l'ADN aussi bien qu'à la formation des organismes qui s'assemblent autour de cette molécule. Or, quand l'ADN se réplique, il peut se produire des erreurs de copie qui altèrent l'ordre des acides nucléiques positionnés le long de la spirale : le plus souvent, ces coquilles interdisent à l'ADN de se reproduire ou rendent sa reproduction moins vraisemblable, ce qui ne peut que s'avérer préjudiciable à la diffusion des mutations génétiques induites par de telles erreurs ; mais, il peut arriver aussi que ces erreurs ou mutations *accroissent* les probabilités de survie et de reproduction de l'ADN et favorisent de ce fait même les transformations du code génétique. C'est ainsi que les informations contenues dans la séquence des acides nucléiques évoluent peu à peu et gagnent en complexité (Fig. 6.4).

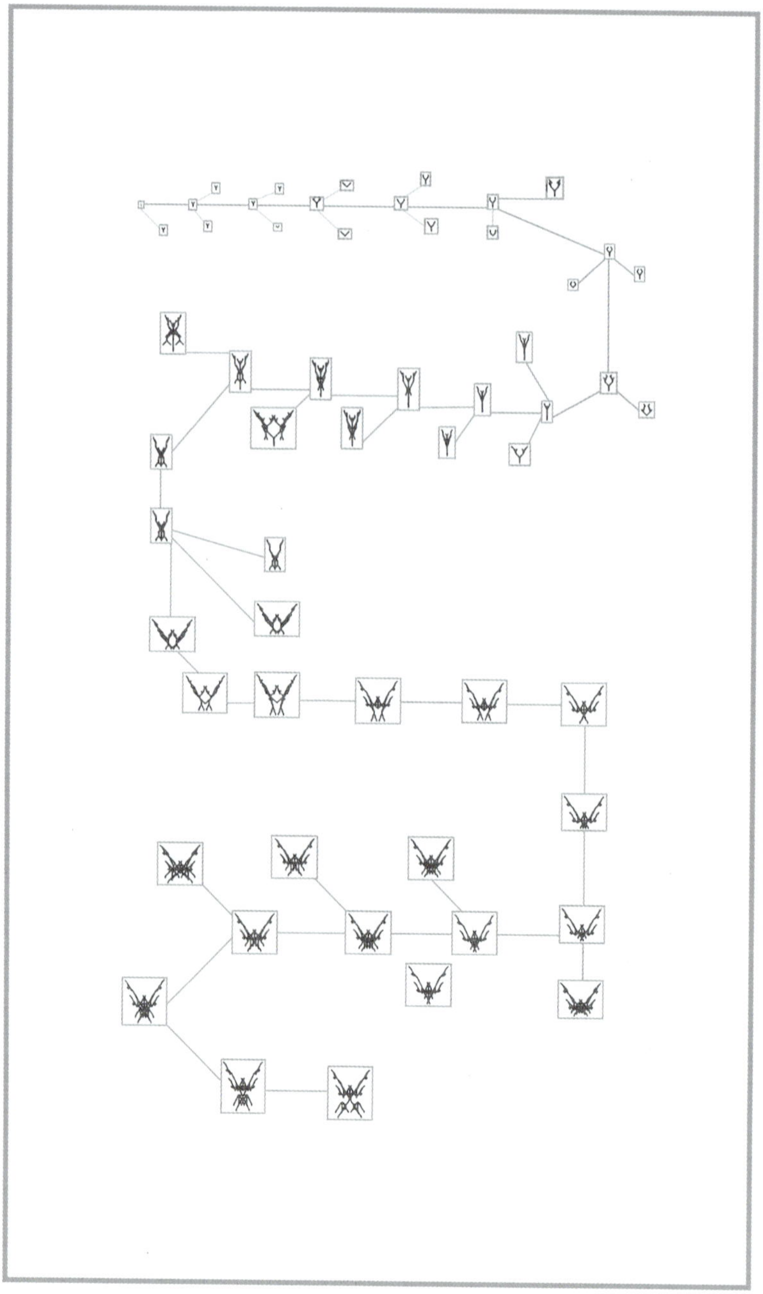

(Fig. 6.4) L'ÉVOLUTION EN ACTION

À droite, on aperçoit les « biomorphes » informatiquement générés dont l'évolution a été programmée par le biologiste Richard Dawkins.
La survie d'une souche particulière dépendait de qualités aussi simples que le fait d'être « intéressant », « différent » ou « insectiforme ».
À partir d'un ancêtre dont le corps était constitué par un seul pixel, les premières générations aléatoires se sont développées selon un processus similaire à la sélection naturelle. Dawkins a reconstitué ainsi l'histoire évolutive (incluant certaines impasses) d'une sorte d'insecte pendant 29 générations successives.

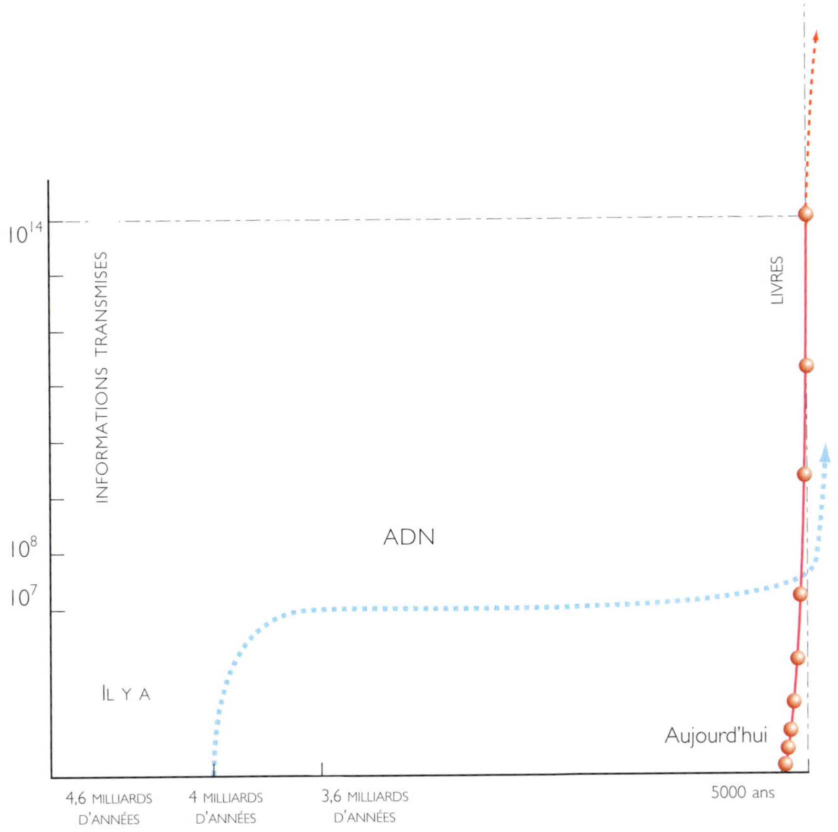

Développement de la complexité depuis la formation de la Terre (les proportions ne sont pas respectées)

Du fait même que l'évolution biologique s'apparente pour l'essentiel à une randonnée effectuée au hasard dans l'espace de toutes les possibilités génétiques, elle a été très lente. La complexité, ou le nombre de bits d'informations, codée dans l'ADN équivaut peu ou prou au nombre d'acides nucléiques que contient cette molécule : pendant les deux premiers milliards d'années, le taux d'accroissement de cette complexité doit avoir été voisin d'un bit d'information par siècle, ce chiffre s'étant ensuite peu à peu accru – le taux d'accroissement de la complexité de l'ADN est passé à un bit par an environ au cours des derniers millions d'années. Mais un développement aussi inédit qu'important est survenu depuis six ou huit mille ans : depuis l'invention de l'écriture, des informations peuvent être transmises d'une génération a la suivante indépendamment du très lent processus des mutations aléatoires et de la sélection naturelle qui les codent à l'intérieur de la séquence d'ADN. La complexité a ainsi énormément augmenté : la part de notre patrimoine génétique qui nous différencie des singes tiendrait dans un seul livre de poche, les trente volumes d'une encyclopédie suffisant pour décrire la séquence complète de l'ADN humain (Fig. 6.5).

FIG 6.5

Les êtres humains pourront avoir des cerveaux plus gros et devenir plus intelligents sitôt que nous saurons faire pousser des embryons hors d'un corps maternel.

Point plus important encore, les informations consignées dans les livres sont susceptibles d'être rapidement actualisées. Le taux actuel de renouvellement de l'ADN humain dû à la seule évolution biologique est de un bit par an à peu près ; or les deux cent mille livres nouveaux publiés chaque année correspondent à un taux de renouvellement de l'information de plus d'un million de bits par seconde. Il va sans dire que la plupart de ces informations sont bonnes à être jetées à la poubelle, mais, même si un bit seulement sur cent millions est utile, elles se renouvellent malgré tout cent mille fois plus vite que les informations biologiques.

C'est grâce à cette transmission de données externes non biologiques que les êtres humains ont fini par dominer le monde et que la population mondiale s'accroît désormais à un rythme exponentiel. Nous sommes cependant à l'aube d'une ère nouvelle : nous devrions être bientôt capables d'accroître la complexité des archives internes que constitue notre ADN sans passer par le processus paresseux de l'évolution biologique. Nous serons probablement en mesure de redessiner totalement la carte de l'ADN humain d'ici un millénaire, alors qu'il n'avait subi aucune transformation notable depuis dix mille ans. Naturellement, beaucoup de nos descendants exigeront que les généticiens s'abstiennent d'exercer leurs talents sur les êtres humains, mais je doute qu'ils obtiennent gain de cause : car les manipulations génétiques de plantes et d'animaux seront autorisées pour des motifs économiques, et les expérimentations humaines ne tarderont pas à suivre – à moins qu'un ordre mondial totalitaire ne l'interdise, des humains améliorés seront créés tôt ou tard.

De graves différends politiques et sociaux ne manqueront pas de surgir entre ces mutants et les humains qui n'auront pas été améliorés. Ces manipulations du patrimoine génétique humain ont toutes chances de se concrétiser, que nous le voulions ou non. C'est d'ailleurs pourquoi je ne crois pas aux films de science-fiction : nos descendants du XXVe siècle nous ressemblent comme deux gouttes d'eau ! Le genre humain ainsi que son ADN vont devenir de plus en plus complexes – nous ferions donc mieux d'accepter cette évolution inévitable pour nous préparer à la gérer.

En un sens, les êtres humains doivent améliorer leurs aptitudes physiques et mentales pour pouvoir affronter les environnements de plus en plus complexes où ils sont appelés à évoluer et être capables de relever le nouveau défi de l'exploration spatiale. De même, seul un accroissement de la complexité humaine permettra aux systèmes biologiques de continuer à prévaloir sur leurs pendants électroniques : pour le moment, les ordinateurs ont l'avantage de la vitesse sans montrer encore aucun signe d'intelligence, ce qui n'est pas surprenant au vu de leurs capacités actuelles (les ordinateurs les plus perfectionnés sont moins complexes que le cerveau d'un ver de terre, espèce qui ne s'est guère distinguée par ses facultés intellectuelles), mais ne sera peut-être plus vrai demain.

Pour l'instant encore, le cerveau d'un simple ver de terre surpasse nos plus puissants ordinateurs.

Fig 6.6

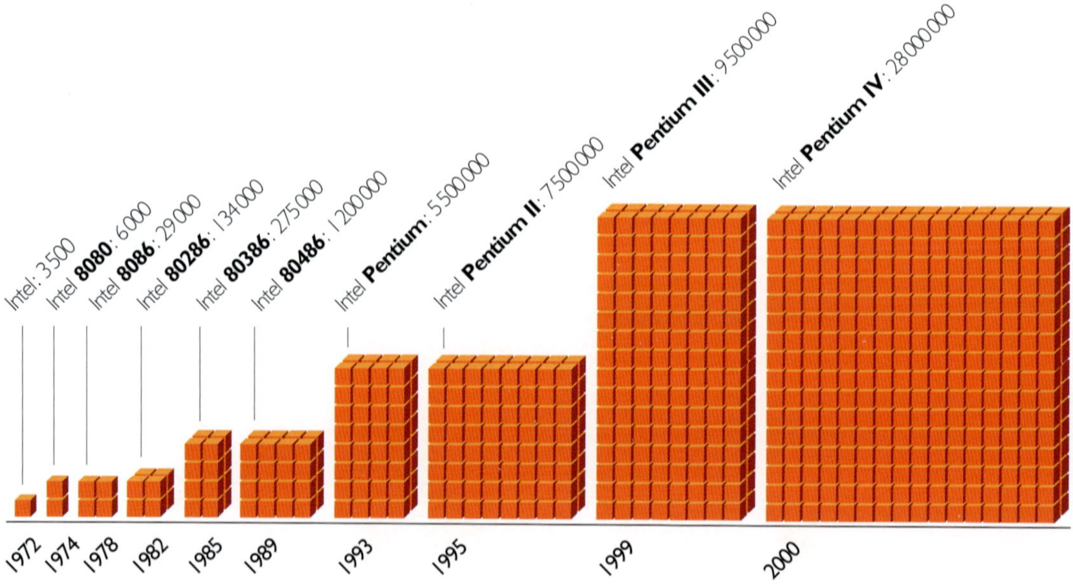

Croissance exponentielle de la puissance de calcul informatique de 1972 à 2007 (selon l'estimation prudente d'un fabricant d'unités de traitement centrales). Le chiffre cité après le nom du microprocesseur indique le nombre d'opérations effectuées par seconde.

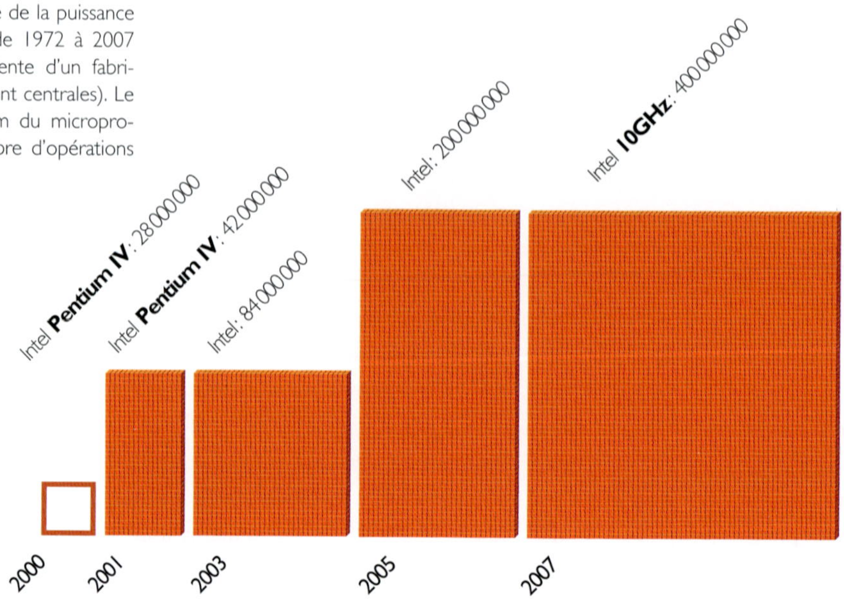

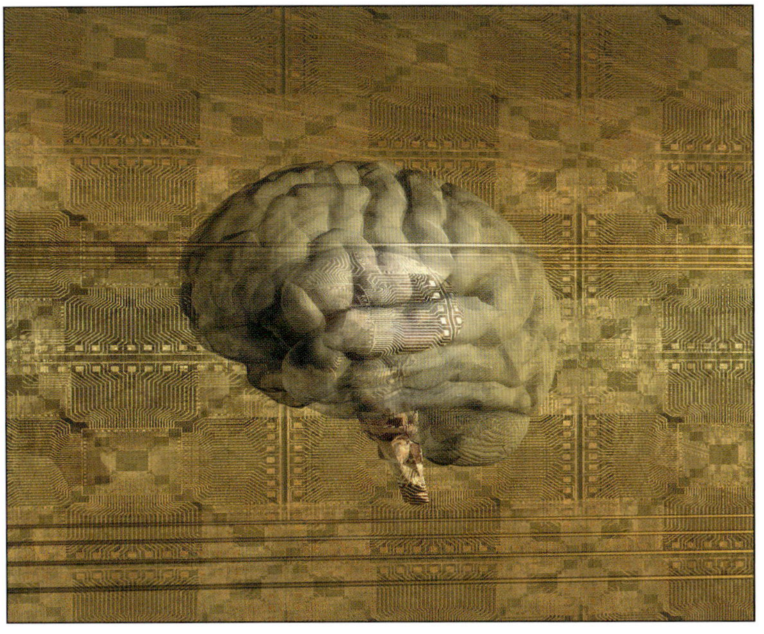

Les implants neuraux permettront de disposer d'une mémoire accrue et de stocks complets de données telles que des langues ou des textes (tout le contenu de ce livre pourrait être appris en quelques minutes, par exemple). Les humains qui bénéficieront de telles améliorations ne nous ressembleront guère.

Les ordinateurs obéissent à ce qu'on appelle la « loi de Moore » : leur vitesse et leur complexité doublent tous les dix-huit mois (Fig. 6.6). Les ordinateurs finiront par être aussi complexes que les cerveaux humains. Pour ma part, je ne crois pas que l'intelligence artificielle soit une billevesée : si des molécules chimiques très complexes ont rendu les humains intelligents, pourquoi des circuits électroniques d'une complexité comparable ne pourraient-ils pas permettre à des machines de se comporter d'une façon intelligente ? S'ils deviennent intelligents, les ordinateurs réussiront vraisemblablement à concevoir d'autres ordinateurs dotés d'une complexité et d'une intelligences encore accrues.

La Nature imposera-t-elle ou non une limite à cet accroissement prévisible de la complexité biologique et électronique ? Biologiquement parlant, les capacités de l'intellect humain ont été limitées jusqu'à présent par la taille du cerveau des nouveau-nés : leur crâne doit pouvoir passer par le col de l'utérus. Ayant assisté à la naissance de mes trois enfants, je sais à quel point le franchissement de ce passage peut être difficile, mais je ne m'en attends pas moins à ce que cette limitation disparaisse sitôt que nous aurons appris à faire pousser des bébés hors d'un corps maternel (d'ici une centaine d'années, je suppose). À long terme, cependant, l'accroissement de la taille du cerveau humain dû au génie génétique buttera sur le problème de la lenteur relative de la transmission des messages chimiques qui déclenchent les

UNE BRÈVE HISTOIRE DE L'UNIVERS

ÉVÉNEMENTS (les proportions ne sont pas respectées)

0,00003 milliard d'années.
Big bang, puis Univers inflationnaire, brûlant et optiquement dense.

Découplage de la matière et de l'énergie.
L'univers devient transparent.

1 milliard d'années.
Des amas de matière forment des protogalaxies où des noyaux lourds sont synthétisés.

3 milliards d'années.
Galaxies détectées par le télescope spatial Hubble pendant son exploration de l'espace lointain.

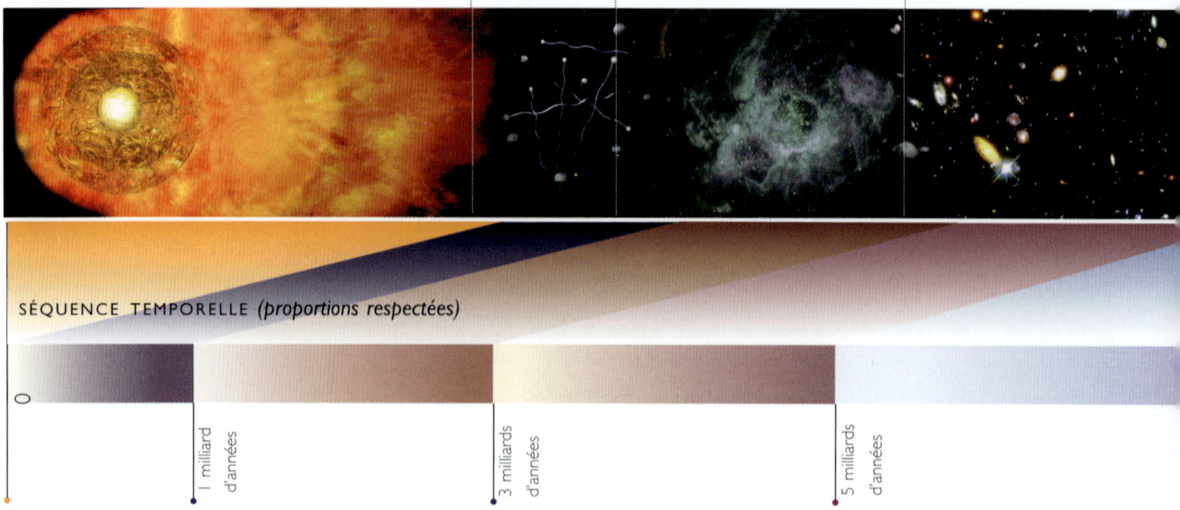

(FIG. 6.7)
L'espèce humaine n'existe que depuis une infime fraction de l'histoire de l'Univers. (Si ce tableau était à la bonne échelle et si le temps qui s'est écoulé depuis l'apparition des êtres humains correspondait à 7 cm, l'histoire totale de l'Univers mesurerait plus d'un kilomètre). Il est probable que toutes les formes de vie extraterrestres que nous pourrions découvrir seraient ou bien beaucoup plus primitives, ou bien beaucoup plus avancées que nous.

activités mentales : toute nouvelle augmentation de la complexité du cerveau s'effectuera au détriment de la vitesse du fonctionnement cérébral – on aura l'esprit vif ou on sera très intelligent, mais pas les deux à la fois. Quoi qu'il en soit, je suis convaincu que nous pouvons devenir beaucoup plus intelligents que la plupart des personnages de *Star Trek* – piètre exploit, je l'admets.

Les cerveaux humains ne seront pas les seuls à buter sur ce problème : les concepteurs de circuits électroniques eux aussi devront choisir entre la complexification et la vitesse. Les signaux étant ici électroniques, et non chimiques, ils voyagent à la vitesse de la lumière : quoique très supérieure à celle des signaux nerveux, cette vitesse impose déjà une limite pratique à l'architecture des ordinateurs les plus rapides et, si miniaturisés que soient les circuits, les améliorations apportées achopperont tôt ou tard sur la structure atomique de la matière. Heureusement pour nous, nous avons encore du chemin à faire avant de nous heurter à cette barrière !

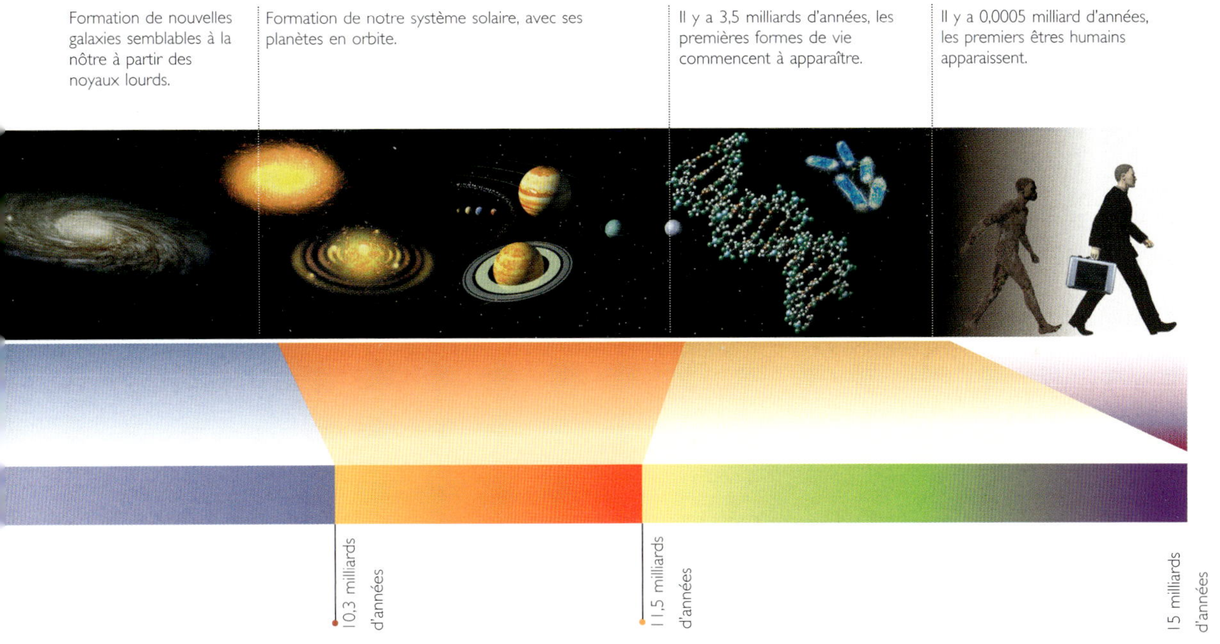

Un autre moyen d'accroître la complexité des circuits électroniques tout en maintenant leur vitesse consisterait à copier le cerveau humain. Car le cerveau n'a rien à voir avec une unité centrale (*Central Processing Unity*, ou *CPU*) qui exécuterait des ordres un par un : des millions de processeurs différents travaillent simultanément de concert. L'avenir de l'intelligence électronique dépend de l'adoption de ces parallélismes massifs.

Si l'espèce humaine ne se détruit pas au cours des cent années à venir, nous coloniserons sans doute les planètes du système solaire avant d'atteindre les étoiles les plus proches. Mais, contrairement à qui est décrit dans *Star Trek* ou dans *Babylon 5*, on ne saurait escompter que des races humanoïdes soient apparues dans presque tous les systèmes stellaires : car des hominidés plus ou moins semblables à nous n'existent que depuis deux millions d'années, alors que quinze milliards d'années environ se sont écoulés depuis le big bang (Fig. 6.7).

L'INTERFACE BIOLOGIQUE-ÉLECTRONIQUE

D'ici deux décennies, un ordinateur à 1000 dollars pourrait être aussi complexe que le cerveau humain. En imitant le fonctionnement de notre organe cérébral, les processeurs massivement parallèles pourraient conférer intelligence et conscience aux ordinateurs.

Les implants neuraux permettront de disposer d'une interface beaucoup plus rapide entre le cerveau humain et les ordinateurs : la distance entre l'intelligence biologique et l'intelligence électronique sera abolie.

D'ici quelques années, la plupart des transactions commerciales seront effectuées par des entités cybernétiques communiquant via le *World Wide Web*.

D'ici une décennie, la vie virtuelle pourra être préférée à la vie réelle : nous aurons la possibilité de nouer des amitiés et de cultiver des relations totalement cybernétiques.

Non seulement le décryptage du génome humain sera certainement propice à de grandes avancées médicales, mais un accroissement considérable de la complexité structurelle de l'ADN humain pourrait s'ensuivre également. D'ici quelques siècles, le génie génétique pourrait remplacer l'évolution biologique en créant des humains améliorés – ce qui ne manquera pas de soulever des problèmes éthiques inédits.

Les autres systèmes solaires ne pourront probablement être explorés que par des humains génétiquement remodelés ou par des sondes spatiales inhabitées, contrôlées par des intelligences artificielles.

Même si une vie s'était développée sur d'autres systèmes stellaires, nous n'avons donc qu'une chance infime de découvrir un jour une intelligence qui en serait à peu près au même stade que l'espèce humaine : il est infiniment plus probable que toute forme de vie extraterrestre serait ou bien beaucoup plus primitive, ou bien beaucoup plus évoluée, que son homologue terrestre. Alors, pourquoi une civilisation extra-terrestre en avance sur la nôtre n'a-t-elle pas déjà essaimé dans toute la galaxie et visité la Terre ? Si des extra-terrestres étaient déjà venus, nous serions forcément au courant – les choses se seraient passées comme dans *Independance Day* plutôt que comme dans *ET*.

Comment expliquer que des extra-terrestres ne nous aient pas déjà rendu visite ? Une autre civilisation consciente de notre existence aurait pu décider de nous laisser mariner dans notre jus sans nous contacter, mais j'ai du mal à croire qu'une forme de vie inférieure soit traitée avec autant de délicatesse : nous soucions-nous des innombrables insectes et vers de terre que nous écrasons sous les semelles de nos chaussures ? En fait, la probabilité de l'apparition de la vie sur d'autres planètes (et, *a fortiori*, de l'émergence d'une intelligence) est très faible. Parce que nous nous voyons comme des créatures intelligentes, si infondée que soit parfois cette prétention, nous avons tendance à tenir l'intelligence pour une conséquence inévitable de l'évolution. Or il est permis de s'interroger à ce sujet : après tout, il n'est pas certain que l'intelligence ait une grande valeur de survie... Non seulement les bactéries se débrouillent à merveille, mais elles survivraient même à notre espèce si sa prétendue intelligence l'amenait à déclencher un conflit nucléaire cataclysmique. Quand nous explorerons notre galaxie, nous découvrirons donc peut-être des formes de vie primitives, mais certainement pas des créatures semblables à nous.

L'intelligence a-t-elle une grande valeur de survie à long terme ?

Bref, l'avenir de la science ne ressemblera pas au tableau rassurant que *Star Trek* nous propose : je ne crois pas que l'Univers abrite une multitude de races humanoïdes, dotées chacune d'une science avancée mais fondamentalement statique. Nous resterons tout seuls et accroîtrons rapidement notre complexité biologique et électronique : cette évolution ne sera peut-être pas encore patente à la fin du XXIe siècle, et il est impossible de faire des prédictions fiables après cette date, mais je n'en suis pas moins convaincu que la vision du monde de *Star Trek* sera démentie sur des points fondamentaux vers la fin du IIIe millénaire – s'il y a encore des êtres humains dans mille ans.

CHAPITRE 7

LE NOUVEAU MONDE DES BRANES

Vivons-nous sur une brane,
ou ne sommes-nous que des hologrammes ?

(FIG. 7.1) La théorie M ressemble à un puzzle. Il est plus facile d'identifier et d'assembler les pièces qui se trouvent aux bords, mais nous ne savons pas du tout ce qui se passe au milieu, où les quantités assez petites pour être analysables ne peuvent faire l'objet d'aucune approximation.

Comment se poursuiva notre voyage d'exploration ? Allons-nous réussir à découvrir une théorie unifiée qui régisse l'Univers et tout ce qu'il contient ? En fait, comme je l'ai indiqué au chapitre 2, il se pourrait bien que nous ayons déjà identifié la Théorie de Tout sous l'appellation de « Théorie M ». Elle est irréductible à une formulation unique en l'état actuel de nos connaissances au moins : tout ce que nous avons découvert, c'est un réseau de théories différentes en apparence qui semblent toutes renvoyer approximativement à la même théorie fondamentale sous-jacente dans des limites différentes, exactement comme la théorie de la gravité newtonienne est une approximation de la théorie de la relativité générale d'Einstein pour une limite caractérisée par la faiblesse du champ gravitationnel. Cette théorie M ressemble à un puzzle : il est plus facile d'identifier et d'assembler les pièces qui bordent ce puzzle, chacune correspondant à une limite de la théorie M en deça de laquelle telle ou telle quantité est assez petite pour être analysable. Si nous avons déjà une assez bonne idée de ce qui se trouve dans chacun de ces bords, il reste néanmoins un vide béant au centre du puzzle de cette théorie M : nous ne savons pas ce qui s'y passe (Fig. 7.1). Tant que ce trou ne sera pas comblé, nous ne pourrons donc pas nous prévaloir d'avoir découvert la Théorie de Tout.

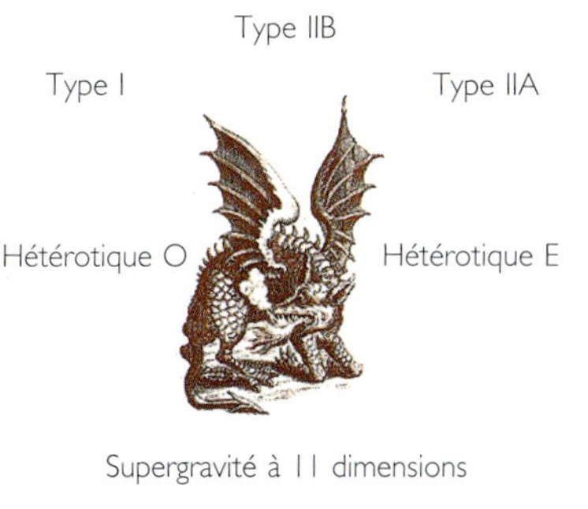

Qu'y a-t-il au centre de cette théorie M ? Allons-nous découvrir des dragons (ou n'importe quoi d'aussi étrange) semblables à ceux qui passaient pour peupler les contrées inexplorées des cartes anciennes ? Jusqu'alors, nous avons toujours découvert des phénomènes imprévisibles chaque fois que nous sommes descendus d'un cran dans l'échelle de nos observations. Au début du XXe siècle, les œuvres de la nature étaient en effet appréhendées aux échelles de la physique classique, qui vont des distances interstellaires jusqu'au centième de millimètre : selon cette physique classique, la matière était un milieu continu qui présentait des propriétés telles que l'élasticité et la viscosité. Or

(Fig. 7.2)
À droite : Atome classique indivisible. *Plus à droite :* Atome comprenant des électrons orbitant autour d'un noyau fait de protons et de neutrons.

il est devenu ensuite évident que la matière n'est pas lisse, mais granuleuse – qu'elle est composée de briques minuscules, dites « atomes » ; et l'on s'est aperçu plus tard encore que ces particules prétendument « indivisibles » (en grec, *atomos* signifie insécable) comprennent des électrons qui orbitent autour d'un noyau fait de protons et de neutrons (Fig. 7.2).

Grâce aux travaux des physiciens atomistes des trois premières décennies de notre siècle, des longueurs de l'ordre du millionième de millimètre à peine ont été explorées, puis on a découvert que les protons et les neutrons eux-mêmes sont constitués de particules encore plus petites, appelées quarks (Fig. 7.3).

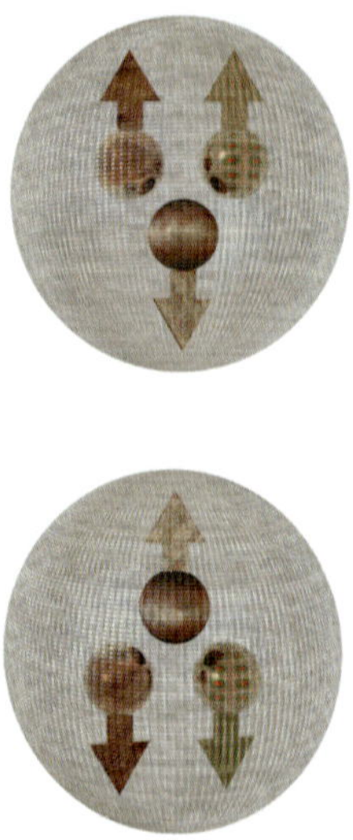

(Fig. 7.3)
En haut : Le proton est constitué de deux quarks *up*, qui ont chacun une charge électrique positive de 2/3, et d'un quark *down*, ayant une charge négative de 1/3. *En bas :* Le neutron est constitué de deux quarks *down*, qui ont chacun une charge électrique négative de 1/3, et d'un quark *up*, ayant une charge positive de 2/3.

Les recherches les plus récentes des spécialistes de la physique nucléaire et de la physique des hautes énergies nous ont permis d'accéder à des échelles de longueur encore réduites d'un facteur un milliard : on pourrait donc croire que ces découvertes de structures d'une taille de plus en plus infinitésimale sont susceptibles de se poursuivre indéfiniment... Mais cette série de descentes dans l'échelle de l'infiniment petit ne saurait être illimitée – comme dans les emboîtements de poupées russes, la réduction a une limite (Fig. 7.4).

Dans toute série de poupées russes, il y en a toujours une qui, étant la plus petite possible, n'en contient plus d'autres : dans le domaine de la physique, cette dernière poupée s'appelle la « longueur de Planck ». L'investigation des distances encore plus courtes nécessiterait de disposer de particules aussi énergétiques que celles qui sont à l'intérieur des trous noirs, et, quand bien même cette valeur si fondamentale n'a pas encore été déterminée avec précision dans la théorie M (la longueur de Planck devrait équivaloir ici à un millimètre divisé par cent mille milliards de miliards de milliards), il est certain que nous ne sommes pas prêts de construire les accélérateurs de particules géants qui permettraient d'étudier des distances si infimes : ils devraient être plus grands que

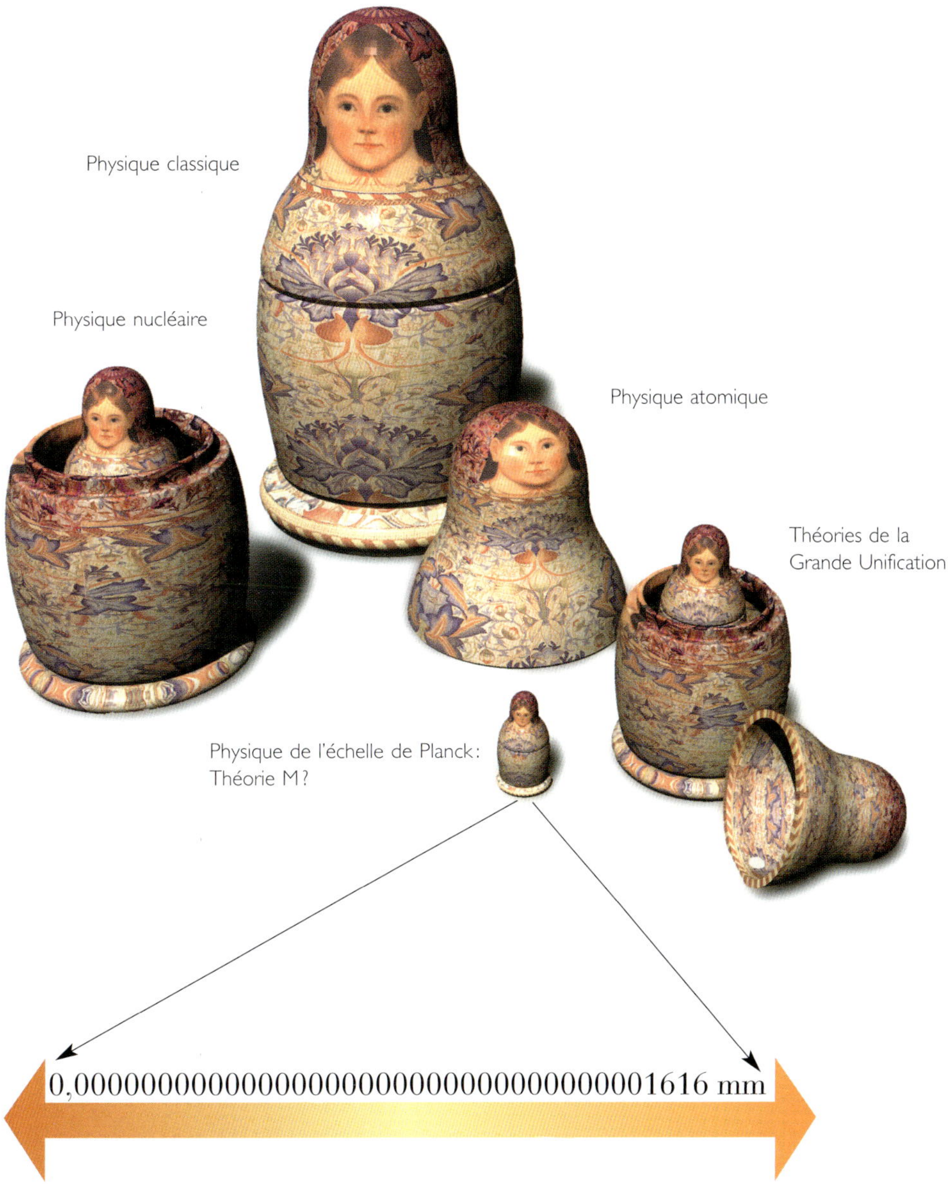

(FIG. 7.4) Chacune de ces poupées représente une compréhension théorique de la nature, appréhendée à une certaine échelle de longueur : chacune contient une poupée plus petite, correspondant à une théorie qui décrit la nature à une échelle plus réduite. Mais il existe une valeur physique encore plus infinimétismale, dite longueur de Planck, à l'échelle de laquelle la nature pourrait être décrite par la théorie M.

(FIG. 7.5)
Pour explorer des distances aussi infimes que la longueur de Planck, il faudrait construire un accélérateur de particules dont le diamètre serait plus grand que celui du système solaire.

le système solaire, caractéristique malaisément conciliable avec les restrictions budgétaires actuelles ! (Fig. 7.5)

Pourtant, une hypothèse aussi nouvelle qu'excitante donne à penser que quelques-uns au moins des dragons de la théorie M pourraient être découverts plus aisément (et à moindres frais). Comme on l'a vu aux chapitres 2 et 3, l'espace-temps a dix ou onze dimensions dans toutes les modélisations mathématiques de la théorie M : tout dernièrement encore, on estimait que les six ou sept dimensions supplémentaires devaient être enroulées sur elles-mêmes à trop petite échelle pour que leur observation soit possible – mais on pourrait les comparer à un cheveu humain (Fig. 7.6).

Si vous examinez un cheveu à la loupe, vous constaterez qu'il a une épaisseur : à l'œil nu, il se présentait sous l'aspect d'une ligne à une seule dimension – la longueur. Il pourrait en aller de même de l'espace-temps : aux échelles de longueur humaines, atomiques ou même propres à la physique nucléaire, l'espace-temps semble avoir quatre dimensions et être presque plat, mais on le verrait peut-être comme ayant dix ou onze dimensions si on parvenait à utiliser des particules assez énergétiques pour que les distances ultracourtes nous deviennent accessibles.

(FIG. 7.6)
À l'œil nu, un cheveu a l'aspect d'un objet unidimensionnel : on dirait qu'il n'a qu'une longueur, comme une ligne. De même, l'espace-temps semble avoir quatre dimensions, mais on le verrait peut-être comme en ayant dix ou onze si on l'étudiait au moyen de particules ultra-énergétiques.

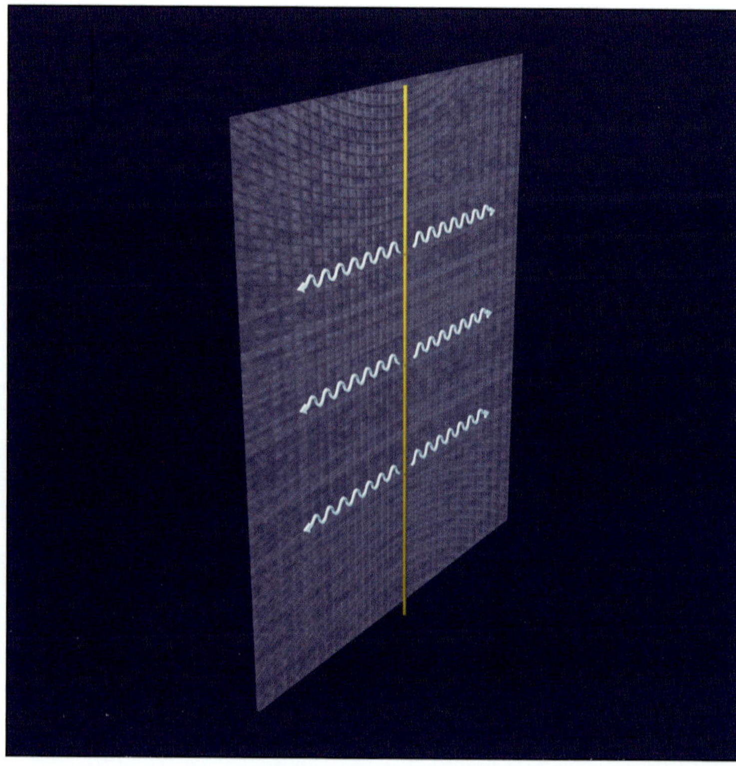

(Fig. 7.7) LES MONDES BRANAIRES
La force électrique serait confinée à la brane et décroîtrait à un rythme idéalement propice à la stabilité des orbites que les électrons décrivent autour des noyaux des atomes.

Si toutes les dimensions supplémentaires étaient minuscules, il serait très difficile de les observer. Mais on a suggéré récemment qu'une au moins de ces dimensions supplémentaires pourrait être relativement vaste ou même infinie : conception qui a l'immense avantage (au moins pour un positiviste comme moi) de pouvoir être testée par les accélérateurs de particules de la génération à venir ou par les mesures fines de la force gravitationnelle à courte portée – de telles observations pourraient ou bien infirmer l'hypothèse précitée, ou bien apporter une confirmation expérimentale à l'existence de ces autres dimensions.

Ces dimensions supplémentaires sont particulièrement importantes pour notre quête d'un modèle ou d'une théorie ultime : cela voudrait dire que nous vivons dans un monde branaire, c'est-à-dire sur une surface ou une brane quadridimensionnelle située dans un espace-temps de plus haute dimension.

La matière et les forces non gravitationnelles telles que la force électrique seraient confinées à cette brane : ainsi, tout ce qui n'inclurait pas la gravité se

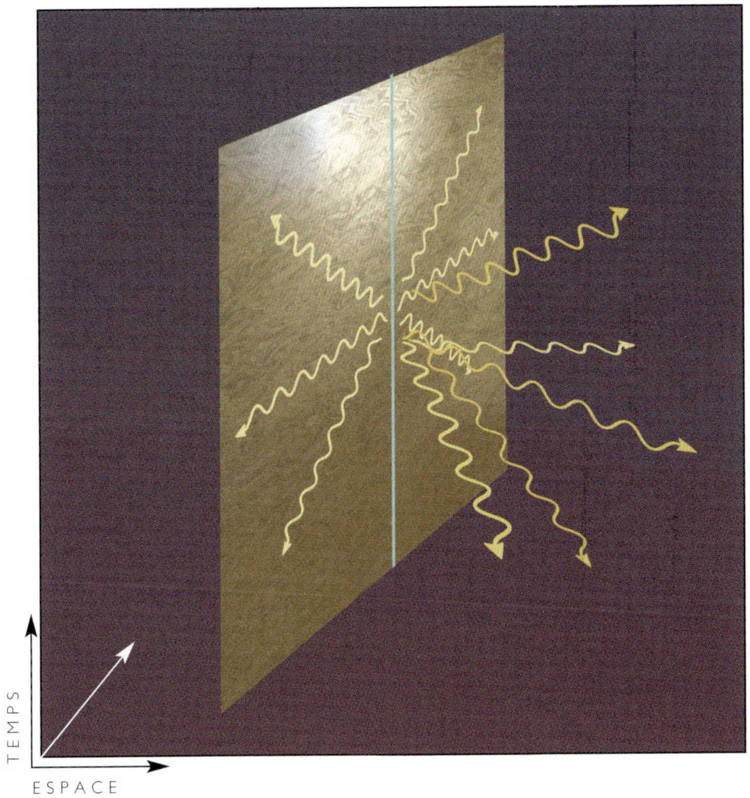

(Fig. 7.8)
La gravité se diffuserait dans les dimensions supplémentaires tout en s'exerçant le long de la brane, et elle décroîtrait plus rapidement à distance qu'elle ne le ferait dans quatre dimensions.

comporterait comme en quatre dimensions. En particulier, la force électrique qui s'exerce entre le noyau d'un atome et les électrons qui orbitent autour de lui décroîtrait à distance à un rythme idéalement propice à la stabilité des atomes : autrement, beaucoup trop d'électrons tomberaient dans les noyaux (Fig. 7. 7).

Le principe anthropique selon lequel l'Univers doit être favorable à l'apparition de la vie intelligente serait donc respecté – si les atomes n'étaient pas stables, nous ne serions pas là pour observer l'Univers et nous demander pourquoi il paraît avoir quatre dimensions.

En revanche, la courbure de l'espace induite par la gravité imprègnerait la totalité de cet espace-temps de plus haute dimension. Il en découlerait que la force gravitationnelle se comporterait autrement que les autres forces dont nous faisons l'expérience : parce qu'elle se diffuserait dans les dimensions supplémentaires, la gravité décroîtrait plus rapidement à distance qu'on ne l'escompterait (Fig. 7. 8).

(a)

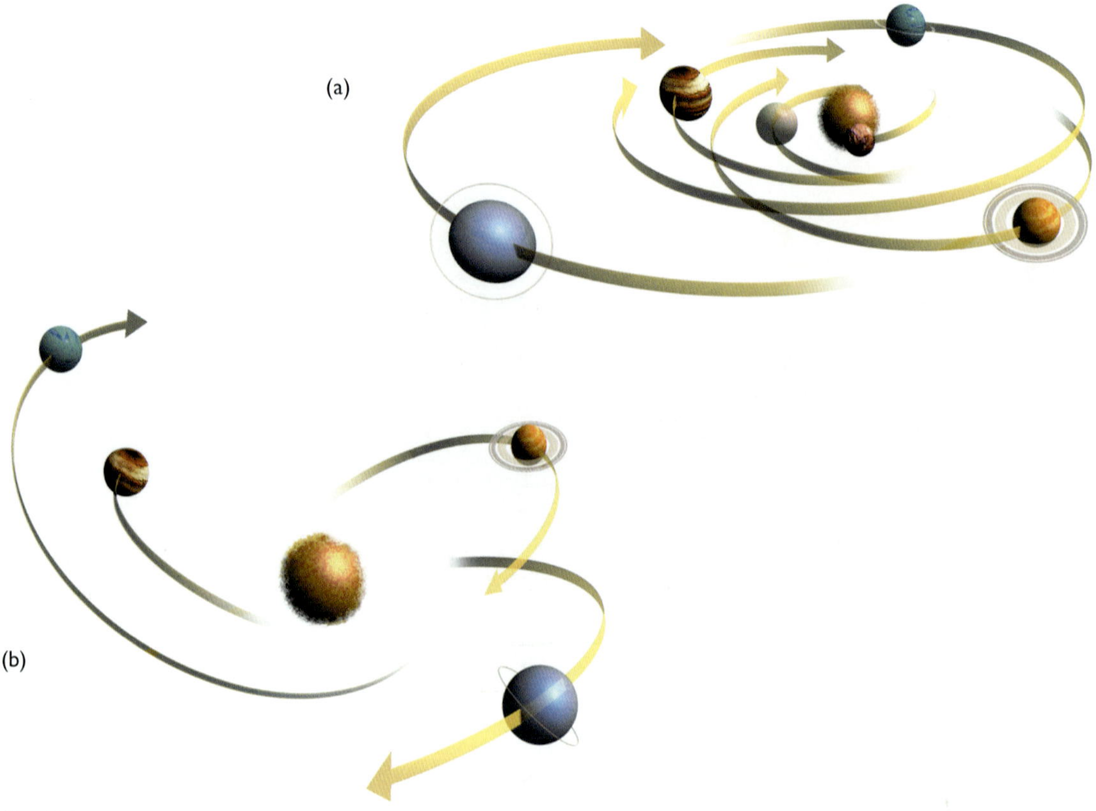

(b)

(Fig. 7.9)
Une décroissance plus rapide de la force gravitationnelle à grande distance déstabiliserait les orbites planétaires. Les planètes seraient aspirées par le Soleil **(a)** ou échapperaient totalement à son attraction **(b)**.

Si cette décroissance plus rapide de la force gravitationnelle s'étendait jusqu'à des distances astronomiques, nous aurions remarqué son effet sur les orbites planétaires ; en fait, ces orbites seraient si instables (cf. le chapitre 3) que les planètes du système solaire seraient aspirées par le Soleil ou dériveraient vers les ténèbres glaciales de l'espace interstellaire (Fig. 7.9).

Il n'en irait pas de la sorte si les dimensions supplémentaires s'achevaient sur une autre brane pas très éloignée de celle sur laquelle nous vivrions : pour les distances plus grandes que celle séparant ces deux branes, la gravité n'aurait pas la possibilité de se diffuser librement, mais serait effectivement confinée à la brane, comme les forces électriques, et décroîtrait à un rythme idéalement propice à la stabilité des orbites planétaires (Fig. 7.10).

Pour les distances moindres que celle séparant ces deux branes, la gravité varierait néanmoins plus rapidement. Si la très faible force gravitationnelle qui s'exerce entre deux objets pesants a pu être mesurée avec précision en laboratoire, les expériences effectuées jusqu'à ce jour n'auraient pas

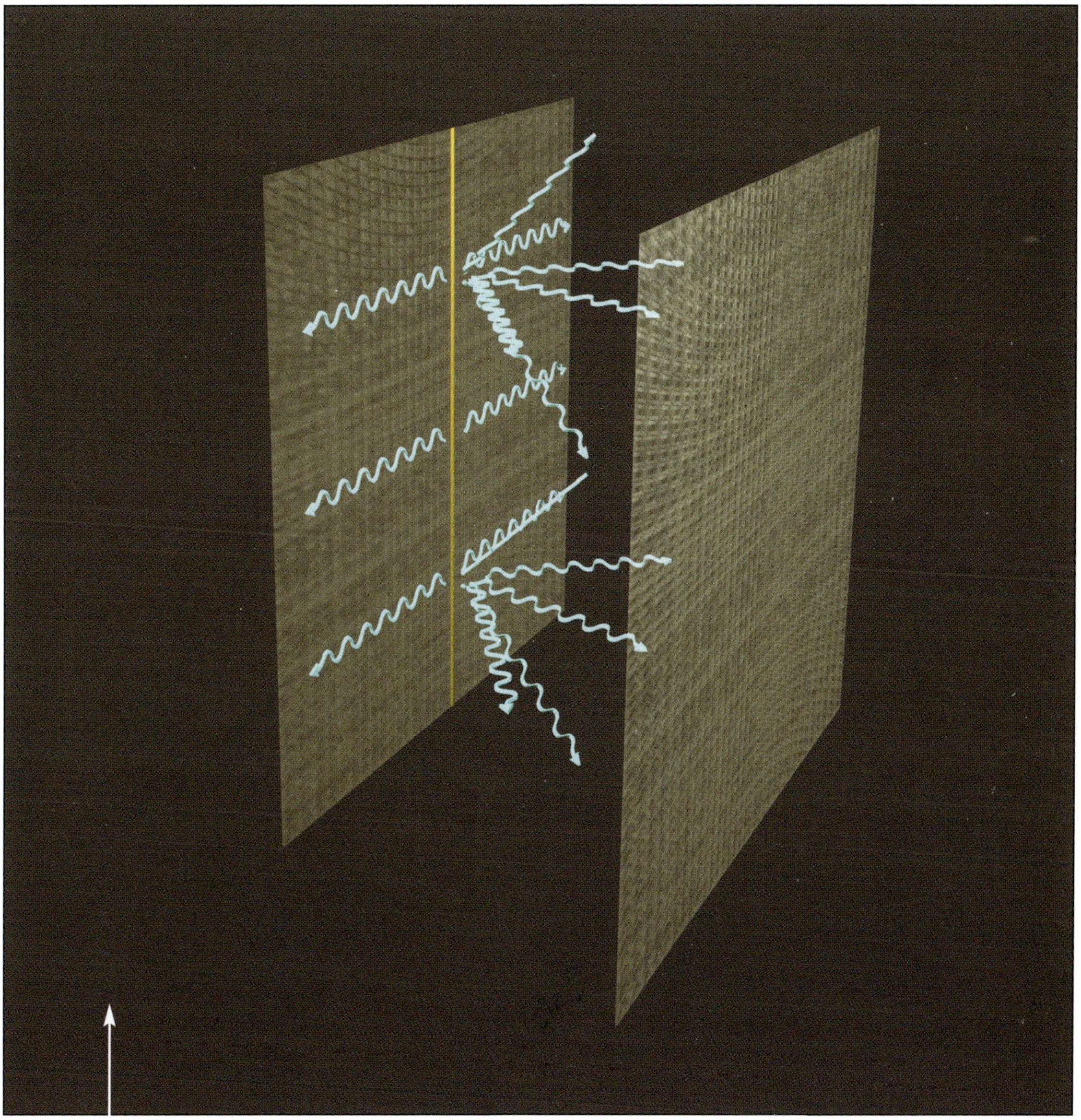

(FIG. 7.10) Si une seconde brane était proche de notre monde branaire, la gravité serait empêchée de se diffuser trop loin dans les dimensions supplémentaires ; aux distances plus grandes que celle séparant ces deux branes, elle décroîtrait au rythme exactement escompté pour quatre dimensions.

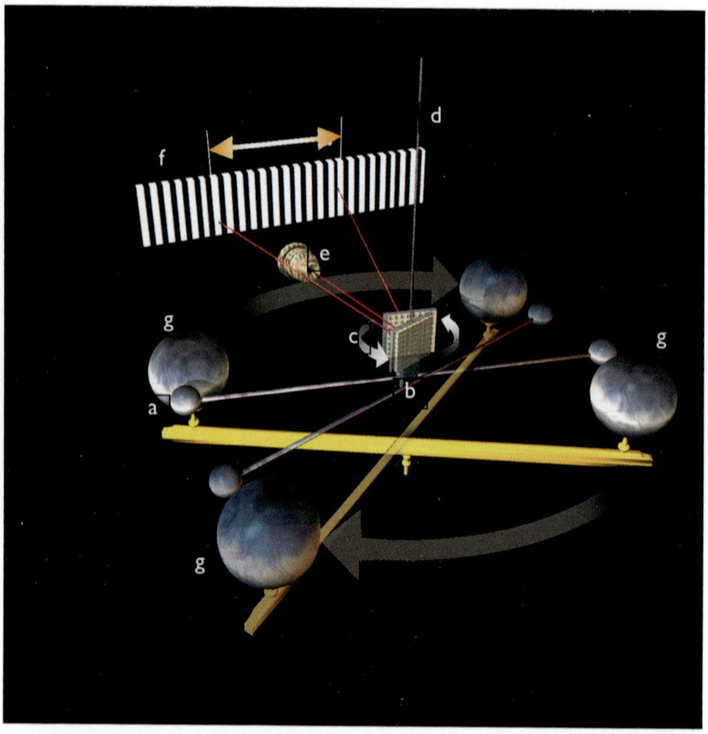

(FIG. 7.11)
L'EXPÉRIENCE DE CAVENDISH

Un rayon laser **(e)** projeté sur un écran calibré **(f)** permet ici de mesurer n'importe quelle rotation de l'haltère.
Deux petites sphères de plomb **(a)** fixées à l'haltère **(b)** à l'aide d'un petit miroir **(c)** sont suspendues par un fil de torsion.
Deux grosses sphères de plomb **(g)** proches des petites sphères sont solidaires d'un support rotatif. Quand ces sphères plus grosses tournent dans la direction opposée, l'haltère oscille avant se replacer dans une nouvelle position.

permis de détecter les effets induits par deux branes séparées par une distance inférieure à quelques millimètres ; mais de nouvelles mesures sont en train d'être faites sur des distances encore plus courtes (Fig. 7. 11).

Il se pourrait donc que nous vivions sur une seule brane de ce monde branaire à proximité de laquelle existerait une autre brane qui serait comme l'« ombre » de la nôtre. Parce que la lumière serait confinée aux branes et ne se propagerait pas dans l'espace qui les séparerait, ce monde « ombre » échapperait à notre vue, seule l'influence gravitationnelle de la matière supportée par la brane « ombre » nous étant perceptible : à l'intérieur de notre propre brane, de telles forces gravitationnelles sembleraient émaner de sources « sombres » en tant même qu'elles ne seraient détectables qu'à travers leur gravité (Fig. 7.12).

De fait, au vu de la vitesse à laquelle les étoiles orbitent autour du centre de notre galaxie, il semble bien qu'une masse autre que celle de la matière

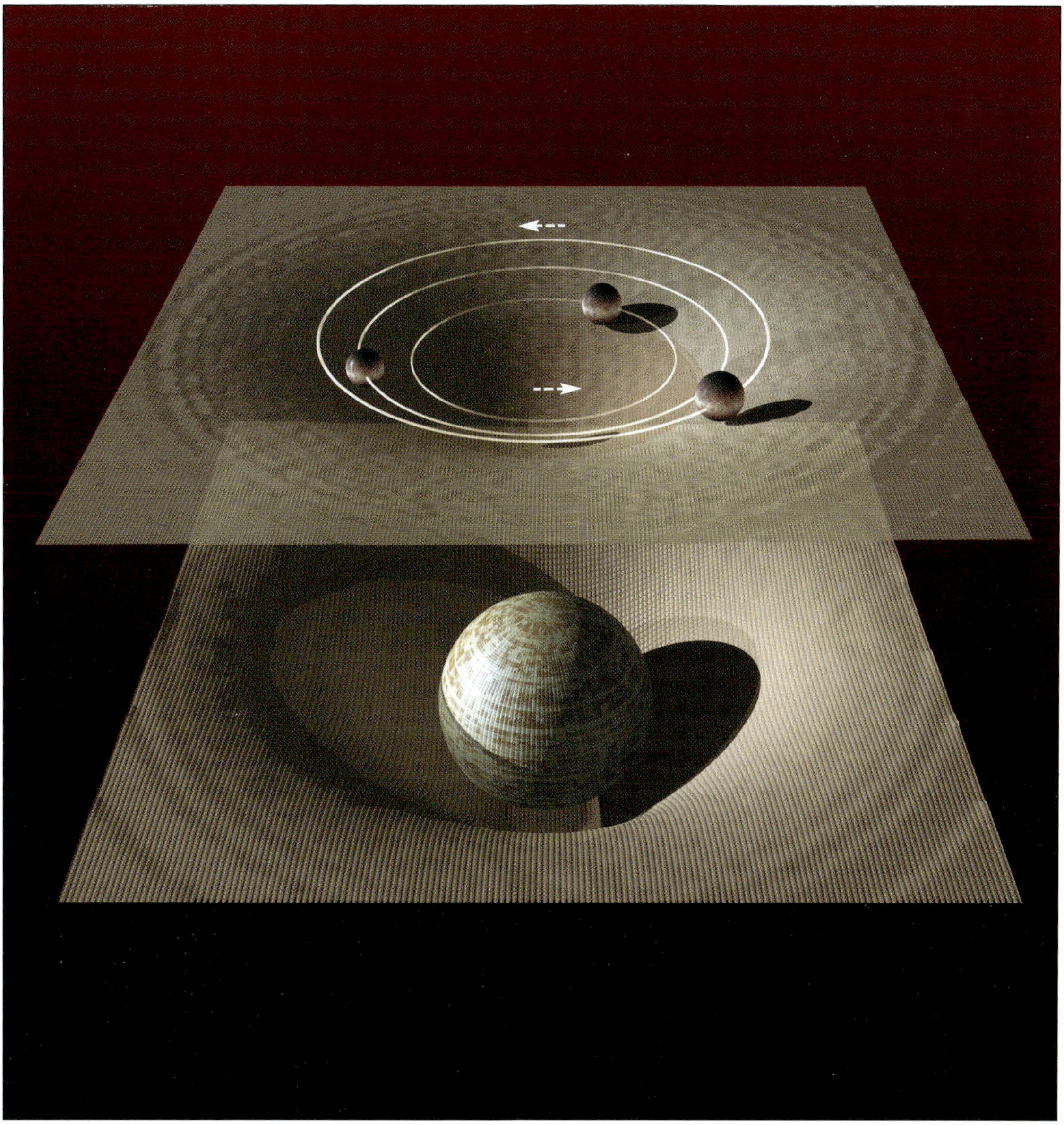

(Fig. 7.12) Dans le scénario du monde branaire, des planètes peuvent orbiter autour d'une masse sombre supportée par une brane « ombre » parce que la force gravitationnelle se propage dans les dimensions supplémentaires.

DONNÉES SUR LA MATIÈRE SOMBRE

Diverses observations cosmologiques autorisent à penser que les galaxies devraient contenir beaucoup plus de matière que celle que nous sommes capables d'observer. À cet égard, l'indice le plus convaincant est que les étoiles situées à la périphérie des galaxies spirales semblables à notre Voie lactée tournent beaucoup trop vite autour des centres galactiques pour que leurs orbites ne soient déterminées que par la seule attraction gravitationnelle de toutes les étoiles observables (voir l'illustration ci-contre).

On sait depuis 1970 que les vitesses de rotation réelles (en pointillé sur le tableau) des étoiles situées dans les régions extérieures des galaxies spirales ne concordent pas avec les vitesses orbitales (courbe continue du tableau) que l'application des lois de Newton à la distribution des étoiles visibles de ces galaxies aurait laissé prévoir: cet écart a indiqué que les parties externes des galaxies spirales devraient contenir beaucoup plus de matière qu'on ne l'avait supposé jusqu'alors.

COURBE DE ROTATION DE LA GALAXIE SPIRALE NGC 3198

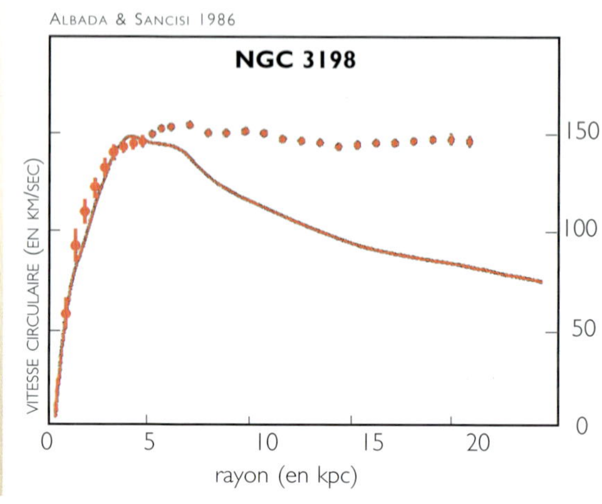

LA NATURE DE LA MATIÈRE SOMBRE

Les cosmologistes sont désormais persuadés que, même si les parties centrales des galaxies spirales sont surtout constituées d'étoiles ordinaires, une matière sombre inobservable directement doit prédominer à leur périphérie. Mais l'un des problèmes les plus fondamentaux qui se posent aujourd'hui consiste à découvrir la nature exacte du type dominant de matière sombre que contiennent ces régions extérieures des galaxies. Avant les années 1980, il était admis que cette matière sombre n'était que de la matière ordinaire, faite de protons, de neutrons et d'électrons se présentant sous une forme difficilement détectable : peut-être des nuages de gaz ou des MACHO (c'est-à-dire des *Massive Compact Halo Objects* tels que les naines blanches ou les étoiles à neutrons), voire des trous noirs.

Néanmoins, les études les plus récentes de la formation des galaxies incitent à conclure qu'une part importante de cette matière sombre n'a rien à voir avec la matière ordinaire. Les masses de particules aussi élémentaires que les axions ou les neutrinos sont tenues pour des candidats possibles, la contribution de particules encore plus exotiques telles que les *WIMPs* (*Weakly Interactive Massive Particules*) prédites par les théories contemporaines des particules élémentaires mais pas encore détectées expérimentalement étant même envisagée.

No man's land des dimensions supplémentaires qui s'étendent entre les branes.

(FIG. 7.13)
Nous ne verrions pas une galaxie « ombre » supportée par une brane « ombre » parce que la lumière ne se propagerait pas dans les dimensions supplémentaires. Mais la gravité s'y diffuserait, et une matière sombre au point d'être invisible influerait donc sur la rotation de notre propre galaxie.

observable doive être prise en compte. Cette masse manquante pourrait provenir de particules aussi exotiques que les WIMPs (*Weakly Interacting Massive Particles*) ou les axions (particules élémentaires très légères), mais elle pourrait également signaler l'existence d'un monde « ombre » qui contiendrait de la matière : là-bas aussi, des créatures s'interrogent peut-être sur la masse manquante de leur monde en analysant les vitesses de rotations d'étoiles cachées orbitant autour du centre d'une galaxie cachée (Fig. 7.13).

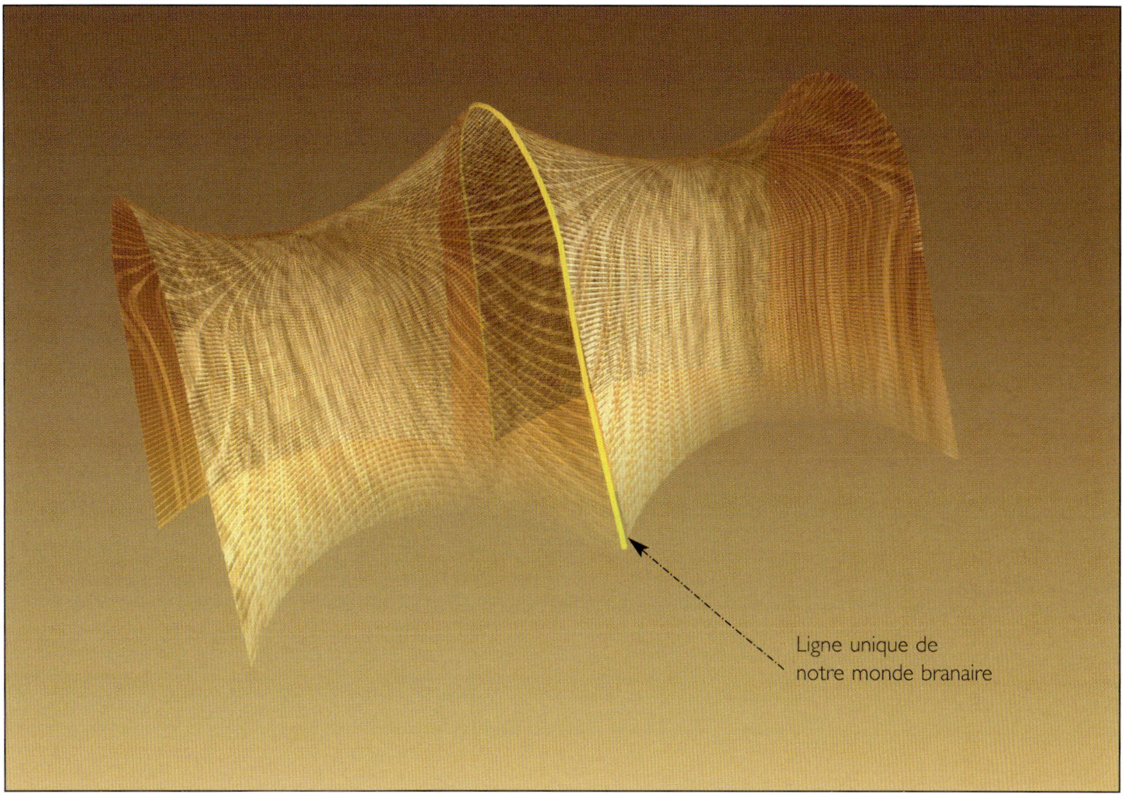

(FIG. 7.14)
Dans le modèle de Randall-Sundrum, il n'y a qu'une seule brane (représentée ici en une dimension seulement). Les dimensions supplémentaires s'étendent à l'infini, mais elles sont aussi incurvées qu'une selle : c'est grâce à cette courbure que le champ gravitationnel de la matière supportée par cette brane ne se diffuse pas trop loin dans les dimensions supplémentaires.

Si les dimensions supplémentaires ne s'achèvent pas sur une seconde brane, on peut supposer qu'elles sont infinies, mais aussi incurvées qu'une selle (Fig. 7.14). Lise Randall et Raman Sundrum ont démontré que ce type de courbure agirait à peu près comme une seconde brane : l'influence gravitationnelle d'un objet quelconque supporté par une brane serait confinée à l'environnement immédiat de cette brane et ne se diffuserait pas à l'infini dans des dimensions supplémentaires. Comme dans le modèle de la brane « ombre », la décroissance du champ gravitationnel à longue distance expliquerait aussi bien les caractéristiques des orbites planétaires que les mesures de la force gravitationnelle effectuées en laboratoire, mais la gravité varierait plus rapidement à courte distance.

Il y a toutefois une différence importante entre ce modèle de Randall-Sundrum et celui de la brane « ombre ». Car tout corps mis en mouvement par la gravité produit des ondes gravitationnelles, c'est-à-dire des ondulations de courbure qui voyagent dans l'espace-temps à la vitesse de la lumière :

Deux étoiles à neutron compactes dont les orbites en spirale se rapprochent

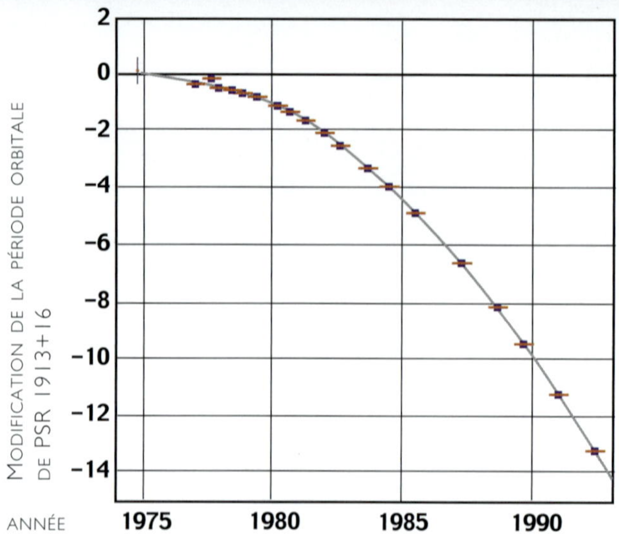

GRAPHE DU PULSAR BINAIRE PSR 1913+16

PULSARS BINAIRES

La relativité générale prédit que les corps lourds mus par la gravité émettent des ondes gravitationnelles. Comme les ondes lumineuses, les ondes gravitationnelles retirent de l'énergie aux objets qui les émettent, mais le taux de perte d'énergie tend à être si lent que le phénomène est des plus difficiles à observer : par exemple l'émission d'ondes gravitationnelles provoquée par la révolution de la Terre amène notre planète à décrire une spirale qui la rapproche très lentement du Soleil – si lentement que la collision ne devrait se produire que dans 10^{27} années !

En 1975, cependant, Russell Hulse et Joseph Taylor ont découvert le pulsar binaire PSR 1913+16, système formé de deux étoiles à neutron compactes qui orbitent l'une autour de l'autre en étant séparées par une distance maximale d'un rayon solaire seulement. Selon la relativité générale, la rapidité du mouvement imputable à ces deux corps impliquait que la période orbitale d'un tel système devait décroître rapidement sous l'effet de l'intensité des ondes gravitationnelles ici émises ; or, la modification prédite par la relativité générale se concilia parfaitement avec les observations minutieuses de Hulse et Taylor : au vu des paramètres orbitaux qu'ils ont mesurés, la période a diminué de plus de 10 secondes depuis 1975. Cette confirmation de la relativité générale leur a valu de recevoir le prix Nobel en 1993.

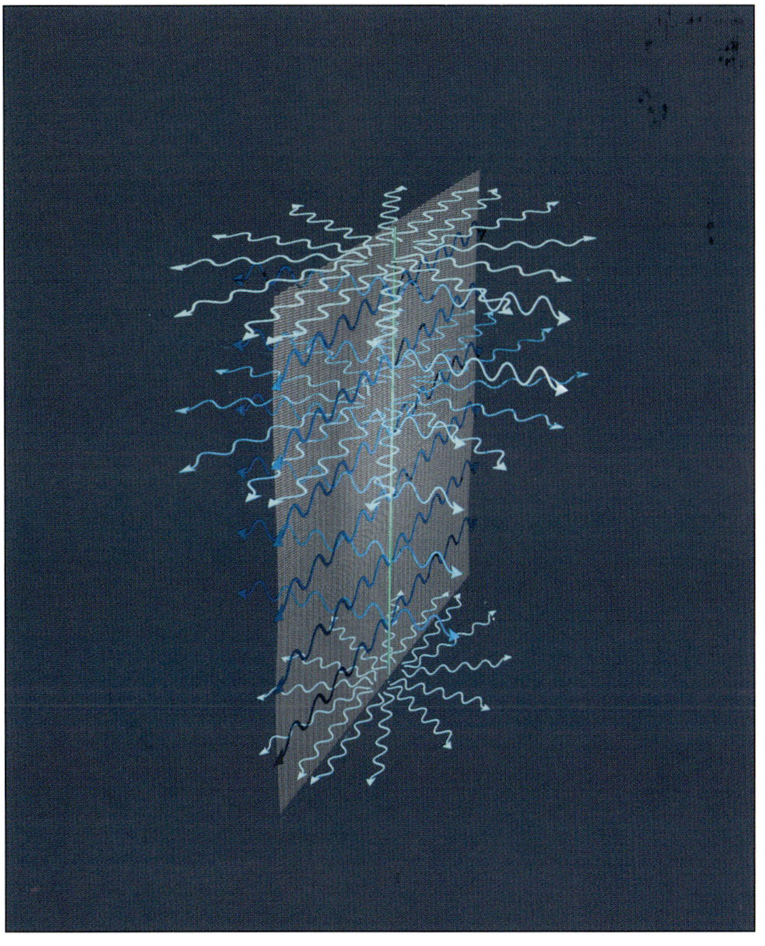

(FIG. 7.15)
Dans le modèle de Randall-Sundrum, les ondes gravitationnelles à courte longueur d'onde peuvent faire perdre de l'énergie aux sources d'émission supportées par une brane, une violation apparente de la loi de conservation de l'énergie s'ensuivant.

comme les ondes électromagnétiques de type lumineux, ces ondes gravitationnelles devraient transporter de l'énergie, cette prédiction ayant été confirmée par les observations du pulsar binaire PSR 1913+16.

Si nous vivons bien sur une brane située dans un espace-temps possédant des dimensions supplémentaires, les ondes gravitationnelles engendrées par les mouvements des corps qui se déplacent à la surface de cette brane devraient se répandre dans les autres dimensions : ces ondes seraient renvoyées vers nous s'il existait une seconde brane « ombre » et si elles étaient prises au piège entre ces deux branes. S'il n'existait qu'une seule brane et si les dimensions supplémentaires s'étendaient à l'infini, comme dans le modèle de Randall-Sundrum, il en irait autrement : les ondes gravitationnelles s'échapperaient au contraire totalement de notre monde branaire en lui faisant perdre de l'énergie (Fig. 7.15).

L'un des principes les plus fondamentaux de la physique pourrait donc sembler violé : la loi de conservation de l'énergie stipule en effet que la quantité totale d'énergie doit rester constante. Mais cette violation n'est qu'apparente : nous aurions un point de vue différent si notre conception des événements n'était pas restreinte à notre brane – un ange qui serait capable de percevoir ces dimensions supplémentaires saurait que la quantité d'énergie n'aurait pas changé, mais serait seulement plus diffuse.

Les ondes gravitationnelles produites par deux étoiles orbitant l'une autour de l'autre auraient une longueur d'onde beaucoup plus longue que le rayon de la courbure en forme de selle des dimensions supplémentaires : ces ondes tendant à être confinées à l'environnement immédiat de la brane – comme la force gravitationnelle –, elles ne se diffuseraient pas trop dans ces dimensions supplémentaires ni ne feraient perdre trop d'énergie à cette brane. En revanche, les ondes gravitationnelles plus courtes que l'échelle de courbure des dimensions supplémentaires s'éloigneraient facilement des environs de la brane.

Seuls les trous noirs sont susceptibles d'émettre des quantités importantes d'ondes gravitationnelles courtes ; or le trou noir d'une brane donnée communiquera avec un trou noir situé dans les dimensions supplémentaires. Si ce trou noir est petit, il sera presque rond et s'étendra à peu près aussi loin dans les dimensions supplémentaires qu'il s'étend sur sa brane ; tandis qu'un grand trou noir de cette même brane communiquera avec une « crêpe noire » qui sera confinée au voisinage immédiat de cette brane et sera beaucoup moins épaisse (dans les dimensions supplémentaires) que large (sur sa brane) (Fig. 7.16).

Comme on l'a vu au chapitre 4, la théorie des quanta laisse entendre que les trous noirs ne sont pas complètement noirs : elle suggère qu'ils émettent toutes sortes de particules et de radiations, à l'instar des corps chauds. Les particules et les radiations de type lumineux seraient émises le long de la brane parce que la matière et les forces non gravitationnelles telles que l'électricité seraient confinées à cette brane ; mais les ondes gravitationnelles émises également par les trous noirs pourraient s'écarter de la brane – elles voyageraient aussi dans les dimensions supplémentaires. Si le trou noir était gros et ressemblait à une crêpe, les ondes gravitationnelles resteraient à proximité de la brane : le taux de perte d'énergie (et donc de masse, en vertu de l'équation $E = mc^2$) étant alors proche de celui auquel on s'attendrait pour un trou noir situé dans un espace-temps quadridimensionnel, ce trou noir s'évaporerait lentement et se contracterait jusqu'à devenir plus petit que le

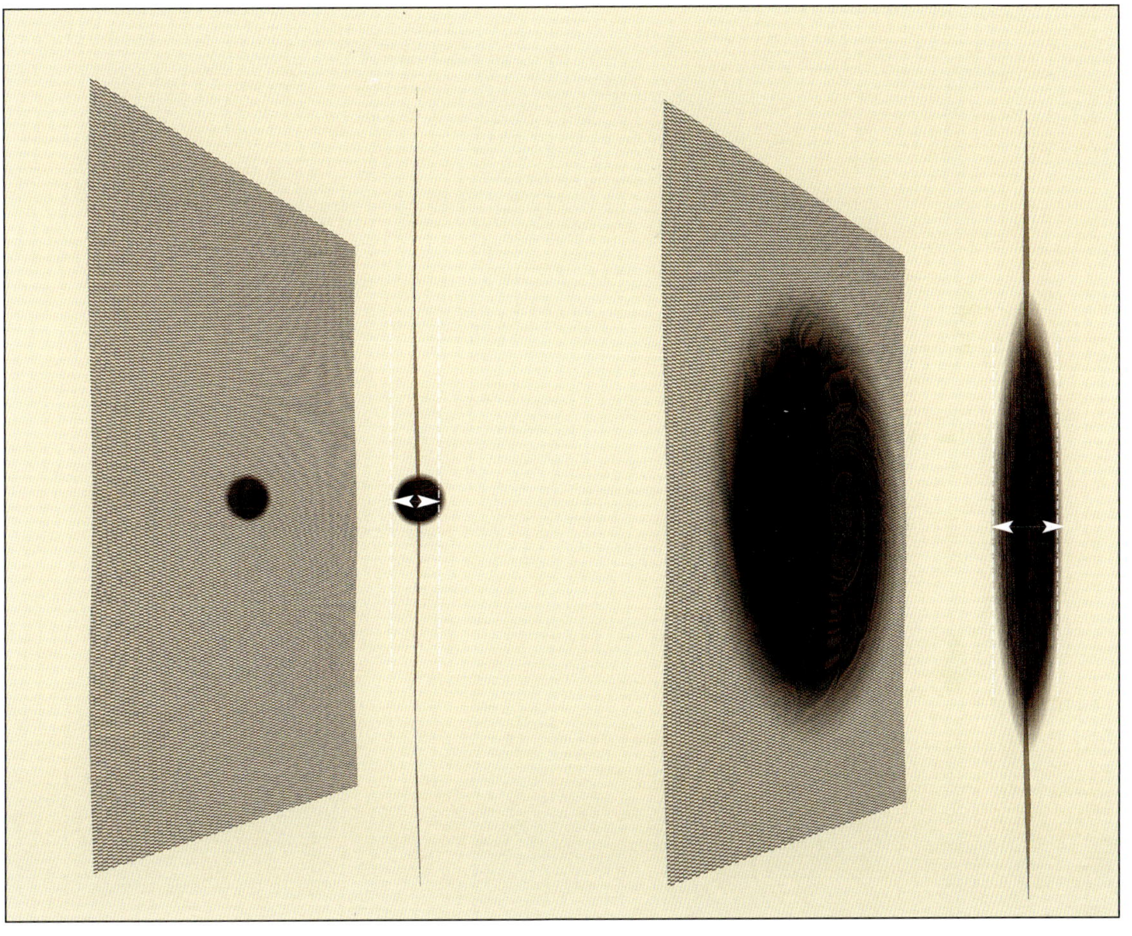

rayon de la courbure semblable à une selle des dimensions supplémentaires, après quoi les ondes gravitationnelles qu'il émettrait commenceraient à s'échapper librement dans ces autres dimensions. Pour tout observateur vivant sur cette brane, un tel trou noir – ou une telle « étoile sombre », comme aurait dit Mitchell (voir le chapitre 4) – semblerait émettre une radiation sombre du fait même que ce rayonnement ne pourrait pas être observé directement depuis cette brane, bien que son existence puisse être inférée de la masse perdue par ce trou noir.

(Fig. 7.16)
Un trou noir de notre monde qui reposerait sur une brane s'étendrait dans les dimensions supplémentaires. Si ce trou noir était petit, il serait presque rond, mais un grand trou noir supporté par cette même brane communiquerait avec un trou noir qui aurait une forme de crêpe dans les dimensions supplémentaires.

(FIG. 7.17) Un monde branaire pourrait se former un peu comme une bulle de vapeur se forme dans l'eau bouillante.

Il se pourrait par conséquent que l'ultime décharge de radiations émise par un trou noir en train de s'évaporer paraisse moins puissante qu'elle ne le serait en réalité : c'est peut-être pourquoi on n'a encore observé aucune bouffée de rayons gamma attribuable à un trou noir agonisant, même si on peut aussi imaginer une explication plus prosaïque – compte tenu de l'âge actuel de l'Univers, il est possible également que la masse de la plupart des trous noirs n'ait pas eu le temps de diminuer assez pour qu'ils se soient déjà évaporés.

Si les radiations émises par les trous noirs d'un monde branaire étaient provoquées par les fluctuations quantiques des particules apparaissant et disparaissant sur la brane qui les supporterait, les branes n'en seraient pas moins sujettes en tant que telles à des fluctuations quantiques qui les affecteraient autant que n'importe quel autre objet de l'Univers : des apparitions et disparitions spontanées de branes pourraient s'ensuivre. La création quantique d'une brane s'apparenterait en ce sens à la formation des bulles de vapeur qu'entraîne l'état d'ébullition : au lieu de rester liées à leurs voisines immédiates comme à l'état purement liquide, les milliards de molécules H_2O contenues dans l'eau portée à haute température se déplacent plus vite et rebondissent l'une contre l'autre, certaines de ces collisions conférant de telles vitesses à une partie de ces molécules qu'elles finissent par se détacher de leurs voisines pour constituer de petites bulles de vapeur entourées d'eau, bulles qui grandissent ou rapetissent ensuite aléatoirement selon que plus ou moins de molécules passent de l'état liquide à l'état gazeux, ou inversement. Les plus petites bulles de vapeur retournent pour la plupart à l'état liquide, quelques-unes seulement continuant à croître jusqu'à atteindre une taille critique au-delà de laquelle leur croissance a toutes chances de se poursuivre : ce sont ces grosses bulles en expansion qui sont observables dans l'eau bouillante (Fig. 7.17).

Les mondes branaires auraient un comportement similaire. Le principe d'incertitude permettrait à de tels mondes de surgir du néant sous l'aspect de bulles configurées de telle sorte qu'une brane constituerait la surface d'une bulle donnée tandis que l'intérieur de cette bulle serait un espace de plus haute dimension ; les bulles les plus petites auraient tendance à disparaître aussitôt après être apparues, mais toute bulle soumise à des fluctuations quantiques assez marquées pour lui faire dépasser une certaine taille critique aurait toutes chances de continuer à croître ; et les gens (nous, par exemple) qui vivraient sur cette brane ou à la surface de cette bulle penseraient que l'Univers est en expansion – un peu comme si des galaxies étaient peintes sur le pourtour d'un ballon dans lequel quelqu'un soufflerait. Les galaxies donneraient l'impression de s'éloigner les unes des autres sans qu'aucune soit au centre de cette expansion : espérons seulement qu'aucune épingle cosmique ne crèvera cette bulle !

Conformément à la proposition « pas de limite » énoncée au chapitre 3, la création spontanée d'un monde branaire correspondrait à une histoire du temps imaginaire qui aurait la topologie d'une coquille de noix : cette histoire formerait une sphère quadrimensionnelle, comme la surface de la Terre mais avec deux dimensions de plus. Mais une différence importante doit être aussi relevée, car la coquille de noix décrite au chapitre 3 était essentiellement creuse : dans ce cas, la sphère quadridimensionnelle ne serait la frontière de rien, et les six ou sept autres dimensions spatio-temporelles prédites par la théorie M seraient toutes enroulées sur elles-mêmes à une échelle plus petite encore que la coquille de noix. Dans le nouveau monde des branes que je viens de dépeindre, la coquille de noix serait pleine : l'histoire dans le temps imaginaire de la brane sur laquelle nous vivrions aurait la forme d'une sphère à quatre dimensions qui constituerait la frontière d'une bulle à cinq dimensions, les cinq ou six dimensions restantes étant enroulées sur elles-mêmes à très petite échelle (Fig. 7.18).

L'histoire d'une telle brane dans le temps imaginaire déterminerait son histoire dans le temps réel : dans le temps réel, cette brane subirait une expansion aussi accélérée que celle de la phase « inflationnaire » décrite au chapitre 3. L'histoire la plus probable de la bulle dans le temps imaginaire consisterait dans une coquille de noix parfaitement lisse et ronde, mais elle correspondrait à une brane qui s'étendrait indéfiniment sur un mode inflationnaire dans le temps réel : la formation des galaxies, et donc l'émergence éventuelle de formes de vie intelligentes, aurait été impossible sur une telle brane. Quoique un peu moins probables, les histoires du temps imaginaire qui ne seraient pas parfaitement lisses et rondes seraient corrélées en revanche à un comportement du temps réel qui aurait conduit la brane à subir une expansion accélérée de type inflationnaire qui aurait fini par se ralentir : des galaxies auraient pu se former et des êtres intelligents auraient pu apparaître au cours de cette phase d'expansion plus lente. Au regard du principe anthropique commenté au chapitre 3, seules les coquilles de noix un peu chevelues pourraient donc être observées par des êtres assez intelligents pour se demander pourquoi l'Univers primordial n'était pas parfaitement lisse.

Plus la brane s'étendrait, plus le volume de l'espace intérieur de plus haute dimension qu'elle contiendrait augmenterait : en fin de compte, une énorme bulle serait donc entourée par la brane sur laquelle nous vivrions. Mais vivons-nous réellement sur une brane ? Selon le concept holographique résumé à la fin du chapitre 2, les informations afférentes à tous les événements survenus dans une certaine région de l'espace-temps pourraient être encodées sur la frontière de cette région.

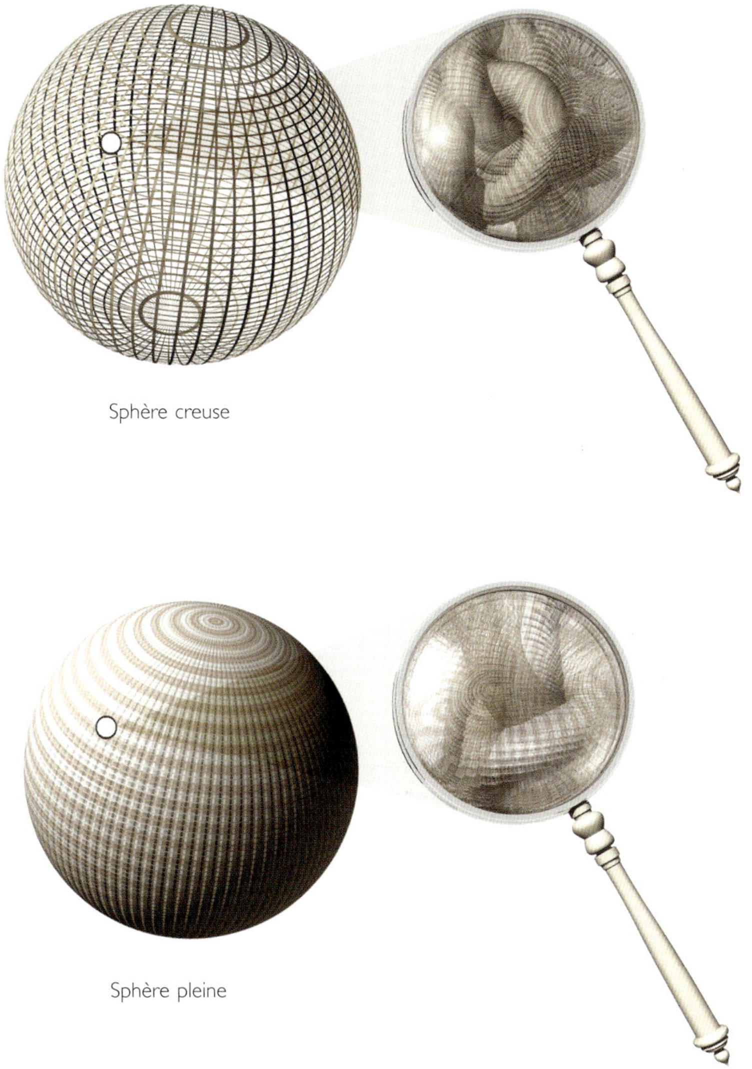

(FIG. 7.18)
La conception branaire de l'origine de l'Univers diffère du modèle qui a été débattu au chapitre 3 en cela que la sphère ou la coquille de noix aplatie à quatre dimensions n'est plus creuse, mais remplie par une cinquième dimension.

HOLOGRAPHIE

L'holographie encode les informations contenues dans une certaine région de l'espace sur une surface comprenant une dimension de moins. Elle semble être une propriété de la gravité : le fait même que l'aire de l'horizon d'événement permette de mesurer le nombre d'états internes d'un trou noir tend à le démontrer. Selon le modèle du monde branaire, l'holographie établirait une correspondance bijective entre des états propres à notre monde quadridimensionnel et des états existant dans des dimensions plus hautes. Dans une perspective positiviste, on ne saurait dire quelle description est la plus fondamentale.

Ainsi, nous croyons peut-être vivre dans un monde quadridimensionnel parce que des événements survenant à l'intérieur d'une bulle projettent leur ombre sur une brane : peut-être ne sommes-nous rien d'autre que les ombres de ces événements ! Dans une perspective positiviste, on ne peut pourtant pas éviter de se demander si c'est la brane ou la bulle qui est réelle. Ce ne sont que deux modèles mathématiques qui formalisent des observations, et on est libre de choisir le modèle le plus pratique.

Qu'y a-t-il à l'extérieur de cette brane ? Il y a plusieurs possibilités (Fig. 7.19) :

1. Il se pourrait qu'il n'y ait rien. Même si une bulle de vapeur est entourée d'eau, je ne me suis servi de cette comparaison que pour vous aider à mieux visualiser les origines de l'Univers. Il existe un modèle mathématique selon lequel une brane unique contenant un espace de plus haute dimension n'est entourée par absolument rien – pas même par un espace vide ; et il est possible de calculer ce que ce modèle mathématique prédit sans se référer à quoi que ce soit d'extérieur.

2. Un autre modèle dépeint une bulle dont l'extérieur serait comme collé à l'extérieur d'une bulle similaire. D'un point de vue strictement mathématique, ce modèle équivaut à la possibilité susmentionnée qu'il n'y ait rien à l'extérieur de la bulle, seules ses connotations psychologiques différant : il est plus plaisant de se représenter comme occupant le centre d'un espace-temps que ses bords. Mais les possibilités 1 et 2 reviennent exactement au même pour le positiviste que je suis.

3. La bulle pourrait s'étendre dans un espace qui ne refléterait pas ce qui se trouverait à l'intérieur de cette bulle. Cette possibilité diffère des deux précédentes en cela qu'elle a plus de points communs avec l'exemple de l'eau en ébullition : d'autres bulles pourraient se former et s'étendre, les conséquences de leurs collisions mutuelles et/ou de leur fusion avec la bulle dans laquelle nous pourrions vivre risquant d'être catastrophiques – d'aucuns sont allés jusqu'à suggérer que le big bang lui-même aurait pu être engendré par des collisions de branes.

Les modélisations des mondes branaires sont un sujet de recherche particulièrement brûlant. Malgré leur aspect hautement conjectural, elles ont le mérite d'attirer l'attention sur de nouveaux genres de comportements expérimentalement testables qui permettront peut-être de comprendre pourquoi la gravité paraît si faible : si forte que puisse être la force gravitationnelle selon la théorie fondamentale, il se pourrait que sa diffusion dans les dimensions supplémentaires l'affaiblisse à de grandes distances de la brane sur laquelle nous vivrions.

Il en découlerait notamment que la longueur de Plank, plus petite distance qu'il est possible d'étudier sans créer un trou noir, serait beaucoup plus grande qu'on pourrait le croire au vu de la faiblesse apparente de la gravité qui s'exerce sur notre brane quadridimensionnelle. La plus petite des poupées russes étant moins minuscule qu'il ne le semblerait au premier abord, elle pourrait devenir accessible aux accélérateurs de particules de demain : en fait, cette poupée fondamentale de la longueur de Planck aurait peut-être été déjà explorée si les États-Unis n'avaient pas décidé en 1994 de renoncer à leur projet du SSC (*Superconducting Super Collider*) alors que cette machine était déjà à moitié bâtie.

(Fig. 7.19)

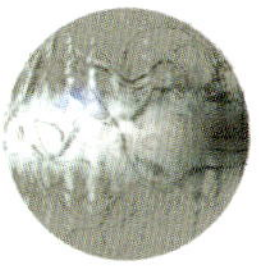

1. Brane/bulle contenant un espace de plus haute dimension sans extérieur.

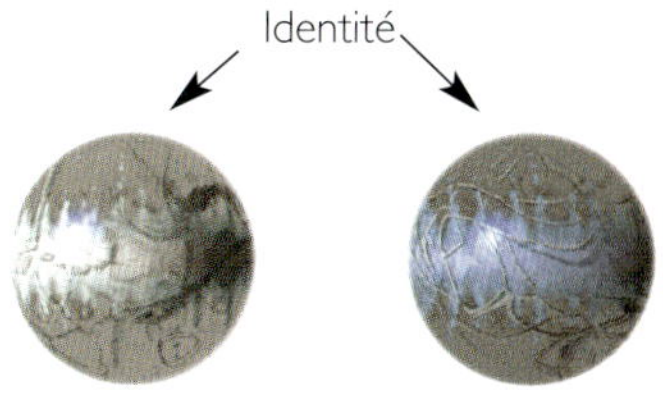

2. L'extérieur d'une brane/bulle est ici comme collé à l'extérieur d'une autre bulle.

3. Une brane/bulle s'étend dans un espace qui ne reflète pas ce qui se trouve à l'intérieur. Dans un tel scénario, d'autres bulles pourraient se former et s'étendre.

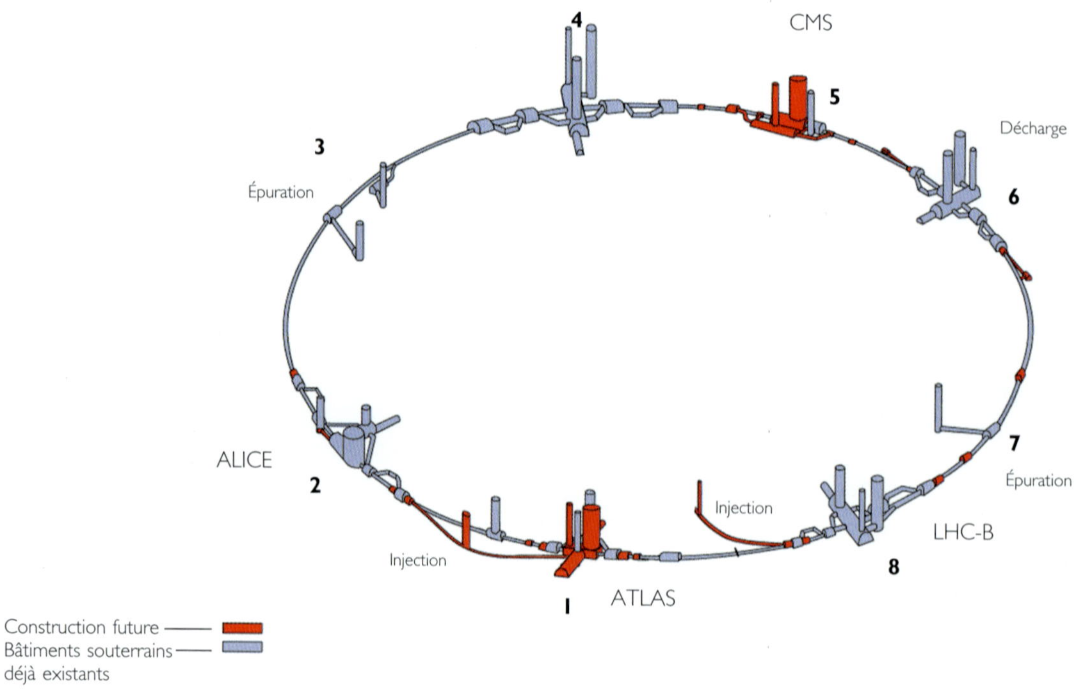

(Fig. 7.20)
Plan du tunnel du collisionneur LEP (*Large Electron-Positron Collider*) et du futur grand collisionneur de hadrons, dit *LHC*, en cours de construction à Genève.

D'autres accélérateurs de particules tels que le grand collisionneur de hadrons (*Large Hadron Collider*, ou LHC) de Genève sont en cours de construction (Fig. 7.20). Grâce aux observations qu'ils permettront et aux analyses du rayonnement de fond cosmique micro-onde, nous parviendrons peut-être à déterminer si nous vivons ou non sur une brane : si c'était le cas, on pourrait en conclure que le principe anthropique a sélectionné les modèles branaires dans le vaste zoo des Univers permis par la théorie M. Je serais donc tenté de paraphraser Miranda dans *La Tempête* de Shakespeare et de m'écrier :

Ô nouveau monde des branes
Où vivent de telles créatures !

Glossaire

Accélérateur de particules : machine capable d'accélérer les particules électriquement chargées en accroissant leur énergie.

Accélération : changement de vitesse ou de direction d'un objet. *Voir aussi* Vitesse.

ADN : acide désoxyribonucléique, composé de phosphate, de sucre et de quatre bases (adénine, guanine, thymine et cytosine). Organisé en double hélice, l'ADN est formé de deux brins reliés par des paires acide-base semblables à un escalier en colimaçon. Toutes les informations indispensables à la reproduction cellulaire sont encodées dans cet acide, qui joue un rôle vital pour l'hérédité.

Amplitude : hauteur maximale des crêtes d'une onde ou profondeur maximale de ses creux.

Année-lumière : distance parcourue par la lumière en une année.

Antiparticule : à chaque type de particule de matière correspond une antiparticule. Quand une particule et son antiparticule entrent en collision, elles s'annihilent, ne laissant que de l'énergie.

Approche positiviste : idée que les théories scientifiques sont des modèles mathématiques visant à décrire et à codifier des observations.

Atome : élément de base de la matière ordinaire, fait d'un noyau minuscule (constitué de protons et de neutrons) entouré d'électrons en orbite.

Big bang : singularité ayant existé au début de l'Univers, il y a quinze milliards d'années environ.

Big crunch : nom donné au scénario possible de la fin de l'Univers selon lequel l'espace et la matière s'effondreraient totalement en formant une singularité.

Boson : particule ou mode de vibration d'une corde dont le spin est un nombre entier.

Boucle temporelle : synonyme de courbe fermée, semblable au temps.

Brane : objet qui semble être un des composants fondamentaux de la théorie M et qui peut prendre diverses dimensions dans l'espace. En général, une p-brane a p-directions, une 1-brane est une corde, une 2-brane est une surface ou une membrane, etc.

Champ : quelque chose qui existe partout dans l'espace et le temps – contrairement aux particules, qui n'existent qu'en un seul point à un instant déterminé.

Champ de force : moyen par lequel une force transmet son influence.

Champ de Maxwell : synthèse de l'électricité, du magnétisme et de la lumière en champs dynamiques oscillant et se mouvant dans l'espace.

Champ gravitationnel : moyen par lequel la gravité transmet son influence.

Champ magnétique : champ responsable des forces magnétiques.

Charge électrique : propriété qui permet à une particule de repousser (ou d'attirer) d'autres particules dont la charge a un signe similaire (ou opposé).

Conditions initiales : état de départ d'un système physique.

Conditions limites : état initial d'un système physique ou, plus généralement, état d'un système à la limite du temps ou de l'espace.

Conditions « pas de limite » : idée que l'Univers est fini mais n'a pas de frontière dans le temps imaginaire.

Cône de lumière : surface d'espace-temps qui délimite la direction possible de rayons lumineux traversant un événement donné.

Conservation de l'énergie : loi physique stipulant que l'énergie (ou son équivalent en masse) ne peut être ni créée ni détruite.

Constante cosmologique : modification mathématique des équations de la relativité générale introduite par Einstein pour conférer à l'Univers une tendance intrinsèque à l'expansion permettant de prédire que l'Univers devait être statique.

Constante de Planck : pierre angulaire du principe d'incertitude : le produit de l'incertitude de la position et de la vitesse doit être plus grand que cette constante représentée par le symbole h.

Contraction de Lorentz : raccourcissement d'un objet mobile dans la direction de son mouvement, selon la relativité restreinte.

Corde : objet unidimensionnel fondamental qui, dans la théorie des cordes, remplace le concept de particules élémentaires dénuées de structure. Des structures vibratoires différentes d'une corde donnent lieu à des particules élémentaires ayant des propriétés différentes.

Corde cosmique : objet long et très lourd à section transversale minuscule, qui pourrait avoir été produit aux tout premiers stades de l'Univers ; aujourd'hui, un seul de ces filaments pourrait s'étendre d'un bout à l'autre de l'Univers.

Corde fermée : type de corde en forme de boucle.

Cosmologie : étude de l'Univers dans son ensemble.

Décalage vers le bleu : raccourcissement, causé par l'effet Doppler, de la longueur d'onde d'un rayonnement émis par un objet qui se déplace vers un observateur.

Décalage vers le rouge : rougissement, dû à l'effet Doppler, du rayonnement émis par un objet qui s'éloigne d'un observateur.

Déterminisme scientifique : conception selon laquelle l'Univers serait réglé comme du papier à musique ; d'après Laplace, il aurait suffi de connaître totalement l'état de l'Univers à un moment donné pour que la totalité de ses états passés ou futurs deviennent prédictibles.

Dilatation du temps : prédiction de la relativité restreinte selon laquelle l'écoulement du temps se ralentit pour un observateur en mouvement, ou en présence d'un puissant champ gravitationnel.

Dimension enroulée sur elle-même : dimension spatiale enroulée à trop petite échelle pour être détectable.

Dimension spatiale : n'importe laquelle des trois dimensions de l'espace-temps qui concernent l'espace.

Dualité : correspondance entre des théories différentes en apparence, mais qui débouchent sur des résultats physiques identiques.

Dualité onde/particule : concept de la mécanique quantique selon lequel il n'y a pas lieu de distinguer entre les ondes et les particules, les particules pouvant se comporter comme des ondes, et inversement.

Éclipse solaire : passage de la Lune entre la Terre et le Soleil qui obscurcit le ciel terrestre pendant quelques minutes ; en 1919, une éclipse observée depuis l'ouest de l'Afrique a confirmé la relativité restreinte.

Effet Casimir : force d'attraction s'exerçant entre deux plaques de métal plates et parallèles, disposées très près l'une de l'autre dans le vide ; elle résulte de la réduction du nombre habituel de particules virtuelles existant dans l'espace qui sépare ces plaques.

Effet Doppler : modification de la fréquence et de la longueur d'onde des ondes sonores ou des ondes lumineuses perçues par un observateur se déplaçant relativement à la source de rayonnement.

Effet photo-électrique : éjection d'électrons hors de certains métaux lorqu'ils sont exposés à la lumière.

Électron : particule négativement chargée qui orbite autour du noyau des atomes.

Énergie du vide : énergie présente même dans l'espace le plus vide en apparence. Contrairement à la masse, elle semblerait avoir la propriété curieuse d'accélérer l'expansion de l'Univers.

Entropie : mesure du désordre d'un système physique : nombre de configurations microscopiques d'un système qui laissent intacte son apparence macroscopique.

Équation de Schrödinger : équation régissant l'évolution de la fonction d'onde dans la théorie des quanta.

Espace libre : portion d'espace vide totalement dépourvue de champs, c'est-à-dire sur laquelle ne s'exerce aucune force.

Espace-temps : espace à quatre dimensions dont les points sont des événements.

État de base : état d'un système dont l'énergie est minimale.

État stationnaire : état qui ne change pas au fil du temps.

Éther : milieu non matériel hypothétique qui était censé autrefois remplir la totalité de l'espace et être indispensable à la propagation des rayonnements électromagnétiques – idée indéfendable aujourd'hui.

Événement : point d'espace-temps défini par sa localisation spatiale et temporelle.

Fermion : particule ou structure de vibration d'une corde dont le spin est la moitié d'un nombre entier.

Figure d'interférence : tracé ondulatoire résultant de la superposition d'ondes émises depuis des lieux ou à des moments différents.

Fission nucléaire : division d'un noyau atomique en un ou deux noyaux plus petits, accompagnée d'un grand dégagement d'énergie.

Fonction d'onde : concept fondamental de la mécanique quantique ; nombre associé en chaque point de l'espace à une particule et déterminant la probabilité pour que cette particule occupe cette position.

Force électromagnétique : force qui apparaît entre des particules dont la charge électrique est de signe similaire (ou opposé).

Force faible : seconde en faiblesse des quatre forces fondamentales, elle agit à très courte portée, affectant toutes les particules matérielles mais non les particules transportant des forces.

Force forte : plus puissante des quatre forces fondamentales et ayant la plus courte portée, elle confine les quarks à l'intérieur des protons et des neutrons, et lie protons et neutrons ensemble de façon à former les noyaux atomiques.

Force gravitationnelle : plus faible des quatre forces fondamentales de la nature.

Fréquence : pour une onde, nombre de cycles complets qu'elle effectue par seconde.

Fusion nucléaire : combinaison de deux noyaux atomiques consécutive à leur collision et entraînant la formation d'un noyau plus gros et plus lourd.

Gravitation quantique : théorie qui mêle la mécanique quantique et la relativité générale.

Horizon d'événement : bord d'un trou noir : frontière de la région d'où rien ne peut s'échapper.

Hypothèse de protection de la chronologie : idée que les lois de la physique interdisent aux objets macroscopiques de voyager dans le temps.

Infini : étendue ou nombre interminable ou sans limite.

Inflation : brève période d'expansion accélérée durant laquelle la taille de l'Univers primordial s'est accrue d'un énorme facteur.

Kelvin : échelle de température qui indique les températures par rapport au *degré absolu*.

Loi de Moore : loi énonçant que la puissance des ordinateurs double tous les dix-huit mois – il est évident que ce doublement ne pourra pas se poursuivre indéfiniment.

Lois newtoniennes du mouvement : lois décrivant le mouvement des corps à partir d'un temps et d'un espace conçus comme absolus ; elles ont régné sur la physique jusqu'à ce qu'Einstein découvre la relativité restreinte.

Longueur de Planck : environ 10^{-35} centimètre. Taille typique d'une corde dans la théorie des cordes.

Longueur d'onde : distance entre deux crêtes ou deux creux d'onde adjacents.

Macroscopique : assez grand pour être vu à l'œil nu ; désigne en général des échelles de grandeur allant jusqu'à 0,01 mm. En dessous de ce seuil, on les considère comme microscopiques.

Masse : quantité de matière d'un corps ; son inertie ou sa résistance à l'accélération dans l'espace libre.

Matière sombre : matière, présente dans les galaxies, les amas galactiques et peut-être même entre les amas, qui n'est pas observable directement, seul son champ gravitationnel permettant de la détecter. Jusqu'à 90% de la matière de l'Univers pourrait être invisible.

Mécanique quantique : lois de la physique qui régissent l'infiniment petit ; développées à partir du principe quantique de Planck et du principe d'incertitude de Heisenberg.

Modèle cosmologique standard : théorie du big bang, associée à une compréhension du modèle standard de la physique des particules.

Modèle de Randall-Sundrum : théorie selon laquelle nous vivrions sur une brane dans un espace infini à cinq dimensions dont la courbure serait négative, comme celle d'une selle.

Modèle standard de la physique des particules : théorie unifiant les trois forces non gravitationnelles et leurs effets sur la matière.

Monde branaire : surface ou brane quadridimensionnelle existant dans un espace-temps de plus haute dimension.

Neutrino : particule sans charge électrique, soumise uniquement à la force faible.

Neutron : particule sans charge électrique, presque semblable au proton, qui fournit la moitié environ des particules constitutives des noyaux atomiques. Le neutron est composé de trois quarks (2 *down*, 1 *up*).

Nombre imaginaire : construction mathématique abstraite. On peut se représenter les nombres réels et imaginaires comme étiquetant les positions de points sur un plan de telle sorte que les nombres imaginaires viennent à angle droit des nombres réels ordinaires, en un sens.

Nombres de Grassmann : classe de nombres qui ne commutent pas. Dans les nombres réels, peu importe l'ordre selon lequel on les multiplie : $a \times b = c$ et $b \times a = c$. Les nombres de Grassmann *anti*commutent : $a \times b$ est équivalent à $-b \times a$. Si $a \times b = c$, $b \times a = -c$.

Noyau : partie centrale des atomes constituée uniquement de protons et de neutrons liés ensemble par la force forte.

Observateur : personne ou équipement mesurant les propriétés physiques d'un système.

Onde électromagnétique : perturbation ondulatoire d'un champ électrique. Toutes les ondes du spectre électromagnétique (la lumière visible, les rayons X, les micro-ondes, les rayonnements infrarouges, etc.) se propagent à la vitesse de la lumière.

Onde gravitationnelle : perturbation ondulatoire d'un champ gravitationnel.

Particule élémentaire : particule tenue pour indivisible.

Particule virtuelle : en mécanique quantique, particule qui ne peut pas être détectée directement mais dont l'existence a des effets mesurables. *Voir aussi* Effet Casimir.

P-brane : brane ayant p dimension(s). *Voir aussi* Brane.

Photon : quantum de lumière ; plus petit « paquet » du champ électromagnétique.

Poids : force exercée sur un corps par le champ gravitationnel ; elle est proportionnelle, mais non identique, à la masse de ce corps.

Positron : antiparticule de l'électron positivement chargée.

Principe anthropique : conception selon laquelle nous voyons l'Univers tel qu'il est parce que, s'il était différent, nous ne serions pas là pour l'observer.

Principe d'exclusion : principe selon lequel deux particules de spin identique ne peuvent avoir (dans les limites fixées par le principe d'incertitude) à la fois la même position et la même vitesse.

Principe d'incertitude : principe, formulé par Heisenberg, selon lequel on ne peut jamais être tout à fait sûr à la fois de la position et de la vitesse d'une particule ; plus on connaît l'une avec précision, moins l'autre peut être connue précisément.

Principe quantique de Planck : idée que les ondes électromagnétiques (la lumière, notamment) ne peuvent être émises et absorbées que par quanta discrets.

Proton : particule positivement chargée, presque semblable au neutron, qui a fourni la moitié environ de la masse des noyaux atomiques. Le proton est composé de trois quarks (2 *up* et 1 *down*).

Quantum (pluriel : quanta) : plus petite unité dans laquelle les ondes absorbées ou émises peuvent se diviser.

Quark : particule élémentaire chargée, réagissant à la forte forte. Il existe six saveurs de quarks (*up*, *down*, *charm*, *strange*, *top* et *bottom*) qui peuvent être chacune de trois « couleurs » (rouge, vert, bleu).

Radiation : énergie transportée par des ondes ou des particules à travers l'espace ou un autre milieu.

Radioactivité : transformation spontanée d'un certain type de noyau atomique en un autre.

Rayonnement de fond micro-ondes : radiation qui est un résidu de la fournaise du big bang ; émis dès les premiers instants de l'Univers, ce rayonnement fossile est aujourd'hui si décalé vers le rouge qu'il ne nous apparaît pas sous forme de lumière, mais sous l'aspect de micro-ondes (ondes de longueur centimétrique).

Relativité générale : théorie d'Einstein fondée sur l'idée que les lois de la science doivent être les mêmes pour tous les observateurs, de quelque façon qu'ils se déplacent ; elle explique la force gravitationnelle en termes de la courbure d'un espace-temps quadridimensionnel.

Relativité restreinte : théorie d'Einstein fondée sur l'idée que les lois de la science doivent être les mêmes pour tous les observateurs, de quelque façon qu'ils se déplacent, en l'absence de tout champ gravitationnel.

Seconde loi de la thermodynamique : loi stipulant que l'entropie augmente toujours et ne peut diminuer.

Seconde-lumière : distance parcourue par la lumière en une seconde.

Singularité : point d'espace-temps où la courbure de l'espace et du temps devient infinie.

Singularité nue : singularité de l'espace-temps qui ne serait pas entourée par un trou noir observable de loin.

Spectre : fréquences constitutives d'une onde. La partie visible du spectre solaire est parfois perçue sous l'aspect d'un arc-en-ciel.

Spin : propriété interne des particules élémentaires, apparentée, mais non identique, à la notion ordinaire de rotation.

Structure d'interférence : structure d'onde apparaissant lorsque se mêlent deux ondes au moins émises de différents endroits ou à différents moments.

Supergravité : ensemble de théories unifiant la relativité générale et la supersymétrie.

Supersymétrie : principe qui relie les propriétés de particules ayant un spin différent.

Tachyon : particule dont la masse élevée au carré est négative.

Temps absolu : conception selon laquelle il existerait un temps universel, mesurable par n'importe quelle horloge. La théorie de la relativité d'Einstein a démontré le contraire.

Temps de Planck : environ 10^{-43} seconde. Temps qu'il faut à la lumière pour parcourir la longueur de Planck.

Temps imaginaire : temps mesuré par les nombres imaginaires.

Théorème de singularité : théorème démontrant qu'une singularité doit exister dans certaines circonstances – c'est-à-dire un point dans lequel la relativité générale cesse de valoir – en particulier que l'Univers a commencé par une singularité.

Théorie classique : théorie fondée sur des concepts élaborés avant la relativité et la mécanique quantique. Elle postule que les objets ont des positions et des vitesses bien définies, ce qui est faux à très petite échelle : le principe d'incertitude de Heisenberg a infirmé ce postulat.

Théorie de la grande unification : théorie qui rassemble les forces électromagnétique, forte et faible.

Théorie de Yang-Mills : extension de la théorie maxwellienne des champs qui décrit les interactions entre les forces faible et forte.

Théorie des cordes : théorie physique qui décrit les particules comme des ondes se déplaçant sur des cordes. Appelée aussi « théorie des supercordes », elle unifie la mécanique quantique et la relativité générale.

Théorie holographique : idée que les états quantiques d'un système situé dans une certaine région de l'espace-temps pourraient être encodés sur la frontière de cette région.

Théorie M : théorie qui unifie les cinq théories des cordes ainsi que la supergravité en les replaçant dans un cadre théorique unique encore mal connu.

Théorie newtonienne de la gravitation universelle : théorie stipulant que la force d'attraction qui s'exerce entre deux corps est proportionnelle au produit de leur masse et inversement proportionnelle au carré de leur distance.

Théorie unifiée : toute théorie qui décrirait les quatre forces et la totalité la matière en les fondant dans un cadre unique.

Thermodynamique : étude de la relation entre la chaleur, le travail, l'énergie et l'entropie, au sein d'un système physique dynamique.

Trou de ver : fin tube d'espace-temps connectant deux régions lointaines de l'Univers ; il se pourrait également que les trous de ver relient des Univers parallèles ou des bébés Univers et permettent de voyager dans le temps.

Trou noir : région d'espace-temps d'où rien (pas même la lumière) ne peut s'échapper parce que la gravité y est trop forte.

Trou noir primordial : trou noir créé au début de l'Univers/

Vitesse : nombre décrivant la rapidité et la direction du mouvement d'un objet.

Zéro absolu : environ – 273 degrés centigrades, ou 0 sur l'échelle Kelvin. Plus basse des températures possibles, en tant que les substances ne possèdent plus aucune énergie thermique.

Pour aller plus loin

Il existe une foule d'ouvrages de vulgarisation ; ils vont du pire (que je ne citerai pas) au meilleur , par exemple l'*Univers élégant*. J'ai donc limité cette bibliographie aux auteurs qui ont eu un rapport significatif au champ qui nous occupe, et ce afin de rendre compte authentiquement de ce qu'est la physique. Pardon à ceux que mon ignorance m'a fait oublier .

Einstein, Albert. *La Relativité*.
Paris, Payot, 2001.

Feynman, Richard. *The Character of Physical Law*.
Cambridge, Mass. : MIT Press, 1967.

Greene, Brian. *L'Univers élégant*.
Paris, Robert Laffont, 2000.

Guth, Alan H. *The Inflationary Universe : The Quest for a New Theory of Cosmic Origins*.
New York : Perseus Books Group, 2000.

Rees, Martin J. *Our Cosmic Habitat*.
Princeton : Princeton University Press, 2001.

Rees, Martin J. *Just Six Numbers : The Deep Forces that Shape the Universe*.
New York : Basic Books, 2000.

Thorne, Kip. *Trous noirs et distorsions du temps*.
Paris, Flammarion, 1997.

Weinberg, Steven. *Les Trois Premières Minutes de l'Univers*
Paris, le Seuil, 1988.

Index

Crédits photographiques

Avant-propos, Stewart Cohen Pictures ~ AKG Photo , Londres, 5. ~ Los A lamos National Library, 13. Science Photo Library, 23. ~ Harry Burnett/Archives, California Institute of T echnology, 27. ~ Archives, California Institute of Technology, 3, 19, 26, 82. ~ British Library , Londres, 35. ~ Stephen Hawking, 55, 107, 118, 121, 146. ~ NASA, 68, 70 (Spiral galaxy NGC 4414, Elliptical galaxy NGC 147), 71, 113, 116. ~ V atican musées et galeries, Bridgeman Art Library , 69, ~ G.F. Benedict, Mc Donald Observatory (Spiral bar galaxy NGC 4344), 70. ~ Jason W are, 76. ~ Observatoire du Mt W ilson, 77. ~ Floyd Clark/Archives, California Institute of Technology, 83. ~ NASA/CXC/SAO/H. Marshall et al, 112. ~ V iacom Consumer Products, Star Trek. Tous droits réservés, 129, 157. ~ Kip Thorne, 133, 153. ~ Neal Shearer , 147, 195. ~ Richard Dawkins, 162. Independence Day Poster © 2001 by 20th Century Fox. 20th Century Fox Publishing Rights, a Division of 20th Century Fox Licensing, Inc. T ous droits réservés, 169. ~ E .T. Poster © 2001 by Universal Studios, Universal Studios Publishing Rights , a Division of Universal Studios Licensing, Inc. T ous droits réservés.

Toutes les illustrations originales dont les crédits ne figurent pas ci-dessus ont été créées pour ce livre par Malcolm Godwin de Moonrunner Design Ltd., UK.

Adaptation mise en page :
NORD COMPO (Villeneuve-d'Ascq)

N° d'édition : 7381-2360-6
Dépôt légal : janvier 2014

Imprimé en France en avril 2018 par IME by Estimprim